LA PHYSIQUE

A LA PORTÉE

DE TOUT LE MONDE,

Ouvrage où l'on expose les différentes parties de la Physique, de manière à pouvoir apprendre, sans le secours d'aucun Maître, non seulement ce qu'il y a de plus agréable et de plus amusant, mais encore ce qu'il y a de plus sublime et de plus relevé dans la science de la Nature.

. . . . *Cui lecta potenter erit res.*
Nec facundia deseret hunc, nec lucidus ordo.
Horat. *de Arte Poetica.*

Par M. Aimé-Henri PAULIAN, Prêtre,
de différentes Académies.

TOME II.

A NISMES,

Chez J. Gaude et Compagnie, Libraires.

M. DCC LXXXX.

PRÉFACE

DONT la lecture est absolument nécessaire à quiconque voudra se former une idée nette des matières que l'on doit traiter dans ce volume.

J'AI donné, dans la première leçon du premier volume, un idée générale de la Physique. J'ai fait l'énumération intéressante des principaux avantages qu'elle procure à quiconque a assez étudié la Nature, pour mériter, à juste titre, le nom de Phycisien. Rien ne l'étonne, ai-je dit, dans ce vaste univers ; tous les objets qu'il renferme, lui deviennent intéressans ; il lit aussi facilement dans le grand livre du monde, que nous lisons à présent dans les livres qui sont le plus à notre portée. Les vingt-six leçons précédentes sont un commencement de preuve à cette brillante assertion. Elle ne sera complette, que lorsque j'aurai exécuté, dans tous ses points, le vaste projet que j'ai formé d'apprendre aux personnes de l'un et de l'autre sexe, sans le secours d'aucun maître, non seulement ce qu'il y a de plus agréable & de plus amusant, mais encore ce qu'il y a de plus sublime & de plus relevé dans la science de la nature. C'est par l'atmosphère terrestre que j'ai cru devoir

commencer ; et voici les promesses solennel-
les que j'ai faites à mon élève, que je puis
appeller l'élève de la Nature, *dans le sens
le plus conforme à la raison & à la
religion.*

De la surface de la terre, lui disois-je,
vous vous éleverez dans son atmosphère, par
la simple imagination, et non sur des aérostats, dont vous aurez trop bien connu le mécanisme pour ne pas en prévoir tous les dangers. *Vous saurez comment et à quelle distance se forment les météores* aériens, ignées
et aqueux, *les vents, les tonnerres, les
brouillards, la neige, la pluie, la grêle, etc.
Vous vous convaincrez par les observations
les plus sûres*, que l'aurore boréale *et la*
lumière zodiacale *ne doivent pas être rangées parmi les météores ordinaires. Les expériences les plus décisives vous apprendront
que l'air a du ressort et de la pesanteur. Dès
lors*, toutes les difficultés disparoîtront, lorsqu'on vous présentera quelque observation
météorologique, ou lorsqu'on vous invitera à
conduire le son direct *et le son* réfléchi jusqu'à l'organe de l'ouïe.

Je vous en prends à témoins, vous tous
qui avez bien voulu vous occuper de la
lecture de mon premier volume, *n'aurai-
je pas tenu mes promesses, lorsque j'aurai*

parlé à mon élève des aérostats, des météo-
res ignées, de l'aurore boréale et de la lu-
mière zodiacale ? Mais on ne peut pas en-
trer dans le mécanisme des aérostats, sans
être au fait des différens gaz. Aussi les pre-
mières leçons de ce volume seront-elles sur les
airs factices ; elles précéderont celles que je
dois faire sur les aérostats.

On ne peut connoître les météores ignées,
que lorsqu'on se sera formé une idée nette du
feu et de la matière électrique qui a une si
grande analogie avec celle du tonnerre. Aussi
mes leçons sur le feu et sur la machine élec-
trique précéderont-elles celles que je ferai sur
les météores ignées.

Quant à l'aurore boréale et à la lumière
zodiacale, ces phénomènes sont trop dépen-
dants de l'atmosphère solaire, pour pouvoir
en parler dans ce second volume. Nous ne
les laisserons pas sans explication. On la
trouvera dans les leçons qui auront pour
objet le soleil, et l'atmosphère dont il est
entouré.

Ce sera par dialogues que nous discuterons
les matières que nous venons d'annoncer. C'est
sans contredit la forme la plus propre à ne
séparer jamais l'utile d'avec l'agréable ; et
voilà ce que doit se proposer un Auteur rem-
pli de reconnoissance pour un public qui a

fait jusqu'à présent à ses foibles productions le plus favorable de tous les accueils.

La nécessité où nous nous sommes trouvés d'entrer dans les détails les plus minutieux, nous a obligés à ne mettre, dans nos premiers dialogues, que deux interlocuteurs, le Maître et le Disciple. Nous avons promis, dans la préface du premier volume, d'en augmenter le nombre dans la suite. Nous tenons notre promesse. Il y aura trois interlocuteurs dans les dialogues suivans, le Maître, Théodore et Caroline. Ils ont déjà paru dans la leçon précédente ; et la manière dont ils ont parlé, doit naturellement inspirer le desir de les entendre de nouveau.

AVIS.

Les feuilles périodiques que nous faisons paroître chaque semaine, formeront, à la fin de l'année, un ouvrage en 2 volumes *in-octavo*. On souscrit à Nismes, chez J. GAUDE et Compagnie, Libraire, ou à Toulouse, chez M. SENS, Libraire et Imprimeur, et chez les principaux Libraires du royaume. Comme les matières qu'on traite dans ces feuilles sont essentiellement liées les unes avec les autres, on fournira, en quelque temps qu'on souscrive, tout ce qui aura paru depuis le 1 janvier 1790. La souscription est de 12 liv. pour l'année, prise à Nismes, et par la poste, franche de port pour toute la France, 15 liv. On est prié d'affranchir le port de l'argent et des lettres.

LA PHYSIQUE
A LA PORTÉE
DE TOUT LE MONDE.

PREMIÈRE LEÇON (*)

Sur les airs factices considérés en général.

L E *Maître.* Je donne le nom *d'airs factices* à
ce grand nombre de substances aériformes qu'on
a découvert depuis quelques années par le moyen
des fermentations; on les rassemble toutes sous
un nom générique, celui de *gaz.* Ces précieuses
découvertes, nous les devons au docteur Priestley, Physicien anglois, que nous regardons
comme notre maître dans cette branche encore
neuve de la Physique moderne. Les principales
substances aériformes, celles qu'un Physicien doit

____

(*) C'*est* la 27e. *leçon du cours de Physique à la portée
de tout le monde.*

A 4

examiner avec le plus d'attention, sont *l'air fixe*, *l'air niveux*, *l'air inflammable* devenu comme l'ame des balons aérostatiques, *l'air déphlogistiqué*, *l'air acide*, *l'air alkalin* et *l'air spathique*. Vous comprenez que ces différens *airs* feront la matière de différentes leçons. Aussi ne vous en donnerai-je dans celle-ci qu'une idée bien générale.

Caroline. Je vous ai vu faire une foule d'expériences sur les *airs factices*; vous vous serviez de l'appareil de M. Sigaud de Lafond. Vous nous referez sans doute ces expériences; vous y joindrez vos mêmes explications; je suis en état d'en profiter.

Le Maître. Vous ne pouvez avoir qu'une idée bien confuse des séances véritablement académiques dont vous me parlez; vous n'aviez pas encore sept ans. C'étoient M. votre Papa et M. votre Oncle qui faisoient ces expériences avec une dextérité dont M. Sigaud de Lafond eût été surpris, je dirois presque jaloux. Ils vouloient bien prêter une oreille attentive à quelques explications que je hazardai dans un temps où les découvertes de M. Priestley étoient à peine connues en Angleterre. Je vous en promets de meilleures, lorsque je ferai pour Théodore et pour vous, les expériences des *airs factices*. Je me servirai de l'appareil de M. Sigaud de Lafond; mais je n'en parlerai ni dans cette leçon, ni dans les leçons suivantes: j'ai de bonnes raisons pour en agir ainsi.

Caroline. Voudriez-vous nous dire quelles sont ces raisons? Il me paroît que la description de cet appareil seroit bien intéressante.

Le Maître. Vous avez raison. Mais cet appa-

reil est fort coûteux. Il ne se trouve par conséquent que chez les personnes qui ont un cabinet
de physique aussi bien monté que celui de votre
Papa. Depuis que les leçons que je vous donne
en particulier, sont devenues publiques par la
voie de l'impression, je dois procurer à mes lecteurs les moyens de répéter facilement et presque
sans frais les expériences que je les invite à faire.
J'ai été assez heureux pour trouver ce moyen
pour tout ce qui a rapport aux *airs factices.*
Pourquoi vous ferai-je la description de l'appareil en question. Elle seroit inutile à ceux qui
l'ont et à ceux qui ne l'ont pas. Les premiers
l'ont sous les yeux, les seconds ne doivent pas
s'en servir.

Théodore. Croyez-moi, Caroline; le meilleur
parti que nous ayons à prendre , est celui de
nous laisser conduire : des demandes pareilles à
celles que vous venez de faire, nous feroient
perdre beaucoup de temps. Vous devez nous
donner une idée succincte des airs factices dont
vous avez fait l'énumération au commencement
de cette leçon; c'est par le moyen des fermentations qu'on se procure ces substances aériformes. Quand et comment se fait la fermentation ?

Le Maître. Il est nécessaire de vous en donner une idée , en attendant que je vous fasse
différentes leçons sur une matière aussi intéressante. La fermentation est un mouvement intérieur
des parties insensibles, occasionné par l'introduction des acides dans leurs alkalis. Deux corps
ne fermentent jamais ensemble, que lorsque les
molécules de l'un sont des acides, c'est-à-dire ,
des particules roides, longues, pointues et tran-
chantes, et les molécules de l'autre sont des

alkalis, c'est-à-dire, des corpuscules poreux et spongieux, faits en forme de gaîne. Une épée et un fourreau, voilà l'image la plus sensible que je puisse vous donner d'un acide et d'un alkali. Quelle est la cause qui pousse les acides dans leurs alkalis ? Nous la chercherons dans la suite. C'est à cette introduction que nous devons tous les phénomènes des fermentations, la dilatation, les dissolutions, l'ébullition, la chaleur, l'effervescence, l'inflammation, les précipitations, les exaltations, les coagulations, les cristallisations, les neutralisations, etc. Voilà tout ce que je puis vous dire à présent sur les fermentations considérées en général.

Théodore. Avec ces connoissances sans doute nous serons en état de vous suivre. Donnez-nous donc une idée des *gaz* dont vous nous avez fait l'énumération.

Le Maître. L'air fixe est une vapeur excitée par la fermentation que procure un mélange de craie, d'eau et d'huile de vitriol. On verse un peu d'eau sur la craie ; on verse ensuite de l'huile de vitriol sur ce mélange ; il s'en élève une espèce de fumée à laquelle on a donné le nom *d'air fixe.* On donne encore ce nom à cette couche qui, dans les brasseries, s'élève à peu près à un pied de hauteur au-dessus de la liqueur fermentante. Vous savez, sans doute, qu'on appelle *brasserie* tout lieu où l'on fait de la bierre.

La vapeur ou fumée produite par la dissolution des métaux, et sur-tout de la limaille de fer dans l'esprit de nitre, procure une substance aériforme qu'on appelle *air nitreux.*

On donne le nom *d'air inflammable* à toute vapeur qui s'enflamme comme d'elle-même, ou

qu'on enflamme facilement. Il se divise en naturel et artificiel. L'air inflammable naturel se trouve
presque par-tout, mais principalement dans les
mines et dans les lieux souterrains, auprès de
la voûte desquels il se soutient une vapeur beaucoup plus légère que l'air commun, laquelle prend
quelquefois feu avec une explosion à peu près
semblable à celle de la poudre à canon.

Pour se procurer de l'air inflammable artificiel, l'on met au fond d'une bouteille une certaine quantité de limaille de fer bien épurée, sur
laquelle on jette un peu d'eau. On verse sur ce
mélange une quantité proportionnée d'excellente
huile de vitriol. Le *tout* fermente violemment,
et il s'en élève une vapeur plus légère que les
autres substances aériformes, à laquelle on a donné le nom d'*air inflammable*.

La meilleure, la plus salubre de toutes les
substances aériformes, c'est sur-tout la vapeur
connue sous le nom d'*air déphlogistiqué*. C'est
sur-tout de la chaux de mercure, appelée *précipité rouge*, que l'on l'extrait. L'on met dans un
matras une once de *précipité rouge*. L'on établit
le matras sur un réchaud de charbons allumés. L'on
pousse le feu avec modération. L'air contenu
dans le *précipité* sort ; et c'est là l'*air déphlogistiqué*. Je vous apprendrai, dans la suite, comment le mercure se réduit en *précipité rouge*.

Mettez de la limaille de cuivre au fond d'une
bouteille : jetez-y pardessus un quantité proportionnée d'esprit de sel : faites chauffer ce mélange, il s'en élevera une vapeur à laquelle on a
donné le nom d'*air acide*.

Mettez dans une bouteille mince de l'esprit volatil de sel ammoniac : échauffez-la avec la flam-

me d'une chandelle ; il s'en élevera une vapeur abondante à laquelle on a donné le nom d'*air alkalin.*

Prenez une pierre calcaire, cristallisée sous différentes formes, à laquelle on a donné le nom de *spath.* Pulvérisez-la : remplissez de cette poudre le quart d'une forte bouteille : versez sur cette matière pulvérisée une quantité proportionnée d'huile de vitriol : quelque temps après, échauffez très-modérément votre bouteille, il s'en élevera une vapeur à laquelle on a donné le nom d'*air acide spathique.*

Ces différentes vapeurs, l'air déphlogistiqué excepté, et plusieurs autres dont je vous ferai l'énumération, mêlées avec l'air atmosphérique, le rendent insalubre, nuisible, je dirois presque pestilentiel ; elles constituent l'air *méphitique.* Voilà l'idée générale que vous devez vous former des différens *airs factices* qui feront le sujet des leçons qui précéderont celles que je dois vous faire sur les *aérostats.*

Théodore. Vous avez bien fait de nous avertir que vous ne prétendiez ne nous donner qu'une idée générale des différens *gaz* nouvellement découverts ; je me disposois à vous faire des questions sans nombre, dont aucune ne leur auroit été étrangère.

Le Maître. Vous les proposerez dans la suite ; j'y répondrai volontiers.

Caroline. Ce qui m'étonne, c'est que vous donniez le nom d'*airs* aux différens *gaz* dont vous venez de nous parler. Ils ne méritent pas ce nom. Il n'est que l'air élémentaire qui le mérite ; et l'air élémentaire a été fait par création.

Vous nous l'avez appris dans la quatrième leçon, *Tom.* 1, *pag.* 50.

Théodore. Caroline m'a prévenu ; j'allois faire la même remarque. Bientôt il nous sera permis de donner le nom d'*air* aux vapeurs qui s'élèvent de la mer, et aux exhalaisons que nous fournit la surface de la terre.

Le Maître. Vous avez raison l'un et l'autre ; je pense comme vous. Je n'ai donné le nom d'*air* aux différens *gaz* dont je vous ai parlé, que pour me rendre plus intelligible, et me mettre par là à la portée de tout le monde. Nous sommes souvent obligés d'en agir ainsi en physique. Il m'est démontré, par exemple, que le soleil est immobile au centre du monde ; je dis cependant tous les jours : *le soleil se lève, le soleil se couche, le soleil passe par le méridien.* M. Priestley cependant avoit de bonnes raisons pour donner le nom d'*air* aux différens *gaz* qu'il a découverts.

Théodore. Faites-nous part de ces raisons ; je ne les crois pas démonstratives.

Le Maître. M. Priestley prétend qu'il n'y a point d'air élémentaire. Il a fait sur l'atmosphère terrestre une foule de systèmes dont aucun ne me paroît conforme aux lois de la saine physique. Tantôt il veut qu'elle doive son origine aux volcans. Si l'on considère, *dit-il*, la quantité prodigieuse d'air inflammable que produit la combustion des moindres morceaux de bois et de charbon, on ne trouvera pas impossible que les *volcans*, dont presque toute la terre a été couverte, puisqu'on en trouve par-tout des traces, aient été l'origine de notre atmosphère : *Tom.* 1, *pag.* 431.

Tantôt il assure que l'air atmosphérique est

un composé d'acide nitreux, de terre et de phlogistique : *Tom.* 2, *pag.* 67.

Par-tout M. Priestley déclame contre ceux qui
admettent un air élémentaire, créé comme la
terre, le feu et l'eau, pour être le principe
constituant des corps. Il y a, je crois, *dit-il*,
peu de maximes en physique, mieux établies
dans tous les esprits que celle-ci : que l'air atmosphérique, (abstraction faite des diverses matières étrangères qu'on a toujours supposées dissoutes et mêlées dans cet air) est une substance
élémentaire simple, indestructible et inaltérable.
Ce n'est pas ainsi que je pense : *Tom.* 2, *pag.* 37.

Théodore. A coup sûr, M. Priestley ne sait ce
qu'il dit. Vous nous avez prouvé, dans cent endroits du premier volume, que les vapeurs, de
quelque espèce qu'elles soient, s'élevoient tout
au plus à deux lieues au-dessus de la surface de
la terre ; et, dans la quatrième leçon, fondé sur
une véritable démonstration, vous avez fixé au
moins à trois cens lieues la hauteur perpendiculaire de l'atmosphère terrestre.

Le Maître. Jeune-homme, vous avez parlé en
étourdi. On ne parle jamais qu'avec respect des
Savans qui, comme le docteur Priestley, ont
étendu la sphère de nos connoissances. Quiconque s'est fait un nom dans quelque art, quelque
science que ce soit, peut bien ne pas avoir autant de mérite que lui en supposent ses parti-
sans ; mais il est impossible qu'il n'ait pas un mérite réel.

Caroline. Vous méritez cette reprimande. J'ai
4 à 5 ans moins que vous, je n'aurois pas fait
une pareille étourderie.

Le Maître. Finissez, Caroline, je vous en

prie ; l'aimable Théodore ne fera plus une pareille faute ; vous voyez qu'il en rougit : *Erubescit*, dit Terence, *salva res est*.

Caroline. Dites-nous donc ce que vous pensez des *airs factices*, et quel nom nous devons leur donner.

Le Maître. Dans ce grand nombre de substances aériformes qu'on a découvertes, l'air *déphlogistiqué* et l'air *méphitique* peuvent seuls conserver le nom *d'air*. Le premier est un *air épuré* que je confondrois presque avec l'air élémentaire ; le second est un *air vicié*, dont cependant l'air élémentaire est la base. J'ai parlé de ce dernier dans la 25e. leçon du tome I.

Je donne volontiers le nom de *gaz* aux autres espèces *d'airs factices* ; et pour ne pas les confondre les uns avec les autres, voici les titres que je donnerai à mes leçons suivantes : *Du gaz connu sous le nom d'air fixe* ; *du gaz connu sous le nom d'air nitreux*, etc.

Je pense au reste que les expériences sur ces nouveaux *gaz*, ne sont encore ni assez nombreuses, ni assez uniformes, ni assez réfléchies pour être le fondement d'une théorie raisonnable. Que nos Physiciens s'attachent à défricher cette terre que je regarde comme presque inculte. Qu'ils accumulent expériences sur expériences, pour tâcher de trouver la nature sur le fait. Qu'ils écartent sur-tout, pendant quelques années, tout esprit de système. Sans cette précaution que je crois être absolument nécessaire, ils plieront leurs expériences au système qu'ils auront imaginé, et ils nous présenteront comme des faits incontestables, des résultats qu'ils auront cru trouver, tandis que tel et tel autre assurera avoir eu, par le même procédé, un résultat tout contraire. Si la Physique de Newton est préférable à celle de

Descartes, c'est que celui-ci s'est constamment écarté de cette règle, et que celui-là s'est fait un devoir de la garder. Ecoutez ce que dit M. de Fontenelle dans le parallele qu'il fait de ces deux grands hommes.

L'un (*Descartes*), prenant un vol hardi, a voulu se placer à la source de tout, se rendre maître des premiers principes par quelques idées claires et fondamentales, pour n'avoir plus qu'à descendre aux phénomènes de la nature, comme à des conséquences nécessaires : l'autre (*Newton*) timide ou plus modeste, a commencé sa marche par s'appuyer sur les phénomènes, pour remonter aux principes inconnus, résolu de les admettre, quels que les pût donner l'enchaînement des conséquences. L'un part de ce qu'il entend nettement pour trouver la cause de ce qu'il voit. L'autre part de ce qu'il voit, pour en trouver la cause, soit claire, soit obscure. Les principes évidens de l'un ne le conduisent pas toujours aux phénomènes, tels qu'ils sont ; les phénomènes ne conduisent pas toujours l'autre à des principes assez évidens. *Eloge historique de Newton, par M. de Fontenelle.*

Théodore. Votre méthode, la même que celle de Newton, est préférable à celle de M. Priestley qui me paroît avoir adopté la méthode de Descartes.

Le Maître. M. Priestley n'empêche pas cependant qu'on admette un air élémentaire fait par création. Ceux qui veulent, *dit-il*, appliquer le terme *air* à une *substance*, et non à une *forme*, en sont bien les maîtres, et pourvu que nous nous entendions mutuellement, il ne résultera aucun inconvénient de l'emploi d'un différent langage. *Tom. 3, pag.* 158.

II. LEÇON.

II. LEÇON (*).

Du gaz connu sous le nom d'air fixe.

LE Maître. La Chimie est une Science qui apprend à résoudre les corps naturels dans leurs premiers principes. Cette Science n'a donc d'autres bornes que celles de la nature elle-même. Un Physicien ne doit pas être Chimiste *par état ;* ce n'est pas à lui à faire les différentes analyses, les différentes extractions, les différentes compositions, les différentes transmutations, etc. Il est cependant une foule de connoissances chimiques qu'il ne doit pas ignorer.

Théodore. Je vous comprends. Il en est pour lui de la Chimie, comme de l'Anatomie. Il ne doit pas être Anatomiste par *état.* Cependant, de combien de connoissances anatomiques n'avons-nous pas eu besoin, pour entrer dans le mécanisme des sens extérieurs de la digestion, de la circulation du sang, etc. ?

Le Maître. Vous êtes entré dans ma pensée. Je vous ferai seulement remarquer qu'il vous faudra beaucoup plus de connoissances chimiques, que de connoissances anatomiques, pour mériter le nom de Physicien.

Caroline. Je n'en suis pas étonnée. L'Anatomie n'a pour objet que le corps de l'homme et

(*) C'est la 18e. Leçon du cours de *Physique à la portée de tout le monde.*

celui des animaux. La Chimie n'a d'autres bornes que celles de la nature elle-même ; vous venez de nous le dire. Quelles sont donc les connoissances chimiques dont nous aurons besoin
pour entrer dans la théorie de l'air fixe ?

Le Maître. Rappelez-moi ce que je vous ai
dit, dans la leçon précédente, de ce *gaz* considéré en général, et je vous répondrai.

Caroline. Vous avez dit que l'air fixe est une vapeur excitée par la fermentation que procure
un mélange de craie, d'eau et d'huile de vitriol.
Vous avez ensuite appris comment se fait ce mélange. Vous avez enfin parlé de l'air fixe que
procure, dans les brasseries, la bière en fermentation.

Le Maître. Il faut donc, avant que je vous
parle de l'air fixe, vous donner quelques notions
sur la craie, le vitriol, l'huile qu'on en retire,
et sur la manière dont on fait la bière. Il n'est
que ce qui a rapport à l'huile de vitriol, qui
appartienne à la chimie ; le reste appartient à
l'Histoire naturelle. Ce que je vous ai dit, dans
la leçon précédente, sur la *fermentation*, vous
suffira pour entrer dans la théorie des airs factices. J'ajouterai cependant ici que l'union des
acides avec les alkalis, s'appelle, en Chimie,
neutralisation.

Théodore. Qu'est-ce que la craie ? Nous en
avons tous les jours sous les yeux ; nous nous
en servons habituellement, et nous n'en connoissons pas la nature.

Le Maître. La craie est composée d'une terre
foible, farineuse, privée de saveur et d'odeur,
communément blanchâtre et peu compacte, cal-
sinable, attaquable par les acides, s'étendant

considérablement dans l'eau, attirant et absorbant beaucoup l'humidité de l'atmosphère. On la trouve en masses considérables dans des espèces de mines, aussi abondantes en craie, qu'en pierre à fusil ; et voilà pourquoi plusieurs Physiciens naturalistes la regardent comme le résultat de la décomposition de cette espèce de pierre. Il en est qui pensent que la craie est une terre primitive et de toute antiquité. Il en est, enfin, qui soutiennent que la craie est un terrification des productions marines, telles que les coquilles e les plantes pierreuses, comprises sous le nom générique de *madrépores.* M. Valmont de Bomare, l'un des plus grands Philosophes naturalistes de ce siècle, adopte cette dernière opinion. Il fait remarquer que toutes les carrières de craie primitive, contiennent des coquilles et des madrepores qui, en se détruisant, ont formé la craie.

Théodore. Quel sentiment faut-il adopter sur la formation de la craie ?

Le Maître. Celui que vous voudrez ; ils me paroissent aussi probables les uns que les autres.

Caroline. Nous parlerez-vous du vitriol d'une manière aussi problématique ?

Le Maître. Non, Sa nature est assez connue. Le vitriol est un sel minéral, toujours mêlé de particules métalliques. Aussi le trouve-t-on quelquefois au fond, quelquefois à côté des mines de métal. Le vitriol bleu contient beaucoup de particules de cuivre ; le vitriol vert, beaucoup de particules de fer ; le vitriol blanc, beaucoup de particules d'un demi-métal appelé Zinc. Le vitriol, de quelque espèce qu'il soit, contient beaucoup d'acides très-salés et très-puissans. Ils ont une grande disposition à s'unir à l'eau ; ils se chargent, avec une espèce d'avidité, de celle qui est répandue dans l'air.

Caroline. Qu'est-ce que l'huile de vitriol ?

Le Maître. Les Chimistes, par des procédés très-compliqués qu'un Physicien peut ignorer, extraient du vitriol les acides qu'il contient. Ces acides extraits et rassemblés, forment un fluide qui file à peu près comme de l'huile ; et voilà pourquoi on l'appelle *huile de vitriol*. Le nom qui lui convient, est celui d'*acide vitriolique*.

Théodore. Vous nous parlerez sans doute maintenant de la bière et de la manière dont on la fait ; je l'aime beaucoup.

Le Maître. Les matières dont la bière est composée, sont l'eau, l'orge, le houblon et la levure.

L'orge doit être germée et ensuite moulue. Toute orge portée au cellier, y germe, lorsqu'elle a trempé auparavant pendant 24 heures.

Le houblon, plante fort commune du côté du nord, puisqu'on l'appelle la vigne du nord, a une fleur qui donne à la bière sa force et son principal agrément.

La levure est l'écume que la bière jette hors du tonneau ; on la recueille pour faire fermenter la nouvelle.

Les instrumens nécessaires à mettre en œuvre cette matière, sont un moulin, une chaudière, une cuve, des baquets et des tonneaux.

Le moulin ne doit briser l'orge que grossièrement, de façon cependant que la farine se sépare du son.

La chaudière doit être de cuivre. On l'environne de maçonnerie, et on la pose sur un fourneau de brique aussi large qu'elle.

La cuve est de bois. Elle doit avoir deux fonds, le véritable et le volant. Celui-ci est le plus haut ; il est composé de planches qu'on peut lever, et il est percé de petits trous : celui-là est le plus bas, il descend un peu en pente, jusques vers le milieu où il est percé, et bouché avec un bâton plus haut que la cuve n'est profonde ; on donne à ce bâton le nom de *tape*.

Les baquets sont des cuves plates, fort larges et presque sans profondeur.

Les tonneaux sont à peu près semblables à ceux où nous mettons le vin.

Théodore. Comment, avec ces différentes matières et ces différens instrumens, s'y prend-on pour faire la bière ?

1°. Sur le fond volant de la cuve, on étend du houblon de la hauteur d'un pouce ; et sur ce houblon on étend la farine d'orge. Il en faut un setier pour un muid d'eau.

2°. On fait entrer dans le bas de la cuve par un tuyau qui s'insinue entre les deux fonds, une eau qui ne soit ni trop chaude ni trop froide. L'eau s'insinuant peu à peu par les petits trous du fond volant, soulève et fait nager toutes les matières qu'elle rencontre plus haut. Alors, à force de pelle et de bras, on remue fortement la farine pour en faire passer toute la substance dans l'eau. C'est-là ce qu'on appelle *brasser la bière.*

3°. Après ce travail, on laisse à la farine une heure de repos. On lève ensuite la *tape.* L'eau chargée de ce qu'il y a de plus fin et de plus nourrissant dans l'orge, s'échappe par les trous du fond volant, et se rend par l'ouverture du véritable fond dans un réservoir.

4°. On introduit de nouvelle eau dans la cuve ?
on brasse encore la même farine une seconde et
une troisième fois, à raison d'un muid d'eau
sur un setier d'orge, et on envoye dans le même
réservoir l'eau chargée de la graisse de l'orge.

5°. On transporte l'eau du réservoir dans une
chaudière où on la fait bouillir avec des bouquets
de houblon mâle, à raison de 7 livres $\frac{1}{2}$ par
muid. Si on veut avoir de la bière rouge, on
laisse bouillir le tout 24 heures. Il suffit, au contraire, qu'il commence à bouillir lorsqu'on fait
de la bière blanche.

6°. On verse la bière dans des baquets jusqu'à
ce qu'elle soit tiède, et des baquets dans une
cuve où l'on jette un seau de levure par muid.
On laisse fermenter le *tout* pendant 7 heures. Ce
temps expiré, on entonne la bière, et on laisse
les tonneaux ouverts jusqu'à ce qu'elle ait écu-
mé, et que par là elle se soit déchargée de tout
ce qu'elle a d'impur. Pendant 2 jours on sert les
tonneaux de 4 en 4 heures, à peu près comme
on sert ceux qui contiennent du vin nouveau.
Ces opérations finies, on met la bière en bouteille où elle se perfectionne, pourvu qu'elle n'y
reste que quelque mois.

Théodore. J'ai entendu parler de bière double,
de bière simple et de petite bière.

Le Maître. La bière double est celle dont je
viens de faire la description. La bière simple ne
contient, sur la même quantité d'eau, que la
moitié des choses que je viens de vous dire. La
petite bière n'en contient que le tiers.

Caroline. Cette leçon est sur l'*air fixe*; il me
paroît qu'il faudroit commencer par celui que
donne la bière en fermentation.

Le Maître. Vous avez raison ; je ne suis entré dans un si grand détail, que pour expliquer facilement cette espèce de *gaz*.

Dans les brasseries, on trouve toujours, au-dessus de la liqueur fermentante, une grande couche d'environ un pied de hauteur. Elle ne s'élève pas plus haut, parce qu'elle est plus pesante que l'air atmosphérique. C'est à cette vapeur qu'on a donné le nom d'*air fixe*. Ce gaz est si méphitique, et par conséquent si peu respirable, que toujours les chandelles allumées, les copeaux allumés, les tisons ardens s'y éteignent. Si l'on verse pendant quelque temps l'eau d'un vaisseau dans un autre, en les tenant tous les deux le plus près qu'il est possible de la bière en fermentation, on l'impregnera nécessairement d'*air fixe*, et cette eau ainsi impregnée aura toutes les propriétés de la meilleure eau de Pyrmont ou de Seltz. Voilà tout ce que vous devez savoir de l'*air fixe* que procure la bière en fermentation. Ce n'est pas là l'air fixe ordinaire.

Caroline. Comment se procure-t-on ce dernier ?

Le Maître. Au fond d'une bouteille, mettez de la craie pulvérisée en plus ou moins grande quantité, suivant la quantité de *gaz* que vous voulez vous procurer. Versez de l'eau sur la craie, de manière qu'elle n'en soit que humectée. Versez ensuite, sur ce mélange une quantité d'huile de vitriol, à peu près double de celle de l'eau, il s'en élevera une fumée dont vous négligerez les premières ondées, parce qu'elles sont mêlées avec l'air atmosphérique renfermé dans la bouteille avec laquelle vous faites cette expérience. Ces premières ondées une fois sorties, attachez une vessie de cochon, vide d'air, au cou de la bouteille ; elle se remplira nécessairement *d'air fixe*.

Caroline. Vous aviez bien raison de dire que votre manière de recueillir l'air fixe est infiniment plus simple et infiniment moins couteuse que celle de M. Sigaud de Lafond. Quelles sont les propriétés de ce *gaz* ?

Le Maître. Ce *gaz* a des propriétés nuisibles et des qualités précieuses. L'air fixe n'est pas respirable. Aussi les hommes qui le respireroient, mouroient infailliblement, si on ne leur apportoit au plutôt du secours. En quoi consistent ces secours ? J'en ferai l'énumération, lorsque je vous parlerai de l'air alkalin. J'excepte cependant de cette règle générale les insectes et les animaux qui respirent fort peu ; ils sont suffoqués dans l'air fixe ; mais ils n'y meurent pas sur le champ. M. Priestley a éprouvé qu'une grosse grenouille enfla beaucoup, et parut bien près de mourir, après avoir été tenue pendant six minutes dans ce *gaz* ; mais il ajoute qu'elle revint, lorsqu'elle fut remise dans l'air commun.

Le même Auteur a remarqué que l'air fixe est promptement funeste à la vie végétale. Des jets de menthe qu'il plaça dans ce *gaz*, y moururent dans moins d'un jour. Une rose rouge fraîchement cueillie y perdit sa couleur dans le même intervalle de temps, et devint d'une couleur pourpre ; une autre rose rouge y devint parfaitement blanche.

Caroline. Voilà des propriétés bien funestes ; il faut que ce *gaz* nous procure des avantages bien précieux, pour nous les faire oublier.

Le Maître. Ils sont encore plus précieux que

vous ne sauriez vous l'imaginer ; c'est un remède souverain dans les maladies les plus dangereuses.

Caroline. Entrez, je vous prie, dans les plus grands détails. Il m'en coûte bien de pardonner à l'ennemi de la rose ; c'est une fleur que j'aime à la folie.

Le Maître. L'air fixe est anti-septique, c'est-à-dire, anti-putride. Il nous fournit par conséquent un remède efficace, non seulement dans les fièvres de pourriture ordinaires, mais encore dans les fièvres putrides-malignes. M. Hey, fameux Médecin, raconte qu'un jeune homme, logé chez lui, appelé Lightbowne, fut saisi d'une fièvre qui, après avoir duré environ dix jours, commença à être accompagnée de tous les symptômes qui indiquent un état putrescent des fluides. M. Hey se servit de tous les remèdes qu'on donne ordinairement dans ces sortes de maladies ; et ce ne fut que lorsqu'il vit le malade dans un danger prochain, qu'il eut recours à l'air fixe. Il lui fit boire pendant deux jours tantôt du vin d'orange vigoureux qui contenoit une bonne quantité de ce *gaz*, tantôt de l'eau qu'il avoit impregnée d'air fixe dans l'atmosphère d'une grande cuve de moût de bière en fermentation. Il ajouta à cette boisson salutaire des lavemens réitérés d'un air dégagé de la craie par le moyen de l'huile de vitriol ; et après ce court intervalle de temps, le malade fut hors de danger et dans la plus parfaite convalescence.

M. Thomas Percival, Docteur en Médecine, de la Société Royale de Londres, depuis le 8 janvier 1772, jusqu'au 22 du même mois, ordonna à un jeune homme attaqué d'une fièvre putride-maligne, tous les remèdes usités en pareille occasion ; il lui fit même boire de l'eau imprégnée d'air fixe , provenant de nouvelle bière en fermentation. Malgré tous ces remèdes, le malade étoit en danger de succomber à la force du mal. M. Percival eut alors recours aux lavemens d'air fixe, dégagé de la craie par le moyen de l'acide vitriolique. Deux jours après tous les signes de putréfaction furent dissipés , et le malade entra en parfaite convalescence.

Le même remède donné , de deux en deux heures, à Marie Grandi, âgée de 17 ans, l'empêchèrent de succomber à la fièvre maligne la plus terrible.

Caroline. Je pardonne à ce gaz tout le mal qu'il a fait à la rose. Il procure la santé, cela me suffit; c'est le plus grand de tous les biens naturels.

Théodore. Avez-vous encore quelqu'autre guérison à nous raconter ? Il n'est rien d'aussi amusant que ces sortes d'histoires.

Le Maître. J'en ai encore deux dont j'ai été le témoin oculaire ; j'ai presqu'aussi bien suivi la maladie, que le Médecin qui l'a guérie par le moyen de l'air fixe. Le nommé Jacques Barreau , natif de Toulouse, paroisse de la Dalbade , âgé de 26 ans, fut transporté à l'Hôpital de Nismes le 6 juillet 1779; il étoit attaqué d'une fièvre de pourriture simple : on mit en usage les remèdes ordinaires dans ces sortes de maladies. Malgré cela la maladie devint plus sérieuse; elle eut bientôt tous les caractères d'une fièvre putride-maligne ; la langue du malade étoit aussi noire que le charbon, et le délire étoit presque continuel. Alors M. Mitier , l'un des Médecins ordinaires de l'Hôtel-Dieu, eut recours à l'air fixe; et voici comment il se le procura. Il fit pulvériser dans un mortier

20 grains de sucre blanc et 20 grains de sel de tartre alkali : il fit jeter sur ce mélange 4 dragmes de suc de limon ; il fit broyer le tout ensemble ; et pour empêcher que dans le transport, depuis la pharmacie jusqu'au lit du malade, l'air fixe ne s'échappât, il fit verser sur le tout en fermenta- tion 4 dragmes d'eau de fontaine. Tel fut le re- mède qu'il fit prendre au malade de deux en deux heures. Dans l'intervalle on lui faisoit prendre un verre de tisane d'orge, acidulée avec l'huile de vitriol ; trois jours après le malade fut hors de danger.

Presque en même temps le même remède fut ordonné par M. Mitier, au nommé François Bar, travailleur de terre, attaqué de la même maladie que Jacques Barreau ; au bout de quatre jours le malade fut hors de danger.

Théodore. Ces deux guérisons n'ont dû éton- ner personne. Tout le monde connoît l'habileté de M. Mitier ; l'on sait qu'il renchérit sur ses ancêtres qui, pendant plus de cent cinquante ans, ont rendu à l'Hôpital de Nismes les services les plus signalés. Je voudrois cependant qu'il fit préparer le remède dans la chambre du malade.

Le Maître. M. Mitier le voudroit aussi ; et alors le suc de limon est la dernière chose que l'on verse. A peine l'a-t-on versé, qu'on remue le tout, et qu'on fait prendre le remède au malade. Mais dans les Hôpitaux, il n'est guères possible de faire de pareilles préparations dans les salles.

Nos deux malades étoient en parfaite conva- lescence, lorsqu'on transporta des prisons à l'Hôtel-Dieu, un homme attaqué d'une fièvre putride-maligne. La maladie avoit fait les plus grands progrès. M. Mitier ordonna l'air fixe. Le

malade pour qui peut-être la mort naturelle n'a-
voit rien d'effrayant, refusa d'abord de le prendre ; on l'y détermina cependant. Il prit un jour
le remède ; mais il le prit de manière à en empêcher tout l'effet. Lorsqu'on le lui présentoit,
il faisoit mille difficultés avant de l'avaler, c'est-
à-dire, qu'il le prenoit, lorsque presque tout
l'air fixe s'étoit évaporé. Il ne fut pas possible,
le second jour, de lui en faire prendre une seule
dose. Aussi succomba-t-il bientôt à la force du
mal.

Théodore. Cette mort me paroît être une des
bonnes preuves que l'on puisse apporter en faveur du remède que donne M. Mitier. Sa méthode me paroît aussi bonne et beaucoup plus
simple, que celle de M. Hey et de M. Percival.
Ce qui me fait plaisir, c'est que vous avez été
témoin oculaire de tout ce que vous venez de nous
raconter.

Le Maître. J'ai plus fait. Comme les expériences des substances aériformes étoient alors à peine
connues, je visitai souvent ces malades avec M.
Mitier fils, Docteur en Médecine, et survivan-
cier de M. son Père, en sa qualité de Médecin
ordinaire de l'Hôpital de Nismes. Le compte qu'il
voulut bien me rendre de ces sortes de maladies,
les vues qu'il m'a communiquées pour la guérison
de plusieurs autres, les succès qu'il a eu auprès
de certains malades pour qui je m'intéressois et que
je regardois comme désespérés, tout cela me
confirme dans l'idée où je suis depuis long-temps,
qu'il est des familles privilégiées où la science de
la Médecine est comme héréditaire.

Caroline. Les Médecins qui ordonnent l'air fixe,

expliquent-ils pourquoi il agit si efficacement dans les fièvres putrides-malignes ?

Le Maître. Ils laissent ce soin aux Physiciens qui n'ont pas encore dit grand chose sur cette matière. Au commencement de l'année 1781, je fis part au public de la conjecture suivante : l'air fixe est un acide, puisque l'eau qui en est impregnée dissout le fer ; la matière putride est un alkali. Que doit-il donc nécessairement arriver, lorsqu'on se servira de l'air fixe dans ces sortes de maladies ? Les alkalis qui ont causé la putridité, se comb'neront avec les acides qu'on leur présentera ; il résultera de cette combinaison une *neutralisation* et par conséquent un mixte bienfaisant ; et le malade, si la maladie est simple et le remède sagement administré, ne sauroit manquer par ce moyen de recouvrer la santé. La plupart des maladies se guériroient le plus facilement du monde, si les Médecins pouvoient assurer que les unes ont pour cause un excès d'acides et les autres un excès d'alkalis.

L'expérience suivante prouve que mon raisonnement est conforme aux lois de la saine Physique. J'ai mis plusieurs fois un moineau dans un bocal où j'ai versé de l'air fixe dégagé de la craie par le moyen de l'acide vitriolique, l'oiseau s'est toujours agité, et un moment après il est tombé sur le côté ; on l'a toujours cru mort. Je l'ai rendu à la vie, par le moyen de *l'alkali volatil.* Je vous mettrai cette belle expérience dans tous son jour, lorsque je vous expliquerai la nature de l'air alkalin. Je vous la répéterai même plusieurs fois.

Caroline. Je la verrai volontiers, pourvu que vous soyez assuré non seulement de rendre la vie à ce pauvre moineau , mais encore de ne pas abréger ses jours. Je chasse une mouche qui m'incommode; je ne voudrois pas lui procurer la mort.

Théodore. J'aimerois la chasse ; je m'en abstiens cependant. Comment peut-on appeler divertissement un exercice suivi de la mort des an maux ? Je regarde comme des fables tout ce qu'on lit, depuis une année, dans les papiers publics ; il est impossible que des hommes donnent la mort à leurs semblables ; jamais un tigre n'en a devoré un autre.

Le Maître. Conservez, mes enfans, ces sentimens d'humanité; mais changeons de conversation ; vous verriez mon visage couvert de larmes ; il me seroit impossible de finir cette leçon.

Théodore. L'air fixe n'est-il employé comme remède, que dans les fièvres putrides ?

Le Maître. C'est encore un excellent remède dans les phtisies pulmonaires. Plusieurs malades de cette espèce ont été parfaitement guéris , en respirant les vapeurs d'un mélange effervescent de craie et de vinaigre. M. Priestley conseille de n'employer ce remède que dans le dernier période de la phtisie pulmonaire, c'est-à-dire, lorsqu'il y a une expectoration purulente.

L'expérience paroît encore prouver que l'application extérieure de l'air fixe est un excellent remède pour les ulcères sordides. Mais comme les maîtres de l'art paroissent donner la préférence à *l'air nitreux*, je renvoie cette discussion à la leçon suivante; elle sera sur ce *gaz*.

Caroline. Sera-t-elle aussi intéressante que celle-ci ?

Le Maître. Elle le sera encore plus.

Théodore. Il seroit bien temps de reprendre l'arithmétique. Voulez-vous que nous oublions le peu que nous savons ?

Le Maître. Vous ne pouvez la reprendre que dans quelques mois ; je vous suppose assez de bon sens, pour ne passer aucune semaine, sans faire quelque règle d'arithmétique.

Caroline. Nous n'y manquons pas. Mais d'où vient cette interruption ?

Le Maître. Pour apprendre dans la suite ce qu'il y a de plus sublime et de plus relevé dans la science de la nature, il faut être *Arithméticien,* *Algébriste* et *Géomètre.* Vous savez les cinq premières règles de l'arithmétique ; vous apprendrez les autres, lorsque vous saurez les cinq premières règles de l'algèbre.

Caroline. Pourrons-nous en venir à bout ? La chose a passé en proverbe : *difficile comme l'algèbre.*

Le Maître. Je vous la donnerai de manière que vous direz : *facile comme l'algèbre.* Formez-vous d'abord une idée des signes algébriques.

Table.

+	Signifie.	plus.
—		moins.
=		égal.
±		plus ou moins.
×		multipliant.
>		plus grand.
<		moindre.
√		racine carrée.
∛		racine cubique.

Caroline. Si ce sont là tous les signes algébriques, nous les connoîtrons bientôt. La chimie en a en bien plus grand nombre et bien plus difficiles à retenir.

Théodore. Je retiendrai plus facilement les signes algébriques, que je ne retiens les caractères dont on se sert pour représenter les 12 constellations connues sous le nom de *signes du zodiaque.* L'Algèbre n'a que 9 signes.

Le Maître. Encore deux ne paroissent-ils que bien rarement ; ce sont les signes > et <. Le premier, comme je vous l'ai dit, signifie *plus grand,* et le second *moindre.*

Théodore. Nous allons relire attentivement, Caroline et Moi, la table des signes algébriques ; nous vous la présenterons sans explication ; vous nous interrogerez sur la signification de chaque signe en particulier ; vous verrez avec quelle justesse nous vous répondrons.

III. Leçon.

III. LEÇON.

Du gaz connu sous le nom d'air nitreux (*).

LE Maître. La théorie de l'air nitreux suppose, comme celle de l'air fixe, quelques connoissances dont les unes appartiennent à la chimie, et les autres à l'histoire naturelle. Quelle idée vous ai-je donné de ce gaz dans la première leçon de ce volume ?

Caroline. Vous nous avez dit que la vapeur ou fumée produite par la dissolution des métaux, et sur-tout de la limaille de fer dans l'esprit de nitre, procure une substance aériforme qu'on appelle *air nitreux.* Si vous voulez donc suivre la même méthode que dans la leçon précédente, vous devez nous apprendre non seulement ce que c'est que le nitre et comment on en retire l'esprit, mais encore nous donner une idée générale des métaux ; car je présume que vous nous ferez différentes leçons sur cette matière.

Le Maître. Je dois encore vous parler du nickel, du bismuth et du sucre ; l'on en extrait de l'air nitreux.

Caroline. Vous me permettrez bien de vous faire l'abrégé de ce que j'ai lu sur le sucre dans le dictionnaire d'histoire naturelle de M. Valmont de Bomare ; je l'aime beaucoup. Commençons et dites-nous ce que c'est que le nitre.

____

(*) C'est la 29e. Leçon du cours de Physique à la portée de tout le monde.

Tome II.
C

Le Maître. Le nitre ou le salpètre se trouve sur-tout dans les caves, dans les lieux humides, dans la démolition des vieux bâtimens. Il se fait par l'urine des animaux qui tombe sur les pierres ou sur des terres. Dans les pays chauds, on le trouve en petits cristaux contre les murailles et les rochers. Le nitre, de quelque endroit qu'on le tire, contient des sels acides qu'on retire par des opérations chimiques qu'un Physicien peut ignorer. De quatre livres de nitre sur lesquelles on verse deux livres d'acide vitriolique, on retire deux livres et une once d'acide nitreux bien concentré et bien fumant. C'est un des plus violens dissolvans que la chimie puisse fournir.

Théodore. Quelles sont les qualités générales à tous les métaux ?

Le Maître. Les métaux sont des corps durs, ductiles, fusibles et mixtes. On en compte six espèces, l'or, l'argent, l'étain, le plomb, le cuivre et le fer.

Théodore. Le mercure n'est pas donc un métal; parmi les corps fluides, il tient, sans contredit, le premier rang.

Le Maître. Le mercure est moins un métal que la matière principale des métaux. Ils sont plus ou moins pesants, suivant qu'il en contiennent une plus ou moins grande quantité : on en retire de l'air nitreux.

Théodore. Qu'est-ce que le bismuth et le nickel, et quelles propriétés leur manque-t-il pour être des métaux parfaits ?

Le Maître. Le bismuth est un demi-métal très-cassant, très-facile à réduire en poudre, à fondre, et à se mêler à tous les métaux. Il rend blanc le cuivre et l'étain sonore. Sa couleur ressemble assez à celle de l'argent. Il n'est bleuâtre, que lorsqu'on l'a exposé à l'air. Quelques naturalites croient que la mine de bismuth n'est qu'une mine d'argent qui n'a pas pu parvenir à maturité. La saxe a beaucoup de ces sortes de mines. Si le bismuth étoit ductile, peut-être seroit-il un métal parfait.

Il en est de même du nickel dont on trouve des mines abondantes en saxe ; il n'est pas plus ductile et il est aussi cassant que le bismuth. Il est jaune à l'extérieur, blanc comme de l'argent dans ses fractures avec des couleurs changeantes. L'un et l'autre se dissolvent dans l'esprit de nitre, et donnent l'air nitreux. Le nickel en donne beaucoup plus que le bismuth. De 12 grains du premier, M. Priestley en a retiré 4 mesures ; et il n'en a retiré que 6 mesures de 29 grains du second. Il nous reste à parler du sucre dont on retire beaucoup d'air nitreux. Caroline nous a promis de nous faire l'abrégé de ce qu'elle a lu sur cette matière dans le Dictionnaire d'histoire naturelle de M. Valmont de Bomare.

Caroline. Le sucre est contenu dans une espèce de roseau de neuf à dix pieds de hauteur, connu sous le nom de *canne à sucre.* Elle croît dans les îles Canaries, dans les indes et dans les pays chauds de l'Amérique. Elle se plaît dans les terrains gras et humides. Ce qu'il faut bien remarquer, c'est que, de quatre en quatre doigts, la canne à sucre a des nœuds en partie blanchâtres, et en partie jaunâtres, qui rendent très-faciles les plantations de ce sel essentiel, si doux et si agréable. On couche les cannes dans des sillons, et de chaque nœud il pousse des rejettons. Au bout de 9 à 10 mois les cannes à sucre sont parvenues à leur maturité. On les coupe, on rejette les feuilles et on broye ces cannes sous des rouleaux d'un bois très-dur. On en retire une liqueur douce, visqueuse, que l'on fait cuire tout de suite jusqu'à la consistance du sucre.

On remet plusieurs fois cette liqueur sur le feu, et après des opérations sans nombre, on parvient à la dernière qui consiste à purifier le sucre, ou par des blancs d'œufs, ou par le sang de bœuf; ce qui donne le sucre raffiné. Apprenez-nous maintenant comment on se procure l'air nitreux ?

Le Maître. Mettez au fond d'une bouteille une certaine quantité de limaille de fer dont vous aurez séparé toutes les parties hétérogènes. Jetez sur cette limaille une certaine quantité d'esprit de nitre, plus ou moins grande suivant le poids des parties métalliques; il y aura une prompte dissolution ; et l'on verra s'élever une fumée que vous recevrez dans une vessie de cochon, comme vous avez fait *l'air fixe*. Avant cependant d'attacher cette vessie, vide-d'air, au cou de votre bouteille, laissez échapper les premières ondées ; sans cette précaution, vous aurez un air nitreux mêlé d'air atmosphérique.

Ce gaz est encore plus méphitique que l'air fixe. Non seulement les chandelles allumées s'y éteignent, mais encore les animaux qu'on y plongeroit, ceux-là même qui respirent fort peu, y mourroient à l'instant; j'en ai fait l'expérience sur les guêpes, les mouches et les papillons. Il n'est que les grenouilles et les limaçons qui en supportent l'action pendant un quart d'heure.

Théodore. Apparemment que ce gaz aura des qualités assez précieuses, pour nous faire oublier son affreux méphitisme.

Le Maître. Vous ne vous trompez pas. L'air nitreux est encore plus anti-septique, c'est-à-dire, anti-putride que l'air fixe. Il n'a pas seulement le pouvoir de préserver de la putréfaction les substances animales, il a encore celui de rétablir les substances déjà putréfiées. M. Priestley prit deux souris, l'une nouvellement tuée, l'autre mollasse et pourrie. Il les mit toutes les deux dans l'air nitreux, au mois d'août de l'année 1772; il ne les en retira que 25 jours après, et il les trouva parfaitement exemptes de puanteur, même en les découpant en plusieurs endroits. La souris qui avoit été mise dans ce gaz, immédiatement après avoir été tuée, étoit tout à fait ferme; la chair de l'autre, étoit toujours molle, mais elle avoit perdu toute sa mauvaise odeur.

Théodore. Si la même chose arrivoit à l'air fixe, cela ne prouveroit pas que l'air nitreux fût plus anti-septique que lui.

Le Maître. Vous avez raison; mais M. Priestley n'a pas manqué d'examiner le fait. Il mit une souris dans l'air fixe; lorsqu'un mois après il ouvrit la bouteille où l'animal étoit renfermé, il s'en exhala une odeur insupportable.

Théodore. Il faut donc employer l'air nitreux comme remède dans les fièvres putrides ordinaires et dans les fièvres putrides-malignes.

Le Maître. Vous raisonnez conséquemment. Mais comme ce gaz est si violent, je voudrois qu'on ne l'employât qu'en désespoir de cause, et lorsque le malade va succomber évidemment à la force du mal. L'on pourroit cependant sans danger, ordonner pour boisson ordinaire, dans ces sortes de maladies, l'eau et quelquefois le vin imprégnés d'air nitreux. L'on pourroit même dans les chambres des malades attaqués de fièvres putrides-malignes, de même que dans les salles des Hôpitaux, faire dissoudre différens métaux dans l'esprit de nitre; la vapeur qui s'en exhaleroit, purifieroit l'air, et conserveroit la santé de ceux qui servent les malades. C'est aux maîtres de l'art à prononcer sur la bonté d'un avis que je ne fais que hazarder; il ne me convient pas de parler autrement en traitant ces sortes de matieres. *Ubi desinit Physicus, ibi incipit Medicus.*

Théodore. Vous ne conseillerez pas donc les lavemens d'air nitreux.

Le Maître. Un chien bien portant sur lequel on voulut faire l'épreuve de ce remède, donna des signes manifestes de mal-aise, tant qu'il le retint, ce qui dura assez long-temps; cependant au bout de quelques heures, il fut aussi vif que jamais. J'ai lu autrefois quelque part, je crois que c'est dans la gazete salutaire, qu'un malade à qui l'on avoit ordonné un lavement d'air nitreux, avoit expiré dans le temps de l'opération; je n'en suis pas étonné. J'ai imprégné de beaucoup d'air nitreux une très-petite quantité d'eau commune, je lui ai trouvé presque toutes les qualités de l'eau forte: c'est au Docteur Guillaume Bewley que nous devons cette expérience.

Caroline. Vous nous avez dit, à la fin de la dernière leçon, que vous examineriez, dans celle-ci, si l'application extérieure de l'air nitreux est préférable à celle de l'air fixe, pour la guérison des ulcères sordides. Une pareille discussion est trop intéressante, pour que vous ne nous permettiez pas de vous faire questions sur questions; elles seront toutes analogues à ce sujet.

Je sais que vous n'aimez pas les questions étrangères. Théodore m'a recommandé de ne vous en faire jamais de pareilles.

Le Maître. Théodore a eu raison ; elles font perdre un temps infini. Avant de répondre à vos questions, je dois vous prévenir que d'un mélange effervescent de potasse et de vinaigre, il s'élève un air fixe beaucoup moins violent que celui que procure la fermentation de l'acide vitriolique avec la craie. La potasse est une espèce de cendre gravelée propre à la teinture ; on la nomme aussi *vedasse.* Les Teinturiers donnent la préférence à celle qui nous vient de la Pologne et de la Moscovie. Vous pouvez maintenant me proposer les questions que vous jugerez à propos.

Caroline. Comment se fait l'application extérieure de l'air fixe sur les ulcères ?

Le Maître. Cette application se fait, tantôt en exprimant adroitement sur la plaie, l'air fixe contenu dans une vessie de cochon, tantôt en recevant sur la partie ulcérée, la vapeur qui s'élève lors de la fermentation de l'acide vitriolique avec la craie, ou du vinaigre avec la potasse ou tel autre corps qui lui est analogue. Un Médecin, *dit M. Percival,* qui avoit à la pointe de la langue une espèce de chancre, connu sous le nom *d'aphte ulcéré*, trouva un grand soulagement dans l'application de l'air fixe à la partie affectée, tandis que les autres remèdes étoient sans effet. Il tint sa langue sur un mélange effervescent de potasse et de vinaigre ; et comme ce bain de vapeur appaisoit toujours la douleur, et l'emportoit même presqu'à coup sûr, il y revint toutes les fois que le tourment, causé par l'ulcère, étoit plus

grand qu'à l'ordinaire. Il essaya une combinaison de potasse et d'huile de vitriol bien étendue
d'eau; mais cela lui causa de l'irritation et augmenta
sa douleur.

Caroline. Après une expérience aussi décisive,
M. Percival sans doute n'aura pas conseillé l'application extérieure de l'air nitreux sur les ulcères. Il n'ignore pas qu'il est beaucoup plus violent que l'air fixe ordinaire.

Le Maître. Il l'a cependant conseillée, et voilà
ce qui est incompréhensible. Voici comment le
fait parler M. Priestley dans l'*appendix* qui termine
le premier volume de son ouvrage, pag. 395 :
(Si l'air fixe est capable de corriger la matière purulente dans les poumons, on peut raisonnablement
inférer qu'il sera également utile, appliqué extérieurement aux ulcères sordides ; et l'expérience
confirme cette conclusion. Cet air appliqué même
à un *cancer*, tandis que le cataplasme de carotte
étoit sans effet, a adouci la sanie, modéré la
douleur et produit une meilleure digestion....
Le progrès des *cancers* semble être arrêté par l'air
fixe, mais il est à craindre qu'on n'en obtienne
pas la guérison. On peut cependant regarder
comme une acquisition précieuse un remède pal-
liatif dans une matière désespérée et aussi dé-
goûtante ; peut-être l'air nîtreux seroit-il encore
plus efficace.... Il l'emporte sur l'air fixe en qualité d'adoucissant et d'anti-septique.)

Théodore. Je crois que M. Percival veut nous
persiffler : que l'air *nitreux* l'emporte sur l'air *fixe*
en qualité d'anti-septique, je le pense ainsi, vous
nous l'avez prouvé ; mais que le premier l'emporte
sur le second en qualité d'adoucissant, la chose est
impossible. Vous avez trouvé presque toutes les

qualités de l'eau forte à une très-petite quantité d'eau commune que vous imprégnez de beaucoup d'air nitreux : je pense donc qu'il ne faut jamais l'appliquer extérieurement sur les ulcères ; on peut appliquer l'air fixe, encore ne doit-on se servir que de celui que donne un mélange effervescent de potasse et de vinaigre.

Le Maître. Vous pensez très-bien, et vous raisonnez non seulement en bon Physicien, mais encore en vrai Logicien. Je dois vous faire remarquer que l'air nitreux est plus léger que l'air fixe, et aussi pesant que l'air atmosphérique. Trois chopines de ce gaz ont paru tantôt plus pesantes et tantôt plus légères d'un demi-grain, qu'un égal volume d'air commun.

Théodore. Les métaux donnent-ils tous la même quantité d'air nitreux ?

Le Maître. Ils en donnent plus ou moins en cet ordre : le fer, le cuivre, le laiton, l'étain, l'argent et le mercure ; c'est-à-dire, que le fer est celui qui en donne le plus, et le mercure le moins. M. Priestley a extrait 16 mesures d'air nitreux de 20 grains de fer, et il n'en a extrait que quatre mesures et demie de 139 grains de mercure.

Théodore. Vous ne nous parlez-ici ni de l'or, ni du plomb ; n'en retire-t-on pas de l'air nitreux ?

Le Maître. On en extrait de l'or, par le moyen de l'eau régale ; elle est l'unique dissolvant de ce métal. Mais comme il est très-précieux, on ne s'occupe guères en Physique de pareilles expériences. L'étude des sciences n'a jamais été un moyen de s'enrichir.

Pour tirer l'air nitreux du plomb, il faut employer un nouveau procédé, ou plutôt il faut renforcer le premier. On remplit de petit plomb une bouteille de cristal ; on verse sur ce plomb de l'esprit de nitre fumant, et l'on échauffe le fond de la bouteille avec la flamme d'une chandelle ; l'on a alors de l'air nitreux parfaitement semblable à celui qu'on retire des autres métaux par le procédé ordinaire.

Théodore. Qu'est-ce que l'eau régale, qui seule peut dissoudre l'or ?

Le Maître. L'eau régale est un mélange de l'acide marin avec l'acide nitreux. L'acide nitreux prédomine dans ce mélange. Quatre onces d'acide nitreux ne doivent recevoir que les acides contenus dans deux onces de sel marin qu'on extrait par les procédés chimiques ordinaires.

Caroline. Comment tire-t-on l'air nitreux du sucre ?

Le Maître. Mettez dans un matras deux onces de sucre pulvérisé et quatre onces d'esprit de nitre. Échauffez ce mélange avec la flamme d'un chandelle, vous aurez de l'excellent air nitreux, et en grande quantité, que vous recevrez dans une vessie de cochon, comme les autres substances aériformes. Je vous conseille même de vous servir plutôt de sucre que de toute autre matière, pour vous procurer ce *gaz.* Plus le sucre sera raffiné, et mieux l'expérience vous réussira.

Théodore. Dès demain je la ferai. N'avez-vous plus rien à m'apprendre sur l'air nitreux ?

Le Maître. Il a encore une propriété qu'il est nécessaire de vous faire connoître.

Caroline. Quelle est cette propriété ? Est-elle nuisible ? Est-elle salutaire ?

Le Maître. Elle est très-salutaire. L'air nitreux est absorbé en plus ou moins grande quantité par les différens airs, suivant qu'ils sont plus ou moins respirables; et il n'est pas absorbé par les airs méphitiques. Prenez une certaine quantité d'air atmosphérique ordinaire, prenez une quantité pareille d'air nitreux, mêlez l'un avec l'autre. Si le premier est respirable, le mélange, sans être comprimé, n'occupera pas plus d'espace qu'en occupoit l'air atmosphérique.

Caroline. S'il en occupoit davantage, que conclurois-je ?

Le Maître. Vous concluriez que l'air atmosphérique ne peut pas être respiré sans danger. Gardez-vous de respirer celui qui lui est analogue, si le mélange dont je viens de vous parler, occupoit un espace plus grand d'un tiers, et à plus forte raison d'une moitié. Dans le premier cas, vous vous exposeriez à une maladie sérieuse; dans le second, à un danger de mort évident.

Caroline. Mais comment pourrai-je me procurer l'air atmosphérique dont, par le moyen de l'air nitreux, je veux connoître le plus ou moins de salubrité?

Le Maître. Le plus facilement du monde. Voulez-vous savoir, par exemple, le degré de salubrité de l'air que vous respirez dans votre appartement ? Ayez une bouteille pleine d'eau ; videz-la ; elle se remplira du même air que vous y respirez. Bouchez cette bouteille, et éprouvez ensuite cet air, par le moyen du gaz nitreux, lorsque vous en aurez le loisir. Connoissez-vous un instrument de Physique qu'on nomme *Eudiomètre.*

Caroline. Je n'en ai aucune idée.

Théodore. N'appelle-t-on pas *Eudiomètre* tout

ce qui sert à déterminer le plus ou moins de salubrité de l'air, eu égard à la respiration ?

Le Maître. C'est là précisément l'instrument de Physique dont je voulois vous parler.

Théodore. Il sera donc bien facile de se procurer des Eudiomètres à *air nitreux.*

Le Maître. Ne chantez pas encore victoire ; Il s'en faut que cet Eudiomètre soit sans défaut. Le Docteur Priestley , inventeur de cet instrument, a publié, dans son quatrième volume , l'insuffisance de l'air nitreux , pour juger de la pureté de l'air atmosphérique que nous respirons. (J'ai trouvé , *dit-il* , qu'il se fait une différence considérable dans les dimensions ou le volume du mélange d'airs, par une circonstance dans la manière de les mêler , circonstance que je ne soupçonnois pas. Je suis le Maître, *ajoute-t-il* , d'occasionner une différence de 500 parties d'une mesure , en faisant monter l'air dans le tube avec vîtesse ou avec lenteur. Plus il monte lentement, moins il y a d'espace occupé par le mélange).

M. Priestley s'est assuré que cet effet ne vient point de ce que le mélange est fait depuis plus ou moins de temps , et il avertit qu'il n'a pas encore pu en trouver la cause.

Théodore. Il faut donc renoncer à l'Eudiomètre à *air nitreux.*

Le Maître. Je le pense ainsi.

Caroline. De quel Eudiomètre faudra-t-il donc se servir, pour découvrir le plus ou moins de salubrité de l'air , eu égard à la respiration ?

Le Maître. Je reprendrai ce point de Physique à la fin de ma dernière leçon sur les *airs factices.*

Caroline. Vous n'avez plus rien à nous dire sur l'air nitreux.

Le Maître. Il me reste à vous faire remarquer que ce gaz se conserve dans une vessie de cochon, beaucoup mieux que la plupart des autres airs factices. M. Priestley y en a conservé pendant 15 jours. Dans un à deux jours, la vessie de cochon devint rouge, et se contracta beaucoup dans toutes ses dimensions. L'air nitreux qui y étoit contenu, perdit très-peu de ses propriétés ordinaires.

Théodore. Nous connoissons les signes algébriques; nous nous sommes même familiarisés avec eux; nous comprenons que l'on ne s'en sert que pour abréger le discours; au lieu de dire, *par exemple*, le *produit* de 10 multipliant, 10 est égal à 100, l'on dira : $10 \times 10 = 100$. Vous pouvez donc nous donner maintenant les premières notions de l'algèbre. Qu'est-ce que l'algèbre ?

Le Maître. 1°. L'art de faire sur les lettres de l'alphabet les mêmes opérations que sur les nombres, se nomme *arithmétique algébrique*. La différence qu'il y a entre le calcul *numérique* et le calcul *algébrique*, c'est que dans le premier les chiffres ont toujours une valeur déterminée ; 2, *par exemple*, ne vaudra jamais 3 : dans le second au contraire *a* vaudra tantôt 1, tantôt 10, tantôt 100, etc., suivant la volonté de celui qui résout un problème algébrique.

Théodore. Mais dans le même problème, les lettres ne changent pas de valeur ?

Le Maître. Non, sans doute ; ce seroit une cacofonie. Veux-je résoudre un problème algébrique ; je fais un registre dans lequel je déter-mine la valeur que je donne aux lettres a, b, c, etc. Cette valeur une fois déterminée, il m'est impossible de la changer, jusqu'à ce que je passe à la solution d'un problème différent. Continuons nos notions algébriques ; je ne suis pas fâché que Théodore m'ait interrompu.

2°. Toute lettre de l'alphabet affectée du signe $+$, représente une quantité positive ; et toute lettre affectée du signe $-$, une quantité négative. Une quantité positive représente une somme qui vous appartient, et une quantité négative une dette que vous avez contractée.

Caroline. Je vous comprends. Supposons que j'aie un bien fonds de la valeur de 100000 livres, et que je doive 20000 livres ; je ferai $a = 100000$, et $b = 20000$. Si l'on me demande l'état de ma fortune, je dirai qu'elle est $+ a - b$.

Le Maître. Continuez, Caroline ; vous péné-trérez facilement dans les secrets de l'algèbre. Je vous ferai remarquer seulement, que lorsqu'une lettre de l'alphabet n'est précédée d'aucun signe, l'on suppose qu'elle est affectée du signe $+$. Ainsi $a = + a$, et $b = + b$.

3°. Il y a dans le calcul algébrique , comme dans le calcul arithmétique, des grandeurs *sim-ples* et des grandeurs *composées*. Les premières sont affectées d'un seul signe ; les secondes sont affectées de plusieurs.

Théodore. *a* est donc une grandeur simple , et $a + b$ ou $a - b$ une grandeur composée.

Le Maître. N'en doutez pas. Rappelez-vous qu'une grandeur algébrique exprimée par un seul terme , s'appelle *monome* ; *binome*, lorsqu'elle est exprimée par deux ; *trinome*, lorsqu'elle a trois

termes ; *quadrinome*, lorsqu'elle en a quatre, etc.
Ne vous effrayez pas cependant ; quand même
vous oubliériez ces mots dérivés du grec, vous
n'en seriez pas moins bon algébriste.

Théodore. a est donc un *monome* : a $+$ b
un *binome*, a $+$ b $-$ c un *trinome* : a $-$ b $+$ c $-$ d
un *quadrinome*, etc. Il n'est rien dans tout cela de
bien difficile à comprendre.

Le Maître. Les signes $\sqrt[2]{\ }$ et $\sqrt[3]{\ }$ sont des signes
radicaux. On nomme *rationelle* toute quantité
qui n'est affectée d'aucun signe radical ; et *irra-
tionelle* toute quantité qui en est affectée, sans
pouvoir en être dégagée. La quantité *a* est
rationelle, et les quantités $\sqrt[2]{a}$ et $\sqrt[3]{b}$ sont *irra-
tionelles.*

Théodore. Tout cela se comprend facilement.
Avez-vous encore quelqu'autre notion algébrique
à nous donner ?

Le Maître. J'en ai encore deux essentielles ; la
signification des termes *coefficient* et *expoſant.* Ne
confondons pas l'un avec l'autre. Le premier est
la marque de *l'addition*, et le second de la *multiplication.*

Théodore. Qu'est-ce qu'un *coefficient.*

Le Maître. C'est tout chiffre qui précède un

un terme algébrique. La grandeur 3 a b, a pour
coefficient le chiffre 3 ; la grandeur 4 b c, a le chiffre
4 pour *coefficient*.

Théodore. Lorsqu'une grandeur algébrique n'est
précédée d'aucun signe, quel est son *coefficient* ?

Le Maître. C'est le chiffre 1. Ainsi ab $=$ 1 ab.

Caroline. Théodore, il y a long-temps que
vous parlez, permettez que je dise deux mots ;
vous empiétez furieusement sur les droits de mon
sexe. Qu'entendez-vous par *exposant* ?

Le Maître. On nomme *exposant* tout chiffre
mis au-dessus d'une lettre. Ainsi dans les gran-
deurs algébriques $\overset{2}{a}$, $\overset{3}{b}$, 2 est *l'exposant* de la
grandeur, *a* et 3 celui de la grandeur *b*. Le chiffre
1 est *l'exposant* des termes au-dessus desquels on
n'en marque aucun. Ainsi a $=\overset{1}{a}$.

IV. LEÇON. (*)

Du Gaz connu sous le nom d'air inflammable.

LE Maître. On donne le nom d'air inflammable à toute vapeur qui s'enflamme comme d'elle-même, ou qu'on enflamme facilement. Quelle idée générale en avez-vous, d'après ce que je vous en ai dit dans la première leçon de ce second volume ?

Caroline. Vous avez divisé l'air inflammable en naturel et artificiel. Le premier, *avez-vous dit,* se trouve presque par tout, mais principalement dans les mines et dans les lieux souterrains, auprès de la voûte desquels il se soutient, parce qu'il est plus léger que l'air que nous respirons. L'on se procure de l'air inflammable artificiel par la limaille de fer dissoute dans l'huile de vitriol.

Le Maître. L'on tire encore l'air inflammable du zinc et de l'étain pulvérisés ; c'est toujours par l'huile de vitriol que se fait cette extraction.

Caroline. Je connois l'étain, mais je n'ai aucune idée du zinc.

Le Maître. Le zinc est un demi-métal blanc, tirant un peu sur le bleu. Il a un commencement de ductilité ; aussi sa nature approche-t-elle beau-

---

(*) C'est la trentième du cours de *Physique à la portée de tout le monde.*

coup de celle des métaux parfaits. Réduit en li-
mailles, au moyen d'une lime, il est attiré par
l'aimant ; ce qui fait conclure qu'il a une grande
affinité avec le fer, ou qu'il contient beaucoup de
parties ferrugineuses. Le zinc s'unit très-propre-
ment aux substances métalliques. Les Potiers s'en
servent pour décrasser et blanchir l'étain ; les Fon-
deurs en mettent dans la composition de leur sou-
dure ; on en mêle avec le cuivre rouge , pour
donner la couleur d'or à ce métal, et pour former le laiton , le similor et le tombac. Le zinc entre
aussi dans la composition du bronze. L'on en
trouve des mines abondantes dans les Indes orien-
tales.

Théodore. Ne retire-t-on pas l'air inflammable
du charbon de bois ?

Le Maître. L'on en retire de l'excellent et en
grande quantité par un procédé particulier.

Théodore. Quel est ce procédé ?

Le Maître. On prend un canon de fusil qu'on
remplit de charbons de bois brisé. On lutte le plus
exactement qu'il est possible à l'orifice de ce canon un tuyau de pipe ou de verre. On lie à l'autre
extrémité de ce tuyau, une vessie de cochon,
vide d'air. L'on fait chauffer à un feu violent le
canon de fusil ; l'on voit la vessie du cochon se
remplir d'air inflammable. L'on prétend même
que ce gaz est presque entièrement composé de
phlogistique.

Théodore. Qu'est-ce que le phlogistique ? Ce
terme est si usité en chimie ; donnez-nous en une
idée claire et nette.

Le Maître. Magna petis , Phaëton. Il en est du
phlogistique dans la chimie, comme de la matière
subtile dans la Physique cartésienne. La matière

subtile chez les Cartésiens étoit comme l'ame de la nature ; le phlogistique chez les Chimistes est comme l'ame de leurs opérations. Paroissoit-il en Physique quelque phénomène embarrassant ? On appelloit au secours la matière subtile, et avec un peu de métaphysique elle en devenoit la cause directe ou indirecte. A-t-on à faire en chimie quelque opération délicate ? On prétend n'en venir jamais à bouts sans le secours du phlogistique.

Théodore. Je vous ai entendu dire cent fois que la matière subtile de Descartes est un être purement idéal ; que c'est le fruit de l'imagination féconde de ce grand Philosophe. En est-il ainsi du phlogistique ?

Le Maître. Je ne prétends pas établir une analogie parfaite entre ces deux substances invisibles. La matière subtile cartésienne, j'en conviens, est telle que vous l'avez dépeinte; je vous le prouverai dans la suite. Le phlogistique au contraire est une substance réelle et physique ; c'est l'ame de la nature. Le tort qu'ont les Chimistes, c'est de marcher sur les traces des Cartésiens qui parloient à tort et à travers de matière subtile, et qui n'en donnoient jamais une définition exacte. Ainsi se sont comportés de tout temps, ainsi se comportent maintenant les plus grands Chimistes, Macquer, Baumé, Sennebier, etc.

Caroline. Cette manière de se comporter me paroît incompréhensible. Oserois-je vous demander la preuve d'une méthode si propre à retarder le progrès des sciences. Qu'est-ce que le phlogistique, selon M. Macquer ?

Le Maître. M. Macquer parle du phlogistique dans ses élémens de Chimie, *tom.* 3, *pag.* 12 et suivantes, *édition in* 12. Tantôt il assure que le phlogistique est la matière inflammable ; tantôt il veut que ce soit le souffre principal ; tantôt il soutient que c'est une matière invisible qui rend les corps solides auxquels elle se joint, plus disposés à entrer en fusion par l'action du feu ordinaire. L'inflammabilité d'un corps, *dit-il*, est une marque certaine qu'il contient le phlogistique ; mais de ce qu'un corps n'est pas inflammable, on ne peut pas conclure qu'il n'en contienne point. Il est certains métaux, *ajoute-t-il*, qui abondent en phlogistique, et qui cependant ne sont pas inflammables.

Caroline. Si les autres Chimistes parlent comme M. Macquer , je n'en aurai jamais une idée claire et nette. Quelle idée en donne M. Baumé ?

Le Maître. Il assure d'abord que le phlogistique est un principe secondaire, composé de deux élémens primitifs ; le feu pur et la terre vitrifiable.

Caroline. Ce n'est pas à moi à décider si cette idée est vraie ou fausse. Ce que je sais, et ce qui me fait plaisir, c'est qu'elle est claire, nette et précise.

Le Maître. Je le pense ainsi ; j'aurois voulu que M. Baumé eût donné la preuve d'une définition aussi claire. Mais bientôt après il change de système, et il jette son lecteur dans la plus grande incertitude sur la nature du phlogistique. Il n'en connoît point d'autre que le résidu charbonneux, provenant de la décomposition de la matière huileuse. Il prétend même que ce résidu perd le nom de phlogistique, lorsqu'il n'est pas absolument privé d'air et d'eau. Ainsi parle-t-il dans sa chimie expérimentale et raisonnée, *tom.* 1 , *pag.* 145.

Théodore. Il me paroît que M. Baumé auroit

dû prouver que le résidu charbonneux, provenant de la matière huileuse, ne contient que le feu pur et la terre vitrifiable, lorsqu'il est absolument privé d'air et d'eau.

Le Maître. Il ne l'a pas fait, et voilà pourquoi on ne puise pas dans sa chimie une idée claire du phlogistique. Cela n'empêche pas que cet ouvrage ne soit généralement estimé. *Non ego paucis offendar maculis.*

Théodore. Que pense M. Sennebier sur la nature du phlogistique ?

Le Maître. Il pense que le phlogistique est un être qui s'échappe du foie de soufre ; qui subit une nouvelle combinaison dans les métaux calcinés, et qui se trouve nécessairement dans les corps employés à la réduction des chaux métalliques. Il a consigné son système dans le Journal de Physique, février 1787, *pag.* 93 et suivantes.

Théodore. Apparemment dans ce mémoire M. Sennebier répond aux questions suivantes : Quel est cet être qui s'échappe du foie de soufre ? Comment cet être subit-il une nouvelle combinaison dans les métaux calcinés ? Comment se trouve-t-il nécessairement dans les corps employés à la réduction des chaux métalliques ?

Le Maître. Il répond froidement à toutes ces questions par *je n'en sais rien.*

Théodore. Pour moi, je sais que je ne lirai jamais son mémoire. Apprenez-nous ce que c'est que le foie de soufre.

Le Maître. C'est un mélange de telle et telle quantité de soufre en poudre ou de fleurs de soufre avec telle et telle quantité d'alkali fixe sec. Ce mélange se fait en chimie, tantôt par la voie humide et tantôt par la voie sèche. La première admet l'eau, la seconde l'exclut absolument. Voilà tout ce que doit savoir un Physicien sur cette matière.

Théodore. Que pensent les autres Chimistes sur le Phlogistique ?

Le Maître. Les uns disent qu'il n'est pas distingué de la lumière ; les autres le confondent avec la matière électrique ; d'autres enfin avec l'air inflammable. On peut dire en un mot que, sur cette importante matière, il y a parmi les Physiciens et les Chimistes, *tot capita, tot sensus.*

Caroline. Et vous, que pensez-vous du phlogistique ?

Le Maître. Comme c'est un problème phisicochimique très-difficile à résoudre, j'en ai cherché la solution pendant plus d'un an.

Caroline. Et vous l'avez trouvée ?

Le Maître. Je ne dirai pas *oui* ; mais aussi je ne dirai pas *non.* Je ne suis pas absolument mécontent de mon travail.

Caroline. Faites-nous en part , je vous en prie.

Le Maître. C'est bien ce que je prétends faire ; et pour mieux analyser mes idées , je vais poser quelques principes.

1°. Il n'est sur la terre qu'un corps essentiellement fluide, c'est le feu élémentaire ou primitif ; les autres ne le sont que par accident, c'està-dire , par l'introduction du feu élémentaire. L'eau sans doute est un corps fluide ; elle perd cependant sa fluidité, lorsqu'elle perd une partie du feu qu'elle renferme naturellement dans son sein ; elle est alors métamorphosée en un corps très-dur et très-solide , connu sous le nom de *glace.* Introduisez dans la glace une quantité plus ou moins grande de feu ; vous la verrez plutôt ou plus tard recouvrer sa première fluidité. Ce n'est pas seulement la glace ; ce sont les corps les plus durs et les plus compacts que le feu métamorphose en corps fluides : témoins les métaux, lorsqu'on les soumet à l'action d'un feu plus ou moins violent.

2°. Le feu élémentaire, répandu par tout avec plus ou moins d'abondance, est évidemment formé par une matière très-déliée, agitée d'un violent mouvement *en tout sens.* Examinez la flamme occupée à consumer quelque corps que ce soit, vous en conviendrez facilement avec moi.

3°. Le feu élémentaire se rend visible et devient feu usuel, lorsqu'il s'enveloppe de parties inflammables, telles que sont les parties huileuses, sulphureuses, bitumineuses, etc.

Caroline. Voilà ce qu'on doit appeler des principes évidens. Quelle relation ont-ils avec le phlogistique ?

Le Maître. La relation la plus nécessaire. Tous le temps que le feu primitif est élément d'un corps mixte, il est privé de son mouvement *en tout sens* ; mais, comme ce mouvement lui est essentiel, il le reprend nécessairement, lorsque le corps est suffisamment décomposé. A peine l'a-t-il repris, qu'il tend à se joindre aux parties inflammables dont le corps mixte étoit plus ou moins pourvu ; et dès que cette jonction est faite, le feu élémentaire prend le nom de phlogistique.

Caroline. Que cette idée est lumineuse ! Je l'ai saisie à l'instant. Permettez-moi de vous dire ce que vous entendez par phlogistique.

Le Maître. Vous me ferez un plaisir infini.

Caroline. Le phogistique, selon vous, est le

feu élémentaire qui, après la décomposition des corps mixtes, reprend son mouvement *en tout sens*, et se joint à des parties inflammables, de quelque nature qu'elles soient. Le phlogistique est donc un corps mixte, composé de feu élémentaire et d'une quantité plus ou moins grande de parties inflammables.

Le Maître. Je n'aurois pas mieux expliqué ma pensée.

Théodore. Ne vous avois-je pas dit que Caroline m'éclipseroit ? J'en suis au comble de la joie. Il doit y avoir ce soir une assemblée de Chimistes chez M. **: on doit parler du phlogistique; j'y assisterai en qualité de Physicien; et lorsque tout le monde aura parlé, je leur ferai part de ce que vous m'avez appris sur le phlogistique.

Le Maître. Parlez modestement ; dites-leur que je soumets très-volontiers mes lumières aux leurs; et que, si je réponds aux objections que je les invite à me faire, ce sera moins pour soutenir mon sentiment avec opiniâtreté, que pour les engager à faire différens mémoires sur cette importante matière. Quand est-ce que les Académies proposeront pour sujet de prix la solution de ce fameux problème ?

Déterminer d'une manière claire, nette et précise quelle est la nature du phlogistique ?

Théodore. Il est temps de reprendre l'air inflammable. Je penserois volontiers comme les Physiciens qui le confondent avec le phlogistique, celui sur-tout que vous avez appelé *air inflammable naturel*, et celui que vous avez retiré du charbon de bois brisé, dont vous avez rempli un canon de fusil.

Caroline. L'existence de l'air inflammable naturel n'est pas une découverte dont les Physiciens modernes puissent se glorifier. Vous nous avez dit que, depuis un temps immémorial, ceux qui travaillent aux mines, se sont aperçus qu'auprès de la voûte de certains lieux souterrains, il se soutient une vapeur beaucoup plus légère que l'air commun. L'on assure même que de temps en temps elle prend feu avec une explosion à peu près semblable à celle de la poudre à canon que l'on allume en plein air.

Le Maître. Les Physiciens modernes ne se sont jamais glorifiés d'une pareille découverte. Ce qui leur est propre, et ce que nous leur devons, ce sont des méthodes excellentes d'extraire facilement l'air inflammable de telle et telle substance. C'est ce gaz que j'ai appelé air inflammable artificiel.

Caroline. Quelle est la meilleure et la plus simple de ces méthodes ?

Le Maître. Mettez au fond d'une bouteille une certaine quantité de limaille de fer, d'où vous aurez séparé toute partie hétérogène. Arrosez d'eau cette limaille. Versez sur ce mélange une quantité proportionnée d'excellente huile de vitriol ; le tout fermentera violemment, et il s'en élevera une vapeur inflammable que vous recevrez dans une vessie de cochon, comme vous avez fait les autres substances aériformes, dans les deux leçons précédentes.

Vous ferez de semblables opérations sur l'étain et le zinc pulvérisés ; vous en retirerez de l'air inflammable, moins cependant de l'étain, que du zinc, et moins du zinc, que de la limaille de fer.

Caroline. Quelles sont les qualités de l'air inflammable ?

Le Maître. Elle ne seront pas de votre goût.

Ce gaz, de quelque substance qu'il soit tiré, a toujours une odeur forte et désagréable. Cette odeur se fait sentir à travers même les parois d'un vaisseau de verre, plongé dans l'eau. Les animaux meurent assez subitement et de la même manière dans l'air inflammable, que dans l'air fixe, c'est-à-dire, que leur mort est précédée de convulsions.

Caroline. Vous n'en exceptez aucun.

Le Maître. Je n'en excepte que les guêpes. M. Priestley en mit deux dans l'air inflammable, et il les y laissa long-temps ; l'une y demeura une heure entière : elles cessèrent bientôt de se mouvoir ; on les auroit prises pour mortes : mais remises pendant demi-heure dans l'air libre, elles revinrent à la vie et parurent aussi bien portantes qu'auparavant.

Théodore. Vous nous avez parlé de la légéreté de l'air inflammable. De combien est-elle plus grande que celle de l'air commun ?

Le Maître. L'air inflammable est huit fois plus léger que celui que nous respirons aux environs de la terre ; aussi est-il devenu comme l'ame des ballons aérostatiques, sur lesquels vous attendez plusieurs leçons.

Théodore. Nous les attendons même avec impatience. Mais pour me procurer une certaine quantité d'air inflammable, par exemple, un pied cube, quelle proportion doit-il y avoir entre l'huile de vitriol et la limaille de fer, arrosée d'eau.

Le Maître. Pour avoir un pied cube d'air inflammable, il faut que quatre onces de limaille de fer soient dissoutes par six onces d'acide vitriolique.

Théodore. J'ai vu des Physiciens qui, au lieu

d'arroser d'eau la limaille de fer , mélangeoient d'eau l'acide vitriolique.

Le Maître. Ils n'en faisoient que mieux.

Théodore. Quelle proportion gardoient-ils dans ce mélange ?

Le Maître. La proportion de trois parties d'eau sur une d'acide. Cette mixtion doit se faire avec beaucoup de précaution et à petite dose , à cause de la chaleur excessive qui résulte de cette union.

Caroline. L'on prétend qu'une simple bluette électrique fait faire à l'air inflammable l'explosion la plus terrible.

Le Maître. J'en ai fait plusieurs fois l'expérience ; on la nomme l'expérience du *fusil électrique.*

Caroline. Mettez-nous la sous les yeux.

Le Maître. Le fusil électrique est une bouteille d'étain, de forme sphérique, plus ou moins grande, à la volonté des Physiciens. C'est celle-là même que vous voyez à côté de ma machine électrique. Allez-la chercher, Théodore, et mesurez-en les dimensions.

Théodore. Le diamètre du corps sphérique de la bouteille est de deux pouces et demi ; la longueur de son cou est d'un pouce et un quart ; et l'ouverture de son goulot est de trois quarts de pouce. Le fond de cette bouteille est percé par un fil d'archal jaune qu'on recourbe et qu'on fait monter en dedans jusqu'au centre ; il est aussi recourbé en dehors en forme de petit anneau. Ce fil d'archal ne communique pas avec l'étain ; on l'isole par le moyen d'un verre de baromètre. Le tout est mastiqué , de manière que l'air ne puisse pas sortir par le fond de la bouteille ; la cire d'Espagne peut servir de mastic. Comment charge-

t-on cette bouteille ; elle est pleine d'air atmosphérique.

Le Maître. On remplit de millets les deux tiers
de la capacité de la bouteille d'étain. L'on a une
vessie de cochon remplie d'air inflammable. L'on
fait entrer le goulot de la bouteille dans cette
vessie. Le millet tombe, et l'air inflammable
monte nécessairement pour occuper l'espace qu'occupoit auparavant le millet. On bouche fortement
avec un bouchon de liége, la bouteille d'étain ;
on présente au conducteur de la machine électrique le fil d'archal dont est garni le fond de la
bouteille ; l'on en tire une bluette ; alors le bouchon part avec un bruit semblable à celui d'un
fusil chargé.

Caroline. Je connois le ressort de l'air atmosphérique et la nature de l'air inflammable, j'expliquerai, si vous le voulez, ce terrible phénomène.

Le Maître. Vous m'avez prévenu ; j'allois vous
y inviter.

Caroline. La bluette électrique enflamme la
vapeur extraite de la limaille de fer par l'acide
vitriolique. Cette vapeur enflammée dilate l'air
athmosphérique contenu dans la capacité de la
bouteille d'étain. Cet air dilaté tend à occuper
un plus grand espace, et fait partir par là même
le bouchon de liége avec le bruit le plus
effrayant.

Théodore. Le fusil électrique est chargé ; je
vais faire l'expérience. Ne craignez pas Caroline ;
je tirerai en l'air.

Caroline. Quel bruit épouvantable ! Théodore,
ne faites plus de pareilles expériences ; elles ne
sont pas amusantes. Si le bouchon eût été garni

d'une balle, il auroit tué un homme placé à 30
ou 40 pas.

Le Maître. Connoissez-vous ces exhalaisons
légères que le soufle du moindre vent enflamme,
et qui se jouent sur la surface de la terre ? Elles
paroissent sur-tout dans les cimétières, au bord
des marais, et dans tous les endroits abondans
en soufre et en bitume.

Théodore. J'en ai vu des milliers ; on les appelle
feux follets, ils sont composés d'air inflammable naturel. Les poursuis-je ? Ils me fuyent. Les
fuis-je ? Ils me poursuivent. D'où vient cela ?

Le Maître. Badinez-vous, Théodore ? C'est un
phénomène si simple ; cherchez-en la raison physique ; je reviens à l'instant.

Théodore. Caroline l'a trouvée ; elle va l'assigner.

Caroline. Poursuis-je les feux follets ? Ils sont
emportés par l'air que je pousse en avant. Les
fuis-je ? Ils suivent la direction de l'air qui occupe
nécessairement les différentes places que je
quitte.

Le Maître. Théodore, vous avez raison de
dire que Caroline vous éclipsera ; je commence à
le croire.

Théodore. J'en suis au comble de la joie.

Le Maître. Par le moyen des connoissances
algébriques dont vous êtes munis l'un et l'autre,
vous serez bientôt au fait des cinq premières règles de l'algèbre : ce sont la *réduction*, *l'addition*, la *soustraction*, la *multiplication* et la
division.

Théodore. Vous commencez donc par la *réduction* ; cela m'étonne. Dans l'arithmétique ordinaire, cette règle suppose la connoissance de

la *multiplication* et de la *division*. Pourquoi n'en est-il pas ainsi dans l'arithmétique algébrique ?

Le Maître. Ces deux règles n'ont de commun que le nom. Dans la *réduction numérique*, les nombres changent d'espèce ; dans la *réduction algébrique*, les quantités, sans changer d'espèce, sont exprimées plus clairement et plus brièvement qu'auparavant.

Théodore. Comment s'y prend-t-on pour exprimer une quantité algébrique plus clairement, qu'elle ne l'étoit auparavant ?

Le Maître. On fait garder aux lettres qui la représentent, l'ordre alphabétique. S'il faut exprimer une grandeur algébrique par a et par b, un algébriste ne dira pas b $+$ a ou $-$ b $+$ a, mais il dira a $+$ b, a $-$ b.

Théodore. Comment exprime-t-on une quantité algébrique plus brièvement qu'elle ne l'étoit auparavant ?

Le Maître. En joignant en un seul différens termes affectés du même signe, et en les effaçant totalement ou en partie, lorsqu'ils sont affectés de signes différens. Ceci demande une explication.

Si je trouve en algèbre 2 a $+$ 4 a, je mettrai 6 a. Si je trouve 6 b $-$ 3 b, je mettrai 3 b. Si je trouve enfin 3 c $-$ 3 c, j'effacerai l'un et l'autre termes.

Théodore. Je ne suis pas surpris de cette manière d'opérer. Vous nous avez appris, à la fin de la leçon précédente, que les quantités algébriques affectées du signe $+$, représentent des quantités positives, c'est-à-dire, des sommes qui nous appartiennent, et que les quantités algébriques affectées du signe $-$ représentent des dettes que nous avons contractées. J'ai deux sommes représentées par 4 a et par 2 a ; j'ai donc 6 a. J'ai une somme représentée par 8 a et une dette exprimée par — 4 a ; je n'ai donc que 4 a. J'ai enfin une somme représentée par 4 b, et une dette exprimée par — 4 b ; je suis donc réduit à rien. Ce seroit bien pis, si mon bien étoit représenté par 6 c, et mes dettes par — 10 c ; je serois obligé de faire banqueroute. Vous pouvez nous proposer des quantités algébriques à *réduire*, nous ne serons pas embarrassés.

Le Maître. Réduisez les quantités suivantes.

Premier exemple.

$$6\,c - 4\,c + 4\,b - 4\,b + 3\,a + 2\,a.$$

Théodore. Ces six quantités se réduisent à deux. J'ai donc par *réduction* 5 a + 2 c. J'ai d'abord fait garder aux lettres l'ordre alphabétique. J'ai joint ensemble 3 a et 2 a, parce qu'ils sont affectés du même signe. J'ai effacé + 4 b — 4 b, parce que ce sont deux termes qui se détruisent mutuellement. J'ai enfin mis 2 c, parce que 6 c — 4 c = 2 c.

Le Maître. Réduisez, Caroline, les quantités suivantes ; elles sont en assez grand nombre.

Second exemple.

$$3\,m + 4\,n + 6\,h - 3\,m - 6\,h + 4\,a - 4\,n - 4\,a.$$

Caroline. Je vais d'abord faire garder à ces quantités l'ordre alphabétique,

$$4\,a - 4\,a + 6\,h - 6\,h + 3\,m - 3\,m + 4\,n - 4\,n.$$

Vous vous mocquez de moi ; il ne me reste rien. La réduction algébrique est trop facile à faire. Il n'en est pas ainsi de la réduction nu-

mérique. Que de choses ne faut-il pas savoir !
Que d'opérations ne faut-il pas faire pour chan-
ges une espèce supérieure en une espèce inférieure, ou une espèce inférieure en une espèce
supérieure !

Le Maître. Je veux absolument que vous
puissiez dire dans la suite : *facile comme l'algèbre.*

Caroline. Proposez-moi une *réduction*, après
laquelle il reste quelque chose.

Le Maître. Réduisez les quantités suivantes ;
vous aurez sûrement un *restant*.

Troisième exemple.

$$4\,f + 2\,r + 2\,s - 4\,f + 6\,b - b.$$

Caroline. Ces quantités arrangées selon l'ordre
alphabétique, forment le tableau suivant.

$$6\,b - b + 4\,f - 4\,f + 2\,r + 2\,s.$$

Par réduction.

$$5\,b + 2\,r + 2\,s.$$

En voici la preuve. $6\,b - b = 5\,b$. Les quantités $+\,4\,f - 4\,f$ se détruisent ; donc mon opération est exacte.

Le Maître. Vous savez la *réduction* aussi bien
que moi ; je ne vous en parlerai plus.

V. Leçon.

V. LEÇON (*).

Du gaz connu sous le nom d'air déphlogistiqué.

*L*E Maître. L'air qu'on appelle *déphlogistiqué* n'a que des propriétés infiniment précieuses ; il est à peu près quatre fois plus salubre que le meilleur air atmosphérique que l'on puisse respirer. S'il étoit possible de vivre dans un air pareil, la vie des hommes seroit quatre fois plus longue, qu'elle ne l'est communément. Je vous le prouverai par les expériences les plus décisives.

Caroline. C'est sans doute M. Priestley qui a découvert cette substance aériforme. Quelles obligations ne lui avons nous pas ? Il me vient une pensée que je n'ose pas vous communiquer.

Le Maître. Quelle est cette pensée ?

Caroline. Il me paroît que le titre que vous donnez à cette leçon, prête furieusement à la critique, et à une critique bien fondée.

Le Maître. Je le sais. J'étois sur le point de la faire ; je suis charmé que vous m'ayez prévenu. Faites-la le plus sévèrement que vous le pourrez.

Caroline. Vous donnez le nom de *gaz* à l'air déphlogistiqué. Ce nom ne lui convient pas. Tout *gaz* a quelque propriété nuisible ; l'air déphlogistiqué est quatre fois plus salubre que

---

(*) *C'est la* 31e. *leçon du cours de Physique à la portée de tout le monde.*

le meilleur air atmosphérique que l'on puisse respirer.

Vous l'appelez *déphlogistiqué*. Cette épithète lui convient encore moins que le nom de *gaz*. Seroit-il fluide, s'il étoit dénué de tout phlogistique ? C'est la conséquence que je tire de ce que vous nous avez dit, dans la leçon précédente, sur ce grand agent de la nature.

Le Maître. Votre conséquence est juste, et votre critique saine. Mais on ne parle que pour se faire entendre. Je ne l'aurois pas été, si j'avois donné à cette leçon le seul titre qui lui convienne, celui *d'air épuré*. Nous sommes souvent obligés en Physique d'en agir de la sorte. Il m'est démontré, *par exemple*, que le soleil est immobile au centre du monde. Cependant, pour être entendu, je dis tous les jours : le soleil se lève, le soleil se couche, le soleil passe par le méridien.

Théodore. Comment se procure-t-on l'air déphlogistiqué ?

Le Maître. C'est sur-tout de la chaux de mercure, connue sous le nom de *précipité rouge*, que l'on extrait cette substance aériforme.

Théodore. Vous nous apprendrez sans doute, comment le mercure se réduit en *précipité rouge*.

Le Maître. Connoissez-vous cette espèce de bain que les chimistes appellent *bain de sable*.

Théodore. Je la connois. Une matière contenue dans un vaisseau qu'on ne présente au feu, qu'après l'avoir entouré de sable, est une matière qui s'échauffe au bain de sable.

Le Maître. Mettez dans un matras une livre de mercure : faites la dissoudre par l'acide nitreux ;

mettez cette dissolution dans une cucurbite de verre large et peu élevée ; placez-la sur un bain de sable ; faites évaporer la liqueur jusqu'à siccité ; il vous restera une masse saline blanche, que vous pulvériserez dans un mortier de verre.

Mettez cette poudre dans un matras que vous placerez sur un bain de sable. Chauffez le vaisseau par degrés, jusqu'à ce que la matière qu'il contient soit calcinée, et qu'elle soit devenue en dessus d'une couleur orangée : laissez refroidir le vaisseau, et ensuite cassez-le ; vous en retirerez une matière dont les différentes couches auront différentes couleurs. La couche supérieure sera d'un jaune orangé ; la couche inférieure d'un rouge vif ; et les couches intermédiaires auront des couleurs moyennes entre le rouge et le jaune orangé. Pulvérisez cette matière dans un mortier, vous aurez du *précipité rouge.*

Théodore. Par quelle manipulation en tirerez-vous l'air déphlogistiqué ?

Le Maître. Mettez dans un matras une once de *précipité rouge.* Etablissez le matras sur un réchaud de charbon allumé ; poussez le feu avec modération, vous verrez d'abord sortir l'air atmosphérique que le vaisseau contenoit ; vous le laisserez échapper : l'air contenu dans le précipité rouge sortira ensuite par l'action du feu ; ce sera là l'air déphlogistiqué que vous recevrez dans une vessie de cochon, comme les autres substances aériformes.

Il en est qui luttent au cou du matras un tube de verre recourbé, dont la branche horizontale soit de 15 à 18 pouces de longueur, afin que l'extrémité du tube d'où l'air doit sortir, soit suffisamment éloignée du feu. Cette précaution est très-sage.

Théodore. N'est-ce que du *précipité rouge* que l'on extrait l'air déphlogistiqué ?

Le Maître. On l'extrait encore de plusieurs autres chaux métalliques, et sur-tout de la chaux de plomb, appelée *minium*; mais l'air qu'on en retire, est moins abondant, moins pur, toujours mêlé d'air fixe, celui sur-tout que donne le *minium.*

L'on extrait enfin du nitre pulvérisé, par le procédé ordinaire, un air déphlogistiqué aussi bon que celui qu'on retire du précipité rouge; découverte précieuse, parce que celui-là coûte beaucoup moins que celui-ci : les Physiciens ne sont pas, pour l'ordinaire, en état de faire de grandes dépenses.

Caroline. A qui devons-nous cette précieuse découverte ?

Le Maître. Nous la devons à M. de Morozzo, à qui je ne donnerai plus, comme je faisois autrefois, le titre de *comte*, pour prouver mon empressement à me conformer aux décrets de l'Assemblée nationale, sanctionnés par le Roi. Ce grand Physicien a fait sur la respiration animale, dans l'air déphlogistiqué, des expériences qui prouvent ce que j'ai avancé au commencement de cette leçon, que, s'il étoit possible de respirer habituellement un air aussi salubre, la vie des hommes seroit quatre fois plus longue qu'elle ne l'est communément.

Caroline. Faites-nous en part au plutôt ; elles ne contribuent pas seulement aux progrès des connoissances humaines, elles tendent sur-tout au bien de l'humanité.

Le Maître. M. de Morozzo prit deux flacons, de la capacité chacun de neuf onces d'eau. Il remplit le premier d'air atmosphérique, et le second d'air déphlogistiqué tiré du nitre. Il y renferma deux moineaux adultes, et il scella ensuite parfaitement ces deux flacons. La durée de leur vie fut,

Dans l'air atmosphérique. . . 1 heure 5 minutes.
Dans l'air déphlogistiqué. . . 4 heures.

Autre expérience non moins décisive. Si dans un vase rempli d'air atmosphérique dans lequel on a laissé mourir un animal, on en introduit un second de la même espèce, il y meurt dans deux à trois minutes. Il n'en est pas ainsi de l'air déphlogistiqué. Dans un flacon rempli de cet air, de la capacité de trente onces d'eau, M. de Morozzo laissa mourir un moineau adulte. Celui qu'il y introduisit après cette mort, y vécut six heures et trente minutes.

Théodore. Nous ne pouvons pas vivre dans un air aussi pur. Mais ne devroit-on pas faire brûler du nitre dans les appartemens ? Il s'en exhaleroit un air déphlogistiqué qui, mêlé avec l'air atmosphérique, le rendroit beaucoup plus salutaire.

Le Maître. Ce seroit-là le vrai moyen, le moyen le plus infaillible, d'étendre les limites de la vie humaine. Elles ne sont si resserrées, que parce que dans l'air atmosphérique les deux tiers sont toujours viciés, et qu'il n'est qu'un tiers d'air respirable dans celui qui nous environne.

Caroline. Voilà un fait bien effrayant. Pourquoi ne le publie-t-on pas dans cette foule de papiers éphémères dont nous sommes inondés?

Les Magistrats chargés de la police, redouble-
roient de vigilance pour entretenir dans les villes
la plus grande propreté. C'est à la mal-propreté
qui ne règne que trop souvent dans les rues
étroites, qu'il faut attribuer les maladies épidé-
miques qui enlèvent à l'Etat tant d'utiles citoyens.

Théodore. La chandelle allumée doit donc
bien briller dans l'air déphlogistiqué ?

Le Maître. Elle y brille de la lumière la plus
vive, la plus éclatante. Si nous avions le bonheur de vivre dans cet air, une chandelle feroit
la fonction de quatre. Vous connoissez le méphitisme de l'air fixe. Ce *gaz* ne vicie cependant
l'air déphlogistiqué, de manière à occasionner
l'extinction subite de la chandelle, que lorsque,
dans le mélange, il se trouve cinq parties d'air
fixe sur une partie d'air déphlogistiqué. La chandelle brûle avec une flamme moins vive que
dans l'air commun, dans un mélange composé
de quatre parties d'air fixe et une partie d'air déphlogistiqué ; la quantité de charbon dont la vapeur vicie l'air atmosphérique, de manière à le
rendre non respirable, doit être six fois plus
grande, pour vicier à ce point une pareille quantité d'air déphlogistiqué.

Théodore. Je conclurois volontiers de ces observations, que l'air déphlogistiqué ne doit contenir
aucune partie, aucun atôme qui ne soit respirable.

Le Maître. Votre conclusion est juste. Quelle
conséquence tirerez-vous, Caroline, de l'expérience que je vais vous mettre sous les yeux ?

Caroline. Quelle est cette expérience ?

Le Maître. Les animaux tombés en asphixie
dans un air méphitique, et mis dans l'air dé-

phlogistiqué, reprennent le mouvement et la vie, lorsque sur-tout l'on expose au soleil le flacon qui en est rempli.

Caroline. La conséquence n'est pas difficile à tirer. L'air déphlogistiqué doit être composé de parties alkalines et l'air méphitique de parties acides. Leur mélange produit une véritable neutralisation qui met fin à l'état d'asphyxie.

Le Maître. L'air déphlogistiqué a, dans cette occasion, tous les effets de *l'alkali volatil fluor* dont je vous parlerai dans la leçon suivante.

Théodore. Dès demain je me procurerai de l'air déphlogistiqué ; je l'extrairai du *précipité rouge* ; je ne crains pas la dépense. J'aurois envie d'en introduire dans ma poitrine par le moyen d'un chalumeau. Puis-je le faire ?

Le Maître. Faites-le sans crainte ; je répons des événemens. J'ai fait plusieurs fois cette expérience ; ma poitrine s'est toujours trouvée singulièrement dégagée, et très à l'aise pendant plus de 24 heures.

Caroline. J'en ai été témoin ; je vous ai vu respirer par le moyen d'un chalumeau, une taupète entière, remplie d'air déphlogistiqué.

Théodore. Ne pourroit-on pas employer comme remède un air aussi salubre ?

Le Maître. Vous rappelez-vous de ce que je vous ai dit, dans ma leçon sur *l'air fixe*, des effets des vapeurs causées par un mélange effervescent de craie et de vinaigre ?

Théodore. Vous nous avez dit que plusieurs malades attaqués de phthisie pulmonaire, avoient été parfaitement guéris en respirant ces vapeurs. Vous avez ajouté qu'il ne falloit employer ce remède, que lorsque la maladie est à son dernier période, c'est-à-dire, lorsque l'expectoration est purulente.

Le Maître. Je conseillerois volontiers, dans les commencemens de cette terrible maladie, et pour en prévenir les suites fâcheuses, la respiration de l'air déphlogistiqué, de celui sur-tout qu'on tire du *précipité rouge.* C'est aux maîtres de l'art à prononcer sur la bonté d'un remède que je ne fais qu'indiquer; je me ferai toujours un devoir de ne pas jeter ma faulx dans la moisson d'autrui. Si l'on suivoit inviolablement cette sage maxime, l'on ne trouveroit pas tant de mauvaise Physique dans les ouvrages de Médecine, et tant de mauvais remèdes dans les ouvrages de Physique.

Caroline. Les maîtres de l'art diront ce qu'ils voudront. Théodore doit se procurer demain de l'air déphlogistiqué. J'en ferai respirer à une jeune personne pour qui je m'intéresse beaucoup. Je crains pour sa poitrine. Pour l'engager à user de ce remède avec confiance, j'en respirerai la première.

Théodore. Vous nous avez dit, dans votre leçon sur *l'air nitreux,* que ce *gaz* n'est pas absorbé par les airs méphitiques, et qu'il est plus ou moins absorbé par l'air respirable. Il doit donc bien l'être par l'air déphlogistiqué; il est quatre fois plus salubre que le meilleur air atmosphérique.

Le Maître. Une mesure d'air commun de la meilleure qualité n'absorbe qu'une égale mesure d'air nitreux. Une mesure d'air déphlogistiqué en absorbe quatre d'air nitreux. Lorsqu'il en absorbe moins, il n'est pas pur : nouvelle preuve que l'air déphlogistiqué est quatre fois plus respirable que le meilleur de tous les airs communs.

Théodore. Quelle est la pesanteur spécifique de l'air diphlogistiqué?

Le Maître. Pour la découvrir, quelques Physiciens ont pesé, avant et après l'extraction, les matières qui donnent de l'air déphlogistiqué. C'est-là la plus fautive de toutes les méthodes que l'on puisse employer; elle donne des résultats effrayans, et l'air déphlogistiqué ne seroit pas aussi salubre qu'on l'assure, s'il avoit une pareille pesanteur.

Théodore. Quelle méthode adoptez-vous pour connoître la pesanteur spécifique de l'air déphlogistiqué?

Le Maître. Celle de M. Priestley. Il remplit la même vessie de cochon, tantôt d'air commun et tantôt d'air déphlogistiqué; l'un et l'autre avoient subi l'épreuve de l'air nitreux. Il se servit d'une balance très-exacte pour la peser. Il trouva que cette vessie remplie d'air commun, pesa 7 scrupules, 17 grains; elle pesa 7 scrupules, 19 grains, lorsqu'elle fut remplie d'air déphlogistiqué : ce qui donne à celui-ci un peu plus de pesanteur, qu'à celui-là.

Théodore. Je sais que le *grain* est le plus petit de tous les poids; une once en contient 576. Je ne connois pas le poids qu'on appelle *scrupule*; vous ne m'en avez jamais parlé.

Le Maître. C'est un oubli de ma part : le scrupule est un poids qui contient 20 grains.

Théodore. N'avez-vous plus rien à me dire sur l'air déphlogistiqué?

Le Maître. Non ; vous en savez autant que moi sur cette matière.

Théodore. Nous reprendrons donc l'algèbre ;

je vous avoue que je commence à m'y attacher.

Caroline. J'y prens autant de goût que Théodore. Si les autres règles ne sont pas plus difficiles que la *réduction algébrique*, vous avez eu raison d'avancer que vous nous obligeriez à dire dans la suite : *telle chose est facile comme l'algèbre*. Nous en sommes à l'*addition*.

Le Maître. Dès qu'on sait *réduire* une quantité algébrique, l'*addition* ne coûte plus rien à apprendre ; elle n'est dans le fond qu'une simple *réduction*. Je veux que, sans m'avoir vu opérer, vous opériez vous-même.

Caroline. Vous nous apprendrez du moins comment se fait l'addition algébrique.

Le Maître. Cela est nécessaire. Comment définissez-vous l'addition numérique. Je vous l'ai appris dans la septième leçon du premier volume, *pag.* 107 et *suivantes*.

Caroline. Additionner, c'est réduire plusieurs nombres, soit simples, soit complexes, à une somme totale qui les vaille tous.

Le Maître. Telle est aussi l'addition algébrique. On a la somme totale de plusieurs grandeurs algébriques, lorsqu'on les écrit tout de suite avec leurs signes, et qu'on fait la réduction suivant les règles ordinaires. Additionnez , Caroline, les grandeurs algébriques suivantes ; elles ont les mêmes signes et les mêmes lettres.

Exemple.

$$2a - 2b - 2c$$
$$4a - 4b - 4c$$

Caroline. 1°. De ces deux lignes algébriques ,

je n'en forme qu'une en la manière suivante, en gardant l'ordre alphabétique.

$$2\,a + 4\,a - 2\,b - 4\,b - 2\,c - 4\,c$$

2°. Je réduis, suivant les règles ordinaires, ces six grandeurs algébriques et j'ai

$$6\,a - 6\,b - 6\,c$$

Le Maître. Votre addition est faite. J'ai donc eu raison de vous dire que, dès qu'on sait les règles de la réduction algébrique, on sait par là même celles de l'addition. Additionnez maintenant, Théodore, différentes grandeurs algébriques qui aient les mêmes lettres avec différens signes.

Exemple.

$$3\,a - 4\,b - 2\,c$$
$$- 2\,a + 2\,b + 2\,c$$

Théodore. Je vais opérer comme Caroline. 1°. De ces deux lignes algébriques, je n'en forme qu'une, en gardant l'ordre alphabétique, et j'ai

$$3\,a - 2\,a - 4\,b + 2\,b - 2\,c + 2\,c$$

2°. Je réduis ces six grandeurs algébriques et j'ai

$$a - 2\,b$$

Mon addition est-elle faite ?

Le Maître. Oui. Expliquez-moi cependant comment vos six grandeurs algébriques se sont réduites à deux.

Théodore. Je le ferai facilement. Vous avez dit, dans la troisième leçon de ce volume, que les lettres affectées du signe $+$ représentent des sommes positives dont nous jouissons, et que les lettres affectées du signe $-$ représentent des dettes que nous avons contractées. Cela supposé, voici comment je raisonne.

J'ai la valeur de 3 a, mais je dois la valeur de 2 a; je n'ai donc que la valeur d'un a.

Je dois la valeur de 4 b, mais j'ai la valeur de 2 b que je vais donner à compte; il ne me reste donc qu'une dette de la valeur de 2 b.

J'ai une dette de la valeur de 2 c, mais j'ai la valeur de 2 c que je vais apporter à mon créancier; il ne me reste rien de ce côté là. Il est donc vrai que les six grandeurs 3 a $-$ 2 a $-$ 4 b $+$ 2 b $-$ 2 c $+$ 2 c se réduisent aux deux grandeurs algébriques a $-$ 2 b.

Le Maître. Vous avez très-bien expliqué vos opérations.

Théodore. Je ne suis pas encore content de moi. Je veux me rendre plus intelligible, en assignant à chaque lettre une valeur numérique.

Le Maître. Vous le pouvez; vous n'en ferez que mieux.

Théodore. Je fais a $=$ 10, b $=$ 8 et c $=$ 6 livres. Mes six quantités algébriques, exprimées numériquement, seront les six suivantes : 30 $-$ 20 $-$ 32 $+$ 16 $-$ 6 $+$ 6, lesquelles se réduisent à 10 $-$ 16.

Caroline. Si vous le voulez, j'expliquerai mon addition comme Théodore a expliqué la sienne.

Le Maître. Je sais que vous le feriez aussi bien que lui; mais la chose n'est pas nécessaire. Additionnez les grandeurs algébriques suivantes ; elles ont différentes lettres.

Exemple.

a b — c d

m n + o s

Caroline. Ces différentes quantités , placées sur la même ligne et arrangées suivant l'ordre alphabétique me donnent :

a b — c d + m n + o s

Le Maître. Votre addition est faite. Est-il rien de plus facile ?

Caroline. Je tombe des nues ; si cela continue, rien n'est plus facile que l'algèbre.

Le Maître. Par le moyen de la *réduction*, on fait aussi facilement la soustraction que l'addition algébrique. Avez-vous à soustraire une grandeur algébrique d'une autre ? Changez les signes de la quantité qui doit être soustraite. Ce changement fait, mettez-la à la suite de celle dont on doit faire la soustraction. Procédez à la *réduction* suivant les règles ordinaires. Le résultat de cette *réduction* vous donnera le *restant* que vous cherchez.

Caroline. Nous vous comprenons ; nous voudrions cependant vous voir opérer ; nous opérerons après vous.

Le Maître. Je suppose qu'on me doive une

somme représentée par les quantités $9a + 6b + 3c$. On me paye *à compte* la somme représentée par les quantités $6a + 3b + 2c$. Que me reste-t-il devoir ? Voici comment j'opère.

Premier exemple.

somme due. $9a + 6b + 3c$
payé à compte. $6a + 3b + 2c$

Première opération.

$9a + 6b + 3c$
$-6a - 3b - 2c$

Cette première opération ne consiste donc qu'à changer les signes de la somme qui a été payée à compte.

Seconde opération.

$9a - 6a + 6b - 3b + 3c - 2c$

La seconde opération consiste à mettre sur la même ligne les quantités qui représentent la *somme due*, et celle qui a été payée *à compte*, en gardant l'ordre alphabétique.

Troisième opération.

Restant. $3a + 3b + c$

La troisième opération consiste à *réduire*, par les règles ordinaires, les quantités arrangées dans la seconde opération ; et le résultat de cette ré-

duction donne le *restant* de la soustraction. En effet, additionnez la somme payée *à compte* et le *restant*, cette addition vous donnera la *somme due*.

Caroline. Vous pouvez me proposer une soustraction à faire; je crois en venir à bout facilement.

Le Maître. Proposez-vous la et opérez.

Caroline. Je le veux bien.

Second exemple.

somme due, $6\,e - 4\,f + 8\,h$

payé à compte, $4\,e - 2\,f + 6\,h$

Première opération.

$$6\,e - 4\,f + 8\,h$$
$$- 4\,e + 2\,f - 6\,h$$

Seconde opération.

$$6\,e - 4\,e - 4\,f + 2\,f + 8\,h - 6\,h$$

Troisième opération.

Restant. $2\,e - 2\,f + 2\,h$

Preuve.

J'additionne la *somme payée* à compte et le *restant*; j'ai pour résultat la *somme due* : donc mon opération est exacte.

Théodore. Je veux aussi faire une règle de soustraction algébrique; je vais me la proposer.

Troisième exemple.

somme due, $8\,a + 4\,b - 2\,m$

payé à compte, $2\,a + 3\,b + 2\,r$

Première opération.

$$8\,a + 4\,b - 2\,m$$
$$- 2\,a - 3\,b - 2\,r$$

Seconde opération.

$$8\,a - 2\,a + 4\,b - 3\,b - 2\,m - 2\,r$$

Troisième opération.

Restant. $6\,a + b - 2\,m - 2\,r$

J'additionne la somme *payée à compte* et le restant ; j'ai pour résultat la *somme due* : donc mon
opération est exacte.

Caroline. Voulez-vous que nous fassions quelqu'autre règle de soustraction ? Ces sortes d'opérations sont maintenant pour nous, moins une
occupation, qu'un amusement ; il faut dans le
calcul algébrique apporter beaucoup moins d'attention que dans le calcul numérique. Je ne l'aurois jamais imaginé.

Le Maître. Ce seroit un temps perdu. Nous
passerons à la multiplication, à la fin de la leçon
suivante. Faites tous les jours quelque règle d'al-
gébre ; ces sortes de choses s'oublient ainsi facilement qu'elles s'apprennent.

Caroline. Nous n'y manquerons pas.

VI. LEÇON.

VI. Leçon (*).

Sur les gaz connus sous les noms d'airs acide, alkalin et spathique.

LE *Maître.* Vous êtes surpris sans doute que je vous parle de trois *gaz* différens dans la même leçon; vous devez soupçonner que ce n'est pas sans raison que j'en agis ainsi.

Caroline. J'en suis convaincue. Je voudrois bien cependant que vous nous en fissiez part; chacun des autres *gaz* a été la matière d'une leçon particulière.

Le Maître Je ne puis guères séparer l'air acide d'avec l'air alkalin; ils sont directement opposés l'un à l'autre. *Contraria contrariis opposita magis elucescunt.* Je n'ai que deux mots à vous dire sur l'air spathique. Comment en faire le sujet d'une leçon? D'ailleurs nous faisons très-peu d'usage de ces trois espèces de *gaz*; et peut-être ne vous en aurois-je pas parlé, si je ne devois pas, à l'occasion de l'air alkalin, vous mettre sous les yeux les expériences les plus curieuses et les plus propres à rappeler à la vie un homme suffoqué par la vapeur acide du charbon ou par celle de la fermentation vineuse, un homme qui a eu le malheur de se noyer et qui est secouru à propos, un homme qui a été mordu d'une vipère, etc.

_____

(*) *C'est la* 3 2e. *Leçon du cours de Physique à la portée de tout le monde.*

Caroline. Ne nous dites donc que deux mots sur l'air acide, et venez-en tout de suite à l'air alkalin. Tout ce qui intéresse l'humanité, me sera toujours infiniment cher.

Théodore. En nous donnant une idée générale des airs factices, vous nous avez dit que l'air acide est la vapeur ou la fumée de l'esprit de sel. Qu'est-ce que cet esprit?

Le Maître. L'esprit de sel se tire, par un très-grand nombre d'opérations chimiques, du sel marin humide et de l'acide vitriolique mélangé avec l'eau. Je n'entrerai pas ici dans le détail de ces opérations, parce qu'on fait de l'excellent esprit de sel avec l'air acide, sans le secours de la chimie. Je vous ferai seulement remarquer que les Chimistes versent sur une livre et demie de sel marin une livre et demie d'acide vitriolique qu'on a mêlé auparavant avec huit onces d'eau.

Théodore. Comment se procure-t-on l'air acide? Mettez de la limaille de cuivre au fond d'une bouteille : jetez-y pardessus une quantité proportionnée d'esprit de sel : faites chauffer ce mélange; il s'en élevera une vapeur à laquelle on a donné le nom d'air acide ; vous la recevrez dans une vessie de cochon comme les autres substances aériformes. L'air acide est plus pesant que l'air atmosphérique. Il est méphitique, puisqu'une chandelle allumée s'y éteint. Avant que de s'éteindre et au moment où on la rallume, elle présente une flamme semblable à celle qu'on observe, lorsqu'on jette du sel commun dans le feu.

Théodore. Comment, avec l'air acide, fait-on de l'excellent esprit de sel?

Le Maître. On imprègne l'eau d'air acide, jusqu'à ce qu'elle dissolve le fer.

Théodore. Vous nous avez dit, en nous donnant une idée des airs factices considérés en général, qu'on donne le nom d'air alkalin à la vapeur de l'esprit volatil de sel ammoniac. Qu'est-ce que ce sel, et comment en retire-t-on l'esprit volatil ?

Le Maître. Le sel ammoniac est un sel neutre qui se tire de la suie formée dans les cheminées où l'on fait brûler les excrémens des animaux. Le mélange de l'air acide avec l'air alkalin donne aussi le sel ammoniac, comme vous le verrez bientôt.

L'esprit volatil de ce sel est tiré, par plusieurs opérations chimiques, d'un mélange composé d'une livre de sel ammoniac réduit en poudre et passé au tamis de crin, de trois livres de chaux éteinte à l'air et passée au même tamis, et de douze onces d'eau.

Théodore. Comment se procure-t-on l'air alkalin ?

Le Maître. Mettez de l'esprit volatil de sel ammoniac dans une bouteille mince : échauffez-la avec la flamme d'une chandelle ; il s'en élevera tout de suite une vapeur abondante à laquelle on a donné le nom d'air alkalin : vous la recevrez dans une vessie de cochon vide d'air, comme les autres substances aériformes.

Le mélange de l'air acide avec l'air alkalin donne d'abord un beau nuage blanc qui remplit toute la capacité du vaisseau où l'on a introduit ces deux espèces de *gaz*. Le nuage enfin se précipite, et il donne un sel blanc solide, qui n'est autre chose qu'un sel ammoniac ordinaire.

L'air alkalin est méphitique et légérement inflammable. Le Docteur Priestley plongea une chandelle allumée dans un grand vaisseau cylindrique rempli d'air alkalin ; elle s'éteignit trois à quatre fois de suite ; mais à chaque fois la flamme fut considérablement augmentée par l'addition d'une autre flamme de couleur jaune-pale ; et la dernière fois cette flamme légère descendit du haut du vaisseau jusqu'au fond.

Théodore. Lequel des deux est plus léger, l'air alkalin ou l'air acide ?

Le Maître. C'est évidemment le premier ; en voici la preuve démonstrative. Introduisez l'air alkalin dans un vaisseau contenant de l'air acide ; le nuage se répandra à l'instant dans tout le vaisseau jusqu'au sommet. Introduisez au contraire l'air acide dans un vaisseau contenant de l'air alkalin ; le nuage blanc qu'ils formeront, ne paroîtra d'abord qu'au fond du vaisseau, et ce ne sera que peu à peu et graduellement qu'il montera jusqu'à son sommet.

Caroline. Ne se procure-t-on l'air alkalin que par la méthode que vous venez de nous indiquer ?

Le Maître. On se procure encore l'air alkalin, en remplissant une bouteille d'un mélange composé d'une partie de sel ammoniac et de trois parties de chaux éteinte. La chaleur d'une chandelle chasse de ce mélange une quantité prodigieuse d'air de cette espèce. Ce gaz est dans le fond un alkali volatil qu'on rend *fluor* par quelques manipulations chimiques. L'alkali volatil fluor est le remède le plus efficace dans les asphyxies, c'est-à-dire dans le dernier degré de la défaillance. C'est une mort apparente qui est toujours suivie d'une mort réelle, pour peu qu'on tarde de venir au secours du malade. Le retard de deux à trois minutes suffit pour l'enlever de ce monde.

Caroline. C'est donc maintenant que vous allez nous mettre sous les yeux les belles expériences dont vous nous avez parlé au commencement de cette leçon. Par quelle espèce d'asphyxie commencerez-vous ?

Le Maître. Par celle que cause l'air fixe. Le 10 Mai 1777, l'Empereur Joseph II (sous le nom de M. le comte de Falckestein) procura à l'Académie Royale des Sciences de Paris le plus grand honneur auquel puisse aspirer une compagnie littéraire. Ce Prince voulut bien assister à une de ses séances. En sa présence, M. Lavoisier mit un moineau dans un bocal où il versa de l'*air fixe*. A peine eut-il versé cet acide, que l'oiseau s'agita et tomba sur le côté. M. Lavoisier le retira du bocal, et le présenta pour mort à Sa Majesté Impériale. M. Sage demanda l'oiseau. Dès qu'on le lui eut remis, il versa dans le creux de sa main environ un gros d'alkali volatil fluor, et il y posa le bec de l'animal. Au premier signe de mouvement qu'il donna, il le mit sur la table ; mais à peine eut-il étendu ses ailes, qu'il retomba. M. Sage le présenta de nouveau et de la même manière à l'alkali volatil qui acheva de produire son effet ; l'animal se tint sur ses pattes, marcha, battit des ailes et s'envola. J'ai répété plusieurs fois cette expérience à l'Académie Royale de Nismes ; elle m'a toujours réussi.

Caroline. Je suis en état de l'expliquer ; vous m'avez familiarisée avec le terme *neutralisation*.

Le Maître. Vous me ferez plaisir ; commencez.

Caroline. Les acides de l'air fixe qui ont jetté le moineau dans l'état d'asphyxie, se combinant avec l'alkali qu'on leur présente, il doit en résulter une neutralisation, et par conséquent un

mixte bienfaisant, qui fera cesser le spasme occasionné par le picotement des acides qui avoient
pénétré jusques dans les poumons de l'animal.

Théodore. L'alkali volatil fluor doit avoir le
même effet dans les asphyxies causées par la vapeur acide du charbon et par celle de la fermentation vineuse. J'en veux toujours avoir une petite bouteille dans ma poche. J'en mettrai dans les
narines des asphyxiés et par là je les rappellerai à
la vie. Quel bonheur pour moi !

Le Maître. Vous leur en ferez encore prendre
dans de l'eau ; c'est-là la méthode de M. Sage.

Théodore. Vous prétendez que l'alkali volatil
fluor est un remède très-propre à rappeler à la vie
ceux qui ont eu le malheur de se noyer, lorsqu'ils
sont secourus à propos. Je n'en vois pas la raison ; l'eau qu'ils avalent n'est pas acide.

Le Maître. Dans ces sortes de personnes, l'asphyxie n'est point produite par l'eau qu'elles avalent ; elles en avalent très-peu ; elle est évidemment produite par le défaut de respiration. La
portion d'air, restée dans leurs poumons, ne
peut manquer de s'y décomposer ; cette décomposition produit un acide méphitique qui déchire
ce viscère, et qui en fait cesser toutes les fonc-
tions. Présentez-donc à cet acide l'alkali volatil
fluor ; il se combinera avec lui, et de cette combinaison il résultera nécessairement un mixte très-
bienfaisant. Alors l'air extérieur ne trouvera plus
d'obstacle ; il s'introduira dans les poumons, et
l'asphyxie cessera au même instant.

Théodore. Ce raisonnement est juste ; il seroit
à souhaiter qu'il fût confirmé par l'expérience.

Le Maître. Il l'est en effet. Le 20 juillet 1777,
un homme ivre se jeta dans la Seine où il préten-

doit marcher sans s'enfoncer; mais il n'étoit pas muni d'un corset fait de liége piqué et recouvert de toile; le courant l'emporta bientôt et il disparut. Il y avoit plus de vingt minutes qu'il étoit submergé, quand un Battelier le tira de l'eau, sans mouvement, sans pouls, les yeux ouverts et immobiles. Une personne charitable introduisit de l'alkali volatil dans les narines du noyé et lui en versa quatre à cinq gouttes dans la bouche : aussitôt cet homme fit une grande expiration, rejeta une eau écumeuse, et il dit en se redressant, *je me porte bien.*

Caroline. Puisque l'alkali volatil fluor est un remède efficace contre la morsure de la vipère, son venin est donc acide ?

Le Maître. Ainsi le pense M. Sage ; ainsi l'avoit pensé auparavant M. Lémeri, qui prétend que le venin de la vipère ne consiste que dans une affluence de sels volatils acides, que l'animal pousse avec violence en mordant.

M. Sage donne encore le même alkali comme remède dans la piqûre des insectes, la brûlure, les coups de soleil, la rage et l'apoplexie. Il part toujours du principe fécond que ces maladies sont causées par des acides qu'il faut fermer dans des alkalis, et il appuye son sentiment sur les expériences les plus frappantes et les mieux constatées. Quels éloges, quelles récompenses ne mérite pas un homme qui consacre au soulagement de l'humanité, les talens les plus rares et les plus distingués !

Caroline. Vous avez bien tenu votre parole; vous nous avez dit, à l'occasion de l'air alkalin, des choses que je n'oublierai jamais de ma vie.

Nous en sommes à l'air spathique. Qu'est-ce que le spath ?

Théodore. Je vais vous répondre, je le sais. Le spath est une pierre calcaire cristallisée sous différentes formes. On le trouve toujours dans le voisinage d'une mine de métal. Sa couleur dépend de la nature du métal qui est entré dans sa cristallisation. Le plomb le rend jaune ; le fer le rend rouge ; l'étain noir et le cuivre bleu. Le meilleur spath est celui que l'on tire de Derbishire , Province méridionale d'Angleterre. Comment se procure-t-on l'air spathique?

Le Maître. Ayez une pierre de spath ; pulvérisez-la ; remplissez de cette poudre le quart d'une bouteille ; versez sur cette matière pulvérisée une quantité proportionnée d'huile de vitriol ; quelque temps après, échauffez très-modérément votre bouteille : il s'en élevera une vapeur à laquelle on a donné le nom d'*air acide spathique*; vous la recevrez dans une vessie de cochon, vide d'air , comme vous avez fait les autres substances aériformes. Servez-vous pour cette opération d'une forte bouteille ; ce *gaz* corrode le verre.

Théodore. On ne peut pas donc le laisser dans la vessie de cochon dans laquelle vous l'avez reçu ?

Le Maître. Votre remarque est juste. De la vessie de cochon vous le ferez entrer dans une seringue d'étain où vous le conserverez très-facilement. Servez-vous d'une seringue de verre , si vous ne devez pas le conserver long-temps.

Théodore. Ce *gaz* est-il méphitique ?

Le Maître. On ne peut pas en douter. Plongez une chandelle allumée dans l'air spathique , elle s'y éteindra , sans présenter dans sa flamme aucune couleur particulière.

Du mélange de cet air avec l'air alkalin, il résulte d'abord un nuage blanc, et ensuite un sel qui n'est soluble ni dans l'eau, ni dans l'esprit de vin. J'invite les Chimistes à en chercher les propriétés.

Théodore. J'ai entendu parler de la poudre spathique. A-t-elle quelque propriété salutaire ?

Le Maître. Elle est le résultat d'une expérience très-curieuse. Dès que l'eau est mise en contact avec l'air spathique, sa surface se blanchit ; bientôt après elle est rendue opaque par une pellicule pierreuse qui forme une séparation entre l'air et l'eau. Dès que cette pellicule est formée, l'air spathique s'insinue à travers ses pores et ses crevasses ; l'eau s'élève ; elle présente une nouvelle surface qui, comme la première, devient opaque et pierreuse, et ainsi de suite, jusqu'à ce que toute la masse de l'air spathique ait formé avec l'eau différentes incrustations. On ramasse ces différentes incrustations ; on les fait sécher, et on les réduit en une poudre blanche, d'abord acide au goût, et ensuite insipide, lorsqu'on a eu soin de la laver avec beaucoup d'eau pure. Nous invitons les Chimistes à découvrir quelques propriétés salutaires dans cette poudre. Jusqu'à présent nous les ignorons.

Caroline. N'avez-vous plus rien à nous dire sur l'air spathique ?

Le Maître. Non. Vous rappellez-vous de ce que je vous ai dit dans la troisième leçon de ce volume, sur l'Eudiomètre en général, et sur l'Eudiomètre à *air nitreux* en particulier ?

Caroline. Vous nous avez dit que l'Eudiomètre est un instrument de Physique qui sert à déterminer le plus ou moins de salubrité de l'air, eu

égard à la respiration. Vous avez rejeté l'Eudiomètre à *air nitreux*, et vous avez promis de parler encore de cet instrument à la fin de vos leçons sur les *airs factices*. Vous allez sans doute
tenir votre promesse, en nous présentant un
Eudiomètre de votre façon.

Le Maître. Vous vous en servirez en désespoir
de cause. Je le nomme Eudiomètre à *lumière*.
Ceux qui ont la vue assez bonne pour aperce-
voir les moindres variations de la lumière, n'en
seront pas mécontents.

Caroline. Nous l'avons excellente, Théodore
et Moi ; nous nous servirons de votre Eudiomètre.

Le Maître. Vous savez que la bougie et la
chandelle allumées donnent un éclat étonnant,
lorsqu'on les plonge dans un excellent air déphlogistiqué. Vous savez encore que leur lumière est
plus ou moins brillante, lorsqu'on les plonge
dans un air atmosphérique plus ou moins salubre. Vous savez enfin qu'elles s'éteignent plus
ou moins vîte, lorsqu'on les plonge dans un air
plus ou moins méphitique, si l'on excepte l'air
inflammable qui s'allume à l'approche de la bougie
ou de la chandelle.

Théodore. J'ai saisi votre idée ; je vais, si vous
le voulez, me servir de votre Eudiomètre.

Le Maître. Vous me ferez plaisir. Comment
vous y prendrez-vous pour connoître le plus
ou moins de bonté de deux différens airs dé-
phlogistiqués ?

Théodore. J'en remplirai deux vases égaux : j'y
plongerai la bougie allumée ; celui dans lequel
la lumière brillera le plus, sera sans contredit le
meilleur. Je ferai la même opération sur deux

différens airs atmosphériques , et je tirerai la même conséquence

Caroline. Si je veux connoître le plus ou le moins de méphitisme de deux airs non inflammables ; j'en remplirai deux vases égaux ; j'y plongerai la bougie allumée : celui dans lequel elle s'éteindra le plus promptement et le plus parfaitement , sera évidemment le plus méphitique.

Théodore. Vous avez encore une promesse à tenir ; elle est consignée dans la 25.e leçon du premier volume, pag. 394.

Caroline. Cette leçon est sur l'air méphitique. Vous avez promis d'examiner, à la suite des airs factices, la découverte de M. *Janin* qui prétend neutraliser, par le moyen du vinaigre, l'air méphitique qui s'exhale des fosses d'aisance, lorsqu'on est obligé de les vider.

Le Maître. Je tiendrai ma parole ; la leçon suivante sera sur le vinaigre considéré comme anti-méphitique. Reprenons l'algèbre.

Théodore. Ne nous parlez plus de l'addition et de la soustraction algébrique ; nous en avons fait, Caroline et Moi, une vingtaine de règles avec la plus grande facilité. Venons-en à la multiplication. Est-elle aussi facile que les trois premières règles que vous nous avez apprises ?

Le Maître. Non. Mais elle est beaucoup plus facile que la multiplication numérique. Commençons par la multiplication des grandeurs qui ne contiennent qu'un seul terme affecté d'un seul signe , comme les grandeurs $+$ ab, $-$ cd, $+$ 3 a^2 , $+$ 2 b^3 , etc. Voici les règles que vous devez observer.

1°. Dans toute grandeur algébrique vous considérerez quatre choses : le signe , le coefficient ,

la lettre et l'exposant. Dans la grandeur algébrique $+$ 2 b3, *par exemple*, $+$ est le signe, 2 le
coefficient, b la lettre et 3 l'exposant. Si l'on vous
dit de multiplier $+$ 4 b3 par $+$ 2 b2, vous opérerez sur 4 choses, sur les signes, sur les coefficiens, sur les lettres et sur les exposans.

2°. Lorsque les mêmes signes se multiplient,
leur produit est $+$, et lorsque différens signes
se multiplient, leur produit est $-$. Jettez les yeux
sur la table suivante.

T A B L E.

De la multiplication des signes.

$+ \times + \quad$ produit $+$
$- \times - \quad$ produit $+$
$+ \times - \quad$ produit $-$
$- \times + \quad$ produit $-$

Caroline. Que $+ \times +$ produise $+$, cela est
évident. Je comprendrois même absolument que
$+ \times -$ et $- \times +$ peuvent produire $-$. Mais
que $- \times -$ doive produire $\times$, je ne le compren-
drai et je ne l'avouerai jamais de ma vie.

Théodore. Je pense comme Caroline. J'aimerois autant dire que 2 et 2 font 5, que de dire
que $- \times -$ produit $+$.

Le Maître. Tous les commençans parlent comme vous. Il faut avouer que les Algébristes ont
tort d'ériger une pareille proposition en *principe.*
Elle est vraie, j'en conviens, mais elle n'est pas

évidente; elle paroît même fausse au premier aspect. Je vous ferai cependant bientôt convenir que — × — produit +.

Caroline. Comment vous y prendrez-vous ?

Le Maître. — × — n'est dans le fonds que la négation de —. Or la négation de — doit nécessairement donner +, de même que la négation des ténèbres doit nécessairement donner la lumière.

Caroline. Je commence à vous comprendre. Il s'en faut bien cependant que je sois convaincue que — × — produise +.

Le Maître. Vous le serez bientôt. Répondez aux questions suivantes. Que valent + 8 — 3 ?

Caroline. Ils valent + 5.

Le Maître. Que valent + 5 — 3 ?

Caroline. Ils valent 2.

Le Maître. Quel est le produit de 2 multipliant 5 ?

Caroline. C'est 10.

Le Maître. Quel doit être le produit de + 5 — 3 multipliant + 8 — 3 ?

Caroline. Le même que celui de 2 multipliant 5.

Le Maître. Eh bien , vous n'aurez un pareil produit, que lorsque vous garderez exactement les règles consignées dans la table de la multiplication des signes.

Caroline. Je vais l'essayer ; et si la chose est vraie, je conviendrai sans peine que — × — produit +.

    Multiplicande.   + 8 — 3
    Multiplicateur.   + 5 — 3
$$— 24 + 9$$
$$— 15 + 40$$
    Produit.   — 39 + 49

Vous avez raison. + 49 — 39 valent 10. Je conviens que — × — doit produire +.

Le Maître. Reprenons les règles que l'on doit observer dans la multiplication algébrique.

3°. Les *coefficiens* se multiplient en algèbre, comme dans l'arithmétique ordinaire.

4°. L'on multiplie les lettres, en les mettant les unes après les autres, suivant l'ordre alphabétique. Ainsi *aa* est le produit de *a* multiplié par *a*, et *ab* celui de *a* multiplié par *b*.

5°. Les *exposans* ne se multiplient pas l'un par l'autre ; mais ils s'ajoutent l'un à l'autre. Ainsi b^5 est le produit de b^2 par b^3.

Théodore. Ces différentes règles ont besoin d'être éclaircies par des exemples. Commencez à opérer ; nous opérerons après vous.

Le Maître. L'on me donne à multiplier + 4 a b c par + 3 a b c. Voici comment j'opère.

Premier exemple.

Multiplicande. $+$ 4 a b c
Multiplicateur. $+$ 3 a b c

____

Produit. $+$ 12 aa bb cc.

____

Explication. $+ \times +$ produit $+$. 3×4 produit 12. $a \times a$ produit *aa*. $b \times b$ produit *bb*. $c \times c$ produit *cc* ; donc le produit total est $+$ 12 aa bb cc.

Remarque. Pour abréger, au lieu de mettre *aa* on met a^2. Il en est de même de *bb* et *cc*. Ainsi $+$ 12 aa bb cc $= +$ 12 a^2 b^2 c^2. Vous pouvez, Caroline, multiplier $-$ 6 m n r par $-$ 6 m n r.

Caroline. Je vais opérer.

Second exemple.

Multiplicande. $-$ 6 m n r
Multiplicateur. $-$ 6 m n r

____

Produit. $+$ 36 mm nn rr $= +$ 36 m^2 n^2 r^2.

Explication. $- \times -$ produit $+$. 6×6 produit 36. $m \times m$ produit mm $= m^2$. $n \times n$ produit nn $= n^2$. $r \times r$ produit rr $= r^2$; donc le produit total et $+$ 36 mm nn rr $= +$ 36 m^2 n_2 r_2.

Le Maître. Multipliez, Théodore, $+$ 10 a b c d par $-$ 10 e f g h.

Théodore. Rien n'est plus facile.

Troisième exemple.

Multiplicande.	$+$ 10 a b c d
Multiplicateur.	$-$ 10 e f g h
Produit.	$-$ 100 a b c d e f g h.

Explication. $-\times+$ produit $-$. 10 $\times$ 10 produit 100. e f g h $\times$ a b c d produit a b c d e f g h; donc le produit total est $-$ 100 a b c d e f g h.

Caroline. Si vous n'avez plus rien à nous dire sur la *multiplication*, nous pourrons passer à la *division.*

Le Maître. J'ai encore bien des choses à vous apprendre sur cette importante règle ; nous n'avons pas encore multiplié les lettres affectées de leurs *exposans* ; nous n'avons encore opéré que sur des grandeurs simples ; il faudra vous apprendre à multiplier d'abord une grandeur composée par une grandeur simple, et ensuite une grandeur composée par une grandeur composée. Nous continuerons la multiplication à la fin de la leçon suivante ; je doute que nous puissions la finir.

VII. LEÇON.

VII. Leçon. (*)

Sur le vinaigre considéré comme anti-méphitique.

LE Maître. L'on a toujours regardé le vinaigre comme un excellent anti-méphitique. Depuis long-temps on sait que le vinaigre est un préservatif de la peste. De tout temps on a arrosé de vinaigre le pavé d'une chambre où se trouve un malade attaqué d'une fièvre putride maligne, et on y a mis du vinaigre en évaporation, pour purifier, ou plutôt pour neutraliser l'air méphitique que le malade et ceux qui le servent, sont obligés de respirer. Peut-être ces anciennes méthodes ont-elles fait naître à M. Janin l'idée de neutraliser, par le moyen du vinaigre, l'air méphitique qui s'exhale des fosses d'aisance, lorsqu'on est obligé de les vider. A-t-il réussi ? N'a-t-il pas réussi ? Voilà ce que nous allons examiner dans cette leçon. Le vinaigre dont il s'est servi dans ses différentes opérations, c'est celui-là même que vendent les marchands vinaigriers. Ils le font tantôt avec du vin tourné, tantôt avec la lie de vin qu'ils noyent avec une suffisante quantité d'eau. Lorsque M. Janin s'est servi d'un vinaigre qui provenoit de bon vin, il a eu soin d'y mêler plus ou moins d'eau, en raison de son plus ou moins d'acidité.

(*) *C'est la trente-troisième leçon du cours de Physique à la portée de tout le monde.*

Caroline. Nous avons lu, Théodore et moi , tout ce qui a été imprimé *pour* et *contre* M. Janin ; je me déclare pour lui.

Théodore. Et moi contre lui.

Le Maître. Je suis charmé de votre manière de penser. Je vous entendrai l'un et l'autre avec attention, et je porterai ensuite mon jugement définitif sur cette découverte. Commencez, Caroline.

Caroline. Les faits ne se révoquent jamais en doute, Théodore. En 1781 , M. Janin versa dans une des lunettes des fosses d'aisance de l'Hôtel-de-l'Intendance de Lyon, huit onces de vinaigre ordinaire. Dans l'instant, l'odeur infecte qui s'en exhaloit, fut complétement détruite ; la neutralisation eut lieu pendant huit jours. Il est vrai qu'il versa la même quantité de vinaigre à deux autres époques , à la distance de 24 heures l'une de l'autre.

Presqu'en même temps, M. Janin neutralisa l'air d'une fosse d'aisance de l'Hôtel-de-Ville de Lyon , en versant dans une des lunettes six onces de vinaigre et environ deux onces d'eau de lavande. Pendant vingt-quatre heures il n'y eut point d'infection. Je m'en tiens à ces deux faits ; je pourrois en rapporter plusieurs autres.

Théodore. Je souhaite qu'il n'y ait rien d'exagéré dans ces faits. Ce qu'il y a de sûr , c'est que j'ai répété les expériences de M. Janin sur une fosse d'aisance dont l'odeur est insupportable , lorsqu'il regne un vent du midi ; je n'ai pas été aussi heureux que lui.

Caroline. M. de Flesselles , Intendant de Lyon, rendit compte au Ministre du résultat heureux des expériences de M. Janin ; et d'après son rapport, celui-ci eut ordre de partir , pour rendre témoin

du succès de sa découverte la Cour et la Ville.
Il opéra à Paris sur différentes fosses d'aisance,
et nommément sur celles de M. de Vergennes,
des Gardes-Françaises du corps-de-garde du Château de Versailles, de l'Hôtel des Invalides, et
de l'hôtel de M. le Noir, Lieutenant-Général de
Police ; son vinaigre produisit dans la capitale les
mêmes effets qu'à Lyon.

Théodore. Oui, les mêmes effets; ajoutez la
mort d'un homme. Le Roi ordonna à l'Académie
des Sciences et à la société de Médecine de faire
procéder à l'examen des moyens proposés par M.
Janin, pour désinfecter les fosses d'aisance, et
en détruire le méphitisme qui si souvent a causé
la mort à tant d'ouvriers occupés à les vider. La
première de ces deux compagnies nomma à cet
effet MM. de la *Rochefoucault, Macquer, le Roy,
Fougeroux* et *Lavoisier*; et la seconde, MM. de la
Rochefoucault, *Macquer*, l'abbé *Tessier*, Hallé
et de *Fourcroy*. Ce sont-là sans doute des Savans.

Caroline. Je n'en disconviens pas ; ce sont là
de grands hommes.

Théodore. Eh bien, ils disent dans leur rapport
que le moyen employé par M. Janin est inutile et
propre à induire le public en erreur. Ils paroissent même attribuer la mort d'un des ouvriers
à la trop grande confiance qu'il avoit à la méthode de celui qui l'avoit employé.

Caroline. Oh ! pour le coup, je m'inscris en
faux; la mort de l'ouvrier dont vous parlez, n'a
été occasionnée ni directement ni indirectement par
la méthode de M. Janin. Racontez le fait comme
vous voudrez; je me charge de faire triompher la
vérité contre la plus affreuse calomnie.

Théodore. Les Commissaires du Roi que je

viens de vous nommer, pour remplir exactement leur mission, engagèrent M. Janin à faire ses expériences sur une fosse regardée comme *mauvaise*. La compagnie du ventilateur leur en indiqua une de cette espèce, rue de la parcheminerie, dans une maison appelée Hôtel *de la Grenade*. On avoit souvent essayé de la vider, et particulièrement huit mois auparavant; mais on avoit été obligé de discontinuer, parce que plusieurs ouvriers en avoient été fort incommodés. Les Commissaires s'y rendirent le 23 Mars 1782, avec M. *Laumonier*, Commissaire au Châtelet, M. *Janin*, le sieur *Maille*, vinaigrier, et plusieurs préposés de la Police. M. Janin déclara qu'il se chargeoit de la faire vider, en employant ses moyens. M. le Commissaire au Châtelet apposa les scellés sur les portes des cabinets d'aisance, afin que M. *Janin* ne pût soupçonner qu'on introduisît rien par les lunettes, qui pût nuire au succès de son expérience.

Les Maçons que M. *Janin* se procura, ouvrirent la fosse. Celui-ci fit des mélanges de vinaigre et d'eau, à parties égales. Il les jeta à plusieurs fois dans la fosse et sur les bords. Il plaça dans la cave quatre réchauds remplis de charbons, sur lesquels il y avoit du vinaigre en évaporation au bain-marie. Il en plaça un cinquième dans la chambre de la maison au-dessus de la cave, afin d'empêcher un enfant malade d'être incommodé de l'odeur de la vidange. On ne sentoit alors dans toute la cave que le vinaigre. A quatre heures du soir, après une nouvelle projection de vinaigre et d'eau, faite par M. Janin, on commença à vider la fosse. On en tira 16 *tinettes*. Alors, M. Janin assura que la fosse ne changeroit pas de nature et que sa méthode avoit tout le succès qu'il pouvoit désirer. A ce moment, il avoit employé vingt pintes de vinaigre ; savoir, dix en projection, et dix en évaporation. Cependant l'odeur générale de la cave, quoique celle du vinaigre y dominât, piquoit les yeux, le nez et le visage de plusieurs assistans. Ils avoient tous la figure plus ou moins allumée, et quelques-uns éprouvoient de la gêne et du mal-aise, effet nécessaire du méphitisme qui se manifesta sensiblement, lorsqu'on eut rempli la vingt-septième *tinette*. Un ouvrier qui laissa tomber son sceau dans la fosse, y descendit pour le ramasser. A peine eut-il descendu quelques échelons, qu'il chancela et tomba dans la fosse.

Un de ses camarades s'offrit aussitôt pour y descendre et l'aller retirer. On eut la précaution de l'attacher avec une corde. A peine fut-il sous la voûte de la fosse, qu'on s'aperçut qu'il étoit frappé d'asphyxie. On le retira avec beaucoup de peine : il étoit sans pouls, sans respiration et sans mouvement apparent. Il fut porté dans la rue. M. l'abbé Tessier le suivit pour lui donner ses soins, et il fut assez heureux pour le rappeler à la vie au bout d'environ 20 minutes.

Un des camarades des deux précédens, après avoir été lié, descendit à son tour dans la fosse. Mais il perdit connoissance, avant que sa tête fût sous la voûte. On le remonta, et il ne tarda pas à se remettre.

Enfin un quatrième homme, ouvrier du ventilateur, et nommé *Vérel*, le cadet, se présenta. On le descendit avec la corde, et en répandant sur lui du vinaigre. Bientôt il fallut le remonter, parce qu'il se sentoit incommodé. S'étant remis, il voulut descendre une seconde fois , et il parvint à retirer celui qui étoit tombé dans la fosse. Mais ce dernier s'y étoit noyé ; aussi ne put-on pas le rappeler à la vie.

MM. *Fougeroux*, l'abbé *Tessier*, *Hallé*, *Laumonier*, un élevé de M. *Fourcroy*, un domestique de M. *Fougeroux*, la femme du locataire de l'hôtel de la Grenade , tous furent très-incommodés et éprouvèrent plus ou moins long-temps et plus ou moins fortement une partie des symptômes occasionnés par les vapeurs dangereuses des fosses d'aisance. Quelques-uns même eurent bien de la peine à se rétablir.

Cependant lorsqu'on eut retiré l'homme qui avoit péri, MM. *le Roi* et l'abbé *Tessier* descendirent dans la cave pour constater l'état de l'air de la fosse. Ils y introduisirent jusqu'à la matière une bougie allumée qui brûla très-bien. Vous voyez, Caroline, que quoique je ne sois pas le partisan de M. Janin, je ne tais pas ce qui peut servir de preuve à la bonté de sa découverte.

Caroline. Je vous en sais bon gré , Théodore ; je vous aurois donné cette preuve, si vous n'aviez pas paru , dans cette occasion , aussi honnête et aussi droit que vous l'êtes naturellement. J'espère vous convaincre facilement que ce n'est pas par l'effet du méphitisme , mais par accident , qu'un homme s'est noyé dans la fosse de l'hôtel de la Grenade.

Cet homme avoit à peine descendu quelques échelons , qu'il entendit plusieurs personnes crier à la fois : *liez, liez cet homme , liez le donc , il y a du danger , le plus grand danger dans cette fosse.* Ces cris redoublés glacèrent d'effroi tous les spectateurs. Quelle impression fatale ne durent-ils pas faire sur cette pauvre victime, dans un moment qu'il descend une échelle avec rapidité, dans un moment qu'il descend pour la première fois de sa vie dans une fosse! C'étoit un balayeur de rues. La couleur noire du liquide, l'obscurité de la fosse, tout augmenta dans ce cruel instant la frayeur que des cris imprudens venoient de lui causer. Dans une si triste situation, un homme perché sur une échelle chargée de gadoues, conséquemment très-glissante, qui a sous ses pieds un grand volume de liquide, que va-t-il devenir? Il va être à coup sûr la proie de la mort.

Théodore. Je conviens que ce n'est pas par l'effet du méphitisme, mais par accident, qu'un homme s'est noyé dans la fosse de l'hôtel de la Grenade. Mais ses deux camarades furent-ils asphixiés, ou ne le furent-ils pas?

Caroline. Non, ils ne le furent pas. Après la chûte fatale de ce pauvre homme dans la fosse, le tumulte augmenta dans la cave. C'est dans cet instant, qu'un ami, un camarade du mort, s'offrit à descendre pour le pêcher. Parvenu dans la fosse, le liquide noirâtre et son volume immense ne lui permit pas de distinguer son ami; il le crut perdu à jamais. Environné des ombres de la mort, il entendit les cris redoublés et continus de prendre garde à lui. La frayeur opéra sur ses sens une syncope qu'on regarda comme un état d'asphysie.

Un troisième balayeur de rues descend à son tour dans cette fosse. La crainte qu'on lui inspire, le fait remonter; mais moins effrayé que les autres il ne tarde pas à se remettre. Je vous le demande a-t-il été asphyxié?

Théodore. Mais Vérel, le cadet, l'un des ouvriers du ventilateur, accoutumé à ces sortes de v langes, ne fut-il pas obligé de remonter, parce qu'il se sentoit incommodé ? M. Janin avoit cependant pris la précaution de faire répandre du vinaigre sur lui.

Caroline. Vérel fut aussi peu incommodé que nous le sommes maintenant, vous et moi. Il fit l'aimable ; il voulut faire sa cour à la compagnie du ventilateur qui étoit intéressée à décréditer la découverte de M. Janin. Si Vérel eût été réellement incommodé, la première fois qu'il descendit dans la fosse, y seroit-il redescendu quelques momens après ? Auroit-il, à l'aide d'un bâton armé d'un crochet, tâtonné au fond de la fosse près d'un quart d'heure, avant de pouvoir rencontrer le noyé et le saisir ? Ne voyoit-il pas qu'il ne pouvoit faire ce travail, sans agiter la matière liquide depuis le fond jusqu'à la superficie ? Cette agitation violente n'auroit-elle pas augmenté les émanations méphitiques, si le vinaigre n'y eût pas remédié ? Pourquoi donc celui qui a pêché le noyé et qui l'a retiré du gouffre, en est-il sorti plein de vie et de santé ? Si la vapeur avoit été meurtrière, quel auroit été le sort de cet ouvrier, par le laps du temps qu'il y a séjourné ? Il n'y est pas mort ; donc la vapeur n'étoit pas meurtrière ; donc l'air de cette fosse étoit respirable.

Et comment ne l'auroit-il pas été ? Après que le vinaigre, mêlé de parties égales d'eau, fut versé dans la fosse, les Commissaires n'éprouvèrent-ils pas l'état de l'air, en y descendant nombre de fois pendant la vidange même, après qu'on eut retiré l'homme noyé, *des oiseaux, du papier allumé, des bougies allumées, et cela jusques sur la surface de la matière* ? Que résulta-t-il de ces différentes

épreuves ? *Les lumières brulèrent bien : les animaux en furent retirés bien portans.* Que faut-il
de plus en Physique pour prouver démons-
trativement que l'air de la fosse étoit exempt de
méphitisme, et que le vinaigre l'avoit entièrement
détruit?

Théodore. M. Janin a en vous, Caroline, un
excellent Avocat. Encore quelques preuves pareilles, je me déclare son partisan.

Caroline. Sur la fin du mois de septembre 1785,
il arriva à Nismes un accident bien funeste. Les
trois premiers vidangeurs de la fosse d'aisance
de M. R***, Négociant de cette Ville, furent
asphyxiés et tombèrent dans la *vanne*, où l'on
ne peut pas dire qu'ils se soient noyés, puisqu'elle n'avoit que trois pieds de profondeur;
on avoit cependant pris la précaution d'ouvrir
cette fosse, douze heures avant qu'on y descendît. Il faut que la vapeur qui s'en exhala, fût
bien maligne, puisque les secours les mieux indiqués par les maîtres de l'art, ne purent les
rappeler à la vie, quoiqu'il n'y eût ni plaies, ni
fractures à l'extérieur de leur corps.

Ce triste événement fut suivi d'une ordonnance
de police qui, pour prévenir de pareils malheurs,
enjoignit d'employer en pareilles circonstances la
méthode de M. *Janin.* Peu de temps après, l'on
fut obligé de faire vider la fosse d'aisance de la
maison d'éducation confiée aux Dames de l'instruction chrétienne. On se conforma exactement
à l'ordonnance dont je viens de parler, et l'opération se fit sans aucune espèce d'inconvénient.
J'en ai été témoin; je n'oublierai jamais les ami-
tiés que l'on m'a faites dans cette maison. Mon
attachement égale l'estime que je conserverai

toute ma vie pour les Dames respectables qui la composent.

Théodore. Cependant un Membre de l'Académie Royale de Nismes, d'un mérite distingué (*M. Vincent Plauchut*) qui s'est particulièrement occupé des *gaz* et des phénomènes que la chimie moderne a découverts sur cette importante matière, crut devoir mettre sous les yeux de l'Administration Municipale quelques remarques sur l'insuffisance et même le danger de l'emploi du vinaigre, pour détruire le méphitisme des fosses d'aisance. Ce savant Académicien compte jusqu'à cinq espèces de vapeurs méphitiques connues sous le nom de *gaz des latrines.* Pour vidanger les fosses avec sécurité, il faudroit, *dit-il*, neutraliser ces différens *gaz*, ou les chasser, pour les remplacer par de l'air atmosphérique. Si le vinaigre pouvoit opérer cette neutralisation générale, la découverte de M. *Janin* seroit un des plus beaux présens faits à l'humanité ; mais l'acide végétal, comme tous les autres acides, versé dans les latrines, n'agit que sur les matières alkalines qui peuvent s'y rencontrer , et par conséquent ne neutralise que le *gaz alkalin volatil.* Ce *gaz alkalin* étant précisément le moins abondant, et peut-être le moins dangereux de tous ceux que fournissent les fosses d'aisance , les avantages du vinaigre se bornent donc à détruire seulement la partie de l'odeur due à *l'alkali volatil* ; il pallie le danger, il ne l'anéantit pas.

Caroline. M. *Janin* a-t-il eu connoissance de ce Mémoire ?

Le Maître. J'en suis assuré ; je l'inserai en entier en 1787, dans le *supplément* que je donnai à mon Dictionnaire de Physique, *pag.* 407 et *suivantes*; et deux ans après, dans la neuvième édition de cet ouvrage, *tome* 5, *pag.* 443 et *suivantes.*

Théodore. M. Janin auroit dû répondre à ce mémoire; il a répondu d'une manière triomphante à tant d'autres Auteurs d'un mérite inférieur à celui de M. Vincent Plauchut. C'est à vous maintenant à fixer nos idées sur une méthode qui a eu des Panégyristes et des détracteurs. Que pensez-vous de cette découverte?

Le Maître. Je pense qu'elle est très-précieuse; aussi le Roi a-t-il décoré son Auteur de la croix de chevalier de l'ordre de St. Michel. Je distingue cependant dans cette méthode deux cas bien différens, celui de la simple désinfection et celui du vidange des fosses d'aisance. Il y en a qui, lorsqu'il règne certain vent, exhalent une odeur insupportable; c'est le cas de la simple désinfection. Employez alors purement et simplement la méthode de M. Janin, en versant par la lunette un mélange, à parties égales, de vinaigre et d'eau, ou un mélange de vinaigre et d'eau de lavande, en vous rappelant que la quantité de vinaigre doit être triple de celle de l'eau de lavande. Vous ferez la même opération de 24 en 24 heures, si le même vent continue à régner. Lorsqu'il s'agira de faire vider les fosses d'aisance, vous opérerez d'abord comme fit M. Janin à *l'Hôtel de la Grenade*, et vous ajouterez à sa méthode l'injection de la chaux délayée dans une suffisante quantité d'eau. Je pense comme M. Vincent Plauchut dont je connois mieux que personne le mérite réel et peu commun, que, parmi les *gaz* des latrines, ils en est qui sont acides. Comment le vinaigre, lors même qu'il est mélangé d'eau, pourroit-il les neutraliser?

' Je prendrois encore bien d'autres précautions. Je voudrois que la fosse fût ouverte, non seulement quelques heures, mais quelques jours avant qu'on la vidât. Je me servirois même du *ventilateur*, si j'étois dans un pays où cet instrument fût connu. On ne sauroit employer trop de moyens, pour garantir les hommes et même les animaux, je ne dis pas de la mort, mais de la maladie la moins dangereuse. Qu'on extermine de la société ces monstres qui trempent leurs mains dans le sang de leurs semblables, et ceux qui coopèrent directement ou indirectement à des actes aussi inhumains.

Théodore. Qu'est-ce que le ventilateur? Je n'en ai aucune idée.

Le Maître. Le ventilateur est une machine propre à renouveler l'air dans un lieu quelconque où ce renouvellement est utile ou nécessaire. Cette machine fut inventée et exécutée pour la première fois, en 1741, par M. *Triewald*, Ingénieur du Roi de Suède. Le premier usage qu'il en fit, ce fut de purifier l'air des entre-ponts les plus bas des vaisseaux; l'on prétend qu'en une heure de temps, il parvint à y introduire 36172 pieds cubiques d'air nouveau.

Trois ans après, M. *Hales* dont je vous ai fait l'éloge dans la troisième leçon du premier volume, *page* 46, exécuta un ventilateur beaucoup plus commode que celui de M. *Triewald; facile est inventis addere.* Ceux qui en ont calculé les effets, soutiennent que, par le moyen de cette machine, on pourroit, en 10 ou 12 minutes de temps, renouveler entièrement l'air de la Comédie française. Ce renouvellement se fait par le moyen de deux soufflets, à chacun desquels sont adaptées quatre soupapes. Deux soupapes s'ouvrent de dehors en dedans, pour donner entrée à l'air extérieur; les deux autres s'ouvrent de dedans en dehors, pour procurer à l'air intérieur une libre sortie.

Pour vous former une idée, non du ventilateur, mais de ses effets, représentez-vous une salle dont on veuille renouveler l'air. Ayez deux soufflets égaux, semblables à ceux dont on se sert dans les forges. Faites à deux murailles de la salle deux trous diamétralement opposés, et placez-y les deux soufflets, de manière que le corps de l'un soit en dehors, et le corps de l'autre en dedans du bâtiment. Faites-les jouer en même temps; l'air extérieur reçu dans le corps du premier soufflet par la soupape, sera nécessairement porté dans la salle, et l'air intérieur reçu dans le corps du second par une semblable soupape, sera nécessairement porté hors de la salle. Seroit-il possible que, par ce mécanisme, l'air qu'elle contenoit, ne fût pas renouvelé avec autant de promptitude que de facilité? Reprenons la multiplication algébrique. Nous en sommes à la multiplication des lettres qui ont différens *exposans.*

Théodore. Nous n'avons pas encore multiplié les mêmes lettres affectées de leurs *exposans.* Vous nous avez dit que les *exposans* ne se multiplient pas l'un par l'autre, mais qu'on se contente de les ajouter l'un à l'autre. Je voudrois vous voir opérer sur les *exposans.*

Le Maître. C'est la chose du monde la plus facile. Jettez les yeux sur l'exemple suivant.

Premier exemple.

Multiplicande. — b^3 d^3.

Multiplicateur. ╂ b_2 d^2.

Produit. — b^5 d^5.

En voici la preuve. — $bbb\,ddd$ × ╂ $bb\,dd$
donne évidemment pour *produit* — $bbbbb\,ddddd$.
Mais $bbbbb =$ b^5 et $ddddd =$ d^5; donc les *exposans* qui affectent les mêmes lettres ne se multiplient pas l'un par l'autre; mais ils s'ajoutent l'un à l'autre. En les multipliant l'un par l'autre, vous auriez un faux *produit.*

Théodore. En multipliant les *exposans* l'un par l'autre, j'aurois eu b^6 d^6; et je ne dois avoir pour *produit* que b^5 d^5; donc les *exposans* qui affectent les mêmes lettres, doivent, dans la multiplication, être ajoutés l'un à l'autre. Proposez-moi une pareille multiplication à faire.

Le Maître. Multipliez — $10\,b^6\,p^4$ par — 10 $b^3\,p^3$.

Théodore. C'est l'affaire d'un instant.

Second exemple.

Multiplicande. — $10\,b^6\,p^4$.
Multiplicateur. — $10\,b^3\,p^3$.
Produit. ╂ $100\,b^9\,p^7$.

En voici la preuve. — $\times$ — donne +. 10×10 = 100. $b^3 \times b^6 = b^9$. $p^3 \times p^4 = p^7$; donc mon opération est exacte.

Le Maître. Si différentes lettres ont leurs *exposans*, et qu'on vous dise de les multiplier, vous les mettrez les unes après les autres, avec leurs *exposans*, en gardant l'ordre alphabétique. Multipliez, Caroline, + $4\,b^2\,c^3$, par — $4\,b^2\,p^2$.

Caroline. Cette opération est trop facile à faire

Troisième exemple.

Multiplicande.	+ $4\,b^2\,c^3$.	
Multiplicateur.	— $4\,b^2\,p^2$.	
Produit.	— $16\,b^4\,c^3\,p^2$.	

Preuve. — $\times$ + donne —. $4 \times 4 = 16$. $b^2 \times b_2 = b^4$. $p^2 \times c^3 = c^3\,p^2$; donc mon opération est exacte.

Théodore. Apprenez-nous maintenant à multiplier une grandeur composée par une grandeur simple.

Le Maître. Dans la multiplication d'une grandeur composée par une grandeur simple, celle-ci doit multiplier tous les termes de celle-là, en allant de gauche à droite, et non de droite à gauche, comme dans la multiplication numérique.

Premier exemple.

Multiplicande. $+ a - b + c$
Multiplicateur. $+ a$

Produit. $+ aa - ab + ac = a^2 - ab + ac.$

Preuve. $+ \times +$ donne $+$. $a \times a = aa$. $+ \times -$ donne $-$. $a \times b = ab$. $+ \times +$ donne $+$. $a \times c = ac$.

Multipliez maintenant, Théodore, $+ 4\,m^2 - 6\,n^3$ par $- 6\,m^3$.

Théodore. Cette espèce de multiplication est aussi facile que celle des grandeurs simples.

Second exemple.

Multiplicande. $+ 4\,m^2 - 6\,n^3$
Multiplicateur. $- 6\,m^3$

Produit. $- 24\,m^4 + 36\,m^2\,n^3$

Preuve. $- \times +$ donne $-$. $6 \times 4 = 24$. $m^2 \times m_2 = m^4$. $- \times -$ donne $+$. $6 \times 6 = 36$. $m^2 \times n^3 = m^2\,n_3$.

VIII. LEÇON (*).

Des Ballons aérostatiques à la Montgolfier.

LE *Maître.* Vous serez contens, l'un et l'autre ; nous commençons nos leçons sur les *Aérostats* ; vous les attendiez avec impatience.

Caroline. Je n'y pensois presque plus. Je doute qu'elles me causent autant de plaisir, que celles que vous venez de nous faire sur les *airs factices.* Cependant ne nous laissez rien ignorer sur une découverte qui a fait époque en Physique.

Le Maître. Tout Aérostat est un globe fait d'une matière fort légère, rempli d'un fluide moins pesant que l'air que nous respirons aux *environs de la terre*, et propre par là même à s'élever dans l'atmosphère terrestre, à peu près comme s'élève le liége au-dessus de l'eau, ou comme s'élèvent tous les jours les vapeurs et les exhalaisons dans la région des nuages.

Théodore. Je me rappelle ici fort à propos d'une objection que je vous fis dans la septième leçon du premier volume, *pag.* 101, et de la réponse dont elle fut suivie.

Le Maître. Quelle est cette objection, et quel rapport peut avoir ma réponse avec les ballons aérostatiques ?

Théodore. Un rapport très-direct. L'eau, *vous*

(*) C'est la 34e. leçon du *cours de Physique à la portée de tout le monde.*

fis-je remarquer, est trente-deux fois plus pesante
que l'air. Les parties terrestres le sont bien davantage. Comment, malgré cet excès de pesanteur,
les parties aqueuses, salines, nitreuses et terrestres, peuvent-elles s'élever dans l'atmosphère à
plus ou moins de hauteur ?

Vous me dites que quelques Physiciens, pour
répondre à cette difficulté, transformoient ces
parties subtilisées en autant de petits ballons vides qui s'élèvent dans l'atmosphère à peu près
comme nos ballons aérostatiques. Il me tarde d'en
connoître le mécanisme, pour bien comprendre
la bonté de votre réponse. A qui devons-nous
cette belle découverte ?

Le Maître. Nous la devons au génie de MM.
Etienne et Joseph de Montgolfier, habitans d'Annonai en Vivarais. Elle a fait trop de bruit, d'a-
bord en France et ensuite dans toute l'Europe,
elle a été trop répétée avec plus ou moins de
succès, pour ne pas vous en faire l'histoire intéressante.

Caroline. Vous y joindrez sans doute vos réflexions.

Le Maître. Je n'y manquerai pas ; mais comme
je les tirerai presque toutes de la partie historique,
comme d'autant de faits incontestables, je ne me
permettrai aucune espèce de réflexion dans mes
premières leçons sur les Aérostats.

Caroline. Vous commencerez sans doute par
l'expérience d'Annonai ; n'en omettez aucune circonstance.

Le Maître. MM. *de Montgolfier* firent une espèce de ballon dont la circonférence étoit de cent
dix pieds. Il étoit construit en toile doublée de
papier, cousue sur un reseau de ficelle fixé aux

toiles. Un chassis en bois de 16 pieds en carré la tenoit fixé par le bas. Il pesoit 531 livres de moins que le volume d'air qu'il devoit déplacer ; il devoit donc s'élever très-facilement dans l'atmosphère.

En effet, le 5 juin 1783, en présence de l'Assemblée des Etats du Vivarais, MM. *de Montgolfier* procédèrent au développement des vapeurs qui devoient produire le phénomène. La machine déprimée, pleine de plis et presque vide d'air, se gonfla, grossit à vue d'œil, prit de la consistance, adopta une belle forme, se tendit dans tous les points, fit effort pour s'enlever ; des bras vigoureux la retinrent. Le signal fut donné ; elle partit et elle s'élança avec rapidité dans l'air, où le mouvement accéléré la porta, en moins de dix minutes, à mille toises d'élévation. Elle décrivit alors une ligne horizontale de sept mille deux cents pieds ; et comme elle perdoit considérablement de la vapeur dont elle avoit été remplie, elle descendit, mais si légérement, qu'elle ne brisa ni les ceps, ni les échalas de la vigne sur lesquels elle se reposa.

Caroline. Voilà en effet une belle expérience ; mais comme je veux être parfaitement au fait du mécanisme des ballons aérostatiques, je me prépare à vous faire bien des questions.

Théodore. Caroline, vous ne serez pas la seule ; j'en ferai peut-être plus que vous.

Le Maître. Vous me ferez plaisir, l'un et l'autre ; commencez, Caroline.

Caroline. Vous m'avez dit que le ballon en question pesoit 531 livres de moins que le volume d'air qu'il devoit déplacer ; je voudrois bien en avoir la preuve.

Le Maître. Cela est juste. 1°. Le ballon en question, lorsqu'il étoit parfaitement tendu, avoit une capacité de 22000 pieds cubes; vous en ferez facilemente calcul, lorsque vous saurez la géométrie pratique. Ce ballon devoit donc déplacer un pareil nombre de pieds cubes d'air atmosphérique.

2°. Un pied cube d'air atmosphérique pèse une once et demie. L'air déplacé pesoit donc 33000 onces, ou 2062 livres.

3°. Le ballon non tendu et vide d'air, avec le chassis, pesoit 500 livres.

4°. La vapeur dont il fut rempli, pesoit 1031 livres, parce qu'elle est une fois plus légère que l'air atmosphérique; le ballon tendu pesoit donc 1531 livres.

5°. Otez 1531 de 2062, il restera 531 livres; donc le ballon tendu pesoit 531 livres de moins que l'air atmosphérique qu'il déplaçoit.

Théodore. Donnez-nous une idée de la vapeur dont ce ballon fut rempli; je l'ai entendu nommer le *gaz Montgolfier.*

Le Maître. Ce *gaz* est un fluide composé d'air atmosphérique raréfié par le feu, et de vapeurs électriques de leur nature ou fortement électrisées.

Théodore. Comment se produit ce *gaz*?

Le Maître. Pour le comprendre facilement, jetez-les yeux sur la figure I de la planche dont vous devez vous servir dans les différentes leçons qui suivront celle-ci et qui formeront le second volume. Sur la grille A, qui répond à l'ouverture du ballon, éparpillez tellement une certaine quantité de paille séche, de manière qu'elle puisse s'enflammer très-promptement et sans produire de fumée. Mettez le feu à cette paille. Jetez ensuite sur la paille enflammée, de distance en distance, par intervalles et à petites poignées, de la laine hâchée,

La plus menue est la meilleure, parce qu'elle s'allume mieux, et qu'elle jette moins de fumée ; vous aurez ce qu'on nomme le *gaz Montgolfier*.

Théodore. Comment ce gaz s'introduit-il dans le ballon ? Vous avez dit qu'il étoit flasque et déprimé.

Le Maître. Quoiqu'avant l'expérience, la machine soit flasque et déprimée, elle contient cependant une petite quantité d'air atmosphérique. Les premières flammes raréfient ce peu d'air, et ce peu d'air raréfié commence à faire gonfler le ballon. On alimente le feu, et alors l'air extérieur, par les loix de l'équilibre entre les fluides communicans, se porte avec impétuosité dans l'intérieur de la machine ; et comme il y entre à travers ou à côté des flammes, il se raréfie, fait gonfler le ballon, et le rend spécifiquement plus léger que l'air environnant.

Caroline. J'entre facilement dans ce mécanisme ; mais je ne vois ici que de l'air raréfié ; je ne vois point de *gaz*.

Le Maître. J'eus d'abord la même idée, lorsqu'on me parla des bailons aérostatiques ; et je l'aurois encore, si je n'avois pas eu l'avantage d'avoir une conversation avec M. *de Montgolfier* l'aîné, mon confrère à l'Académie Royale de Nismes ; conversation dans laquelle j'admirai autant son profond savoir, que sa rare modestie. Je lui fis part de mes idées : vous avez pris la nature sur le fait, *me dit-il*, et je n'ai rien à objecter contre ce mécanisme. Permettez-moi seulement de vous représenter que s'il n'y avoit dans l'intérieur de la machine, que de l'air raréfié, je ne crois pas que ce fluide fût assez léger, pour opérer le phénomène. Ce qui lui donne la légéreté requise, c'est la partie aqueuse des matières mises en combustion. Cette partie aqueuse est presqu'à l'instant réduite en vapeurs ; et ces vapeurs électriques de leur nature, ou fortement électrisées sont d'une très-grande légéreté. Combinées avec l'air raréfié, elles forment un fluide, dont la gravité relative est à celle de l'air atmosphérique, comme 1 est à 2.

Caroline. Je sais que, quelque temps après l'expérience d'Annonai, M. *de Montgolfier* le cadet partit pour Paris, où sa réputation l'avoit déjà dévancé. Que se passa-t-il dans cette capitale ?

Le Maître. Quelques jours après son arrivée à Paris, M. *de Montgolfier* fit construire un ballon de 57 pieds de hauteur sur 41 de diamètre. La machine déplaçoit un volume d'air atmosphérique du poids de 3515 liv. ; le gaz qu'elle contenoit, n'en pesoit que 1757 ; le corps du ballon, la cage et les animaux qui y étoient renfermés, en pesoient 900 : le tout pesoit donc 858 livres de moins que l'air qui devoit être déplacé. Le 18 Septembre 1783, la machine construite en bonne toile, peinte et décorée, fut en état de souffrir un essai, qu'on fit le soir même, en présence des Commissaires de l'Académie des Sciences. Tout réussit parfaitement.

Le lendemain, la machine flasque et déprimée, fut établie dans la grande cour du château de Versailles, sur un théâtre octogone qui correspondoit à l'attirail et aux cordages tendus pour la manœuvrer. Avant le développement du *gaz*, leurs Majestés et la Famille Royale daignèrent se transporter dans l'enceinte, et voulurent bien pénétrer jusques sous la machine même pour en examiner les détails, et se faire rendre un compte exact de tous les préparatifs de cette belle expérience,

Dès que leurs Majestés se furent retirées, on remplit la machine, on la vit presqu'aussitôt s'élever, se gonfler et déployer avec rapidité les plis et les replis dont elle étoit composée : elle se développa en entier ; elle atteignit jusqu'au plus haut des mats ; on coupa les cordes et elle s'éleva pompeusement dans l'air à la hauteur de 240 toises, entraînant avec elle une cage d'osier dans laquelle étoient renfermés un mouton, un coq et un canard. Elle décrivit, en montant, une ligne inclinée à l'horison que le vent du sud la força de prendre. Elle parut rester ensuite quelques secondes en station. Enfin elle descendit lentement dans le bois de Vaucresson, à 1700 toises du point d'où elle avoit été enlevée, sans que la cage et les animaux qu'elle contenoit, eussent éprouvé aucun fâcheux accident.

Caroline. Le ballon de Versailles ne s'éleva qu'à 240 toises ; voilà ce qui m'étonne. Celui d'Annonai fut porté à mille toises d'élévation. Celui-ci cependant ne pesoit que 531 livres, tandis que celui-là en pesoit 858 de moins que l'air atmosphérique qu'elle déplaçoit.

Le Maître. Tous les Physiciens furent, comme vous, dans le plus grand étonnement. Mais il cessa bientôt, lorsqu'ils apprirent qu'un coup de vent qui frappa sur le ballon, dans le moment où il présenta à l'air une très-grande surface, obligea ceux qui étoient chargés d'en faire le service, de le retenir avec effort. Cette force, jointe à celle du vent et à la tendance qu'avoit la machine à s'enlever, occasionnèrent deux déchirures de sept pieds d'ouverture sur son sommet et dans la partie où les toiles avoient été cousues dans un mauvais sens.

H 4

Caroline. Je suis maintenant étonnée qu'avec deux pareilles déchirures, le ballon de Versailles se soit élevé à 240 toises de hauteur. Mais, après l'expérience de Versailles, on enleva des hommes dans les airs : les plaça-t-on dans une cage d'osier ?

Le Maître. Non. M. *de Montgolfier* fit construire un ballon de forme ovale dont la hauteur étoit de 70 pieds, le diamètre de 46 et la capacité de 60000 pieds-cubes. Une galerie circulaire construite en osier et revêtue en toile, étoit attachée par des cordes au bas de la machine ; elle avoit environ trois pieds de largeur ; il y régnoit de droite et de gauche une balustrade de trois pieds et demi de hauteur. Cette galerie ne gênoit en aucune manière l'ouverture d'environ 15 pieds de diamètre qui étoit au bas de la machine. Au milieu de cette ouverture on avoit placé un réchaud en fil de fer suspendu par des chaînes, au moyen duquel les personnes qui étoient dans la galerie avec des approvisionnements de paille, avoient la facilité de développer du *gaz* à volonté. Cette machine pesoit au moins seize cens livres. Pour vous en former une idée, jetez les yeux, sur la figure 3.

Le 15 octobre 1783, M. *Pilatre de Rozier* se plaça dans la galerie. La machine fut gonflée ; elle partit en conservant le plus parfait équilibre ; elle s'éleva jusqu'à la longueur des cordes qu'on y avoit attachées pour la retenir, c'est-à-dire, jusqu'à 80 pieds de hauteur, et elle y resta en station pendant 4 minutes 25 secondes. Le *gaz* s'affoiblit ; l'air atmosphérique entra dans le ballon, et il descendit avec lenteur, sans que M.

Pilatre de Rozier eût éprouvé la moindre incommodité.

On allongea les cordes qui retenoient la machine, et elle s'éleva, les jours suivans, avec le
même succès à 200, 250 et 324 pieds de hauteur perpendiculaire. Toutes ces expériences
furent faites à Paris par M. *de Montgolfier* dans
le jardin de M. *Reveillon*, rue de Montreuil,
faubourg St. Antoine.

Caroline. M. *de Montgolfier* a-t-il fait à Paris
quelqu'autre expérience aussi frappante que celles
que vous venez de nous mettre sous les yeux?

Le Maître. Le 21 novembre suivant, il fit avec
la même machine une expérience encore plus
frappante au château de la Muette. A une heure
54 minutes, après midi, le ballon, portant M.
d'Arlandes et M. *Pilatre de Rozier* avec les approvisionnemens nécessaires, s'éleva de la manière la
plus majestueuse au moins à trois mille pieds de
hauteur. Il plana sur l'horizon. Il traversa la
seine au-dessous de la barrière de la conférence;
et passant de là entre l'Ecole Militaire et l'Hôtel
des Invalides, il fut à portée d'être vu de tout
Paris. Les voyageurs Aériens satisfaits de cette
expérience et ne voulant pas faire une plus longue course, se concertèrent pour descendre;
mais s'appercevant que le vent les portoit sur les
maisons de la rue de Sève, ils conservèrent leur
sang froid; et développant du *gaz*, ils s'élevèrent
de nouveau, et ils continuèrent leur route en
l'air, jusqu'à ce qu'ils eurent dépassé Paris. Ils
descendirent alors tranquïllement dans la campagne, au-delà du boulevard, vis-à-vis le moulin
de croule-barbe, sans avoir éprouvé la plus
légère incommodité, après une route de quatre

à cinq mille toises, dans l'espace de 20 à 25 minutes.

Ces expériences, annoncées dans les papiers publics, furent répétées dans presque toutes les villes de l'Europe. Le ciel fut couvert de ballons aérostatiques, parmi lesquels on doit distinguer celui de Lyon; c'est le plus grand qui ait été construit; il avoit cent pieds de diamètre horizontal, sur cent vingt pieds de hauteur.

Théodore. Vous me permettrez d'en faire l'histoire. J'ai tout vu et je me rappelle de tout. Mon papa eut la complaisance de me conduire à Lyon, pour être témoin de cette expérience. Nous fûmes l'un et l'autre au nombre des Souscripteurs, pour être mieux à portée de tout voir. Je lui demandai même d'être l'un des voyageurs Aériens; mais mon papa qui ne m'avoit jamais rien refusé, me répondit de manière à m'ôter l'envie de lui faire dans la suite des demandes aussi indiscrètes. Je ne l'ai jamais vu en colère, comme ce jour-là; je le vis sur le point de partir de Lyon, avant le succès de l'expérience; et je ne l'appaisai, qu'en lui promettant que je ne m'exposerois jamais sur une aussi frêle machine. Il me le fit promettre par serment.

Le Maître. Je n'en suis pas étonné; votre papa étoit trop bon Physicien, pour ne pas prévoir tous les dangers des voyages Aériens. Commencez votre histoire.

Théodore. On adapta au plus grand ballon aérostatique qui eût encore paru, une galerie en osier, assez grande pour contenir tous les approvisionnemens nécessaires aux voyageurs Aériens, qui furent au nombre de sept, ayant à leur tête M. *de Montgolfier* l'aîné et M. *Pilatrs de Rozier*,

Le réchaud correspondant au centre de la machine, fut placé un peu au-dessus de la galerie, à la portée des voyageurs. La machine développée présenta une forme sphérique très-élégante. On choisit pour les expériences la plaine des Bréteaux. Là on construisit une estrade flanquée de deux mâts, sur laquelle on transporta ce globe majestueux. L'estrade fut ceinte d'une clôture en forme d'amphithéâtre à gradins pour y placer les Souscripteurs et les Dames.

Depuis le 10 janvier 1784 jusqu'au 15, on fit différens essais qui réussirent plus ou moins; et l'on fixa la grande expérience au lendemain. Il y eut par malheur pendant la nuit de la pluie et de la neige, et le matin il gêla fortement. Malgré le mauvais temps, le public toujours injuste et toujours impatient, se rendit en foule autour de l'estrade, et quoiqu'on l'assurât que les toiles n'ayant pas pu être mises à couvert, l'expérience ne sauroit réussir, on fut obligé de la tenter. Elle échoua parfaitement; peu s'en fallut que l'échec ne fut suivi de l'embrassement total de la machine. La consternation fut générale et le murmure universel. On se vengea par quelques *Vaudevilles* contre les Aérostats.

Caroline. Vous chantez joliment, Théodore; chantez-nous quelqu'un de ces Vaudevilles.

Théodore. Je n'en ai su qu'un, et je ne me rappelle que d'un seul couplet. Il a pour objet le ballon lui-même.

Caroline. Chantez-nous ce couplet.

Théodore. Je n'ai rien à vous refuser. D'ailleurs je ne chante pas assez bien, pour me faire prier,

> Cet enfant bouffi d'orgueil,
> Fait le tintamarre.
> Je crains bien pour lui l'écueil
> Du fameux Icare.
> Crois tu bien qu'il parte, Jean, crois tu bien qu'il parte ?

Le Maître. La chanson ne dit que trop la vérité. Vous en serez convaincu, lorsque je vous aurai mis sous les yeux tant de voyages Aériens dont la plupart ont été très-malheureux. Continuez, Théodore, l'histoire intéressante du ballon de Lyon.

Théodore. Dans cette conjoncture critique, MM. *de Montgolfier* et *Pilatre de Rozier* ne se découragèrent pas. Dans deux jours et deux nuits, la machine fut raccommodée et en état d'être lancée. Elle le fut en effet, le 19 janvier, à une heure après midi. Elle s'éleva pompeusement à quatre ou cinq cents toises, et elle fut portée par le vent au-dessus des nouveaux bâtimens de la loge de la bienfaisance où elle demeura en station environ quatre minutes. Malgré le feu qu'ils forcèrent, ils descendirent par un mouvement accéléré, treize minutes après leur départ, dans un champ situé entre la loge de la bienfaisance et le chemin de charpennes. Cinq des sept voyageurs en furent quittes pour la peur. Il n'en fut pas ainsi des deux autres ; l'un eut une dent cassée et l'autre une contusion à la jambe. Mais ce sont-là de bien petits malheurs, eu égard à tous les dangers qu'ils ont courus. A quelles causes attribuez-vous une chûte qui naturellement devoit être si funeste ?

Le Maître. Je l'attribue à trois causes principales, à la mauvaise qualité de l'enveloppe qui, par l'effet des pluies, de la gelée et du feu, étoit semblable à une espèce de crible ; au trop grand poids dont la machine étoit chargée, à raison du mauvais état où elle se trouvoit ; à une déchirure qui se fit dans l'hémisphère supérieur et qui se prolongea tout à coup de vingt pieds environ, sur cinq à six de large ; l'air atmosphérique entrant avec force par cette déchirure, la chute devint indispensable. Elle fut si rapide, que les voyageurs se trouvèrent à terre, sans avoir eu le temps de penser au danger extrême qu'ils avoient couru.

Théodore. Rendons justice à MM. *de Montgolfier* et *Pilatre* ; ils avoient presque prédit cet accident. Je leur ai entendu dire qu'il falloit réduire à eux seuls, ou tout au plus à trois le nombre des voyageurs. Mais les quatre autres s'étoient placés dans la galerie, et aucun d'eux ne voulut abandonner le poste qu'on lui avoit promis d'occuper.

Le Maître. La fureur des ballons fut telle ; qu'ils devinrent, même entre les mains des enfans, encore plus communs que les cerfs-volans. Il fallut, pour la réprimer, que dans la plupart des villes du Royaume, la police fit défense d'en lancer aucun sans permission ; et on ne l'accorda qu'aux personnes expérimentées et dont la fortune les mettoit en état de payer tous les dommages que pouvoient naturellement causer les expériences à petits ballons perdus. Sans cette précaution, il y eût eu des incendies sans nombre. J'ai vu à Nismes la maison des Ecoles Royales des filles sur le point d'être incendiée par un ballon qui tomba à deux pas d'un tas immense de bois. Sans une espèce de miracle , cette grande maison et la plupart des maisons voisines eussent été consumées par les flammes. Ce fut même cet accident qui engagea nos Officiers Municipaux à publier l'Ordonnance de Police dont je viens de vous parler. Elle fut imprimée et affichée aux portes des Eglises et dans les carrefours de la Ville. Reprenons le calcul algébrique.

Caroline. Nous apprendrez-vous aujourd'hui à multiplier algébriquement une grandeur composée par une grandeur composée ?

Le Maître. Qui en doute ? Ne savez-vous pas multiplier algébriquement une grandeur composée par une grandeur simple ?

Caroline. Cette espèce de multiplication est donc plus facile que la multiplication numérique d'une grandeur composée par une grandeur composée. Nous ne sommes pas encore en état de faire une pareille opération, quoique vous nous ayez appris l'arithmétique pendant près de six mois. Vous nous avez dit, dans la quatorzième leçon du premier volume, qu'il faut savoir la règle de *proportion* , pour pouvoir multiplier numériquement une grandeur composée par une grandeur composée.

Le Maître. Ne vous ai-je pas dit que l'algèbre est plus facile que l'arithmétique ? Dans la multiplication algébrique, tous les termes du multiplicateur doivent multiplier tous les termes du multiplicande, en allant de gauche à droite.

Exemple.

Multiplicande. + 8 m — 4 n.
Multiplicateur. + 4 m + 4 n.

+ 32 mm — 16 m n + 32 m n — 16 nn.

Par réduction.

Produit. + 32 mm + 16 m n — 16 n n.

+ × + donne +. 4 m × 8 m = 32 mm. + × —
donne —. 4 × 4 = 16. m × n = m n. + × +
donne +. 4 × 8 = 32. m × n = mn. + × —
donne —. 4 × 4 = 16. n × n = nn. C'est la *preuve.*

J'ai donc pour *produit* + 32 mm — 16 m n +
32 mn — 16 nn. Mais — 16 mn + 32 mn = 16
mn ; donc le *produit* de + 8 m — 4 n par + 4
m + 4 n est + 32 mm + 16 m n — 16 nn =
32 m_2 + 16 mn — 16 n^2.

Caroline. Proposez-moi deux grandeurs algébriques complexes à multiplier l'une par l'autre. Je
vous ai suivi, j'en viendrai à bout.

Le Maître. Multipliez + 4 a_2 + 2 b^3 par +
4 a^2 — 2 b^3.

Caroline. Je vais opérer.

Second exemple.

Multiplicande. ┼ 4 a² ┼ 2 b³.
Multiplicateur. ┼ 4 a² — 2 b³.

———

┼ 16 a4 ┼ 8 a² b³ — 8 a² b³ — 4 b⁶.

———

Par réduction.

Produit. ┼ 16 a4 — 4 b⁶.

———

Preuve. Il ne me reste que deux termes dans le *produit*, parce que ┼ 8 a² b³ et — 8 a² b³ se détruisent. ┼ 4 a² × ┼ 4 a² ═ 16 a4 et — 2 b³ × ┼ 2 b³ ═ — 4 b⁶, parce que les *exposans* qui affectent les mêmes lettres, s'ajoutent l'un à l'autre.

Le Maître. Multipliez, Théodore, ┼ a ┼ b par ┼ a ┼ b.

Théodore. J'aurai évidemment ┼ aa ┼ 2 ab ┼ bb ═ a² ┼ 2 ab ┼ b².

Le Maître. Vous avez eu pour *produit* le quarré de a ┼ b, quarré dont nous ferons grand usage dans la suite.

IX. LEÇON.

IX. LEÇON (*).

Des ballons aérostatiques à air inflammable.

LE Maître. A peine l'expérience d'Annonai fut-elle connue à Paris, qu'elle fit dans l'esprit de tous les Physiciens de la Capitale, la plus grande sensation. On voulut la répéter, et comme on ne savoit que le fait, et non la manière de procéder de MM. *de Montgolfier*, on se détermina à remplir un ballon d'air inflammable, fluide huit fois plus léger que l'air atmosphérique que nous respirons aux environs de la terre.

Caroline. Nous connoissons ce *gaz*; il a été le sujet de la quatrième leçon de ce volume. Mais comment s'y prit-on pour enfermer une vapeur aussi légère ? Les moindres pores devoient la laisser échapper.

Le Maître. Pour enfermer le *gaz* inflammable dans une espèce de prison, d'où il lui fut difficile de s'échapper, on choisit le taffetas qu'on enduisit de gomme élastique, et on construisit un ballon de 12 pieds de diamètre, et de 38 de circonférence; sa capacité intérieure étoit de 943 pieds cubes. Ce ballon est représenté par la figure 2.

Caroline. Ce ballon, rempli d'air inflammable, déplaçoit donc un volume d'air atmosphérique de 943 pieds cubes! Vous nous avez dit, dans la leçon

(*) C'est la 35°. *Leçon du cours de Physique à la portée de tout le monde.*

précédente, qu'un pied cube de cet air pèse une once et demie ; 943 pieds cubes pèsent donc 1414 onces ou 88 livres. Combien pèse une pareille quantité d'air inflammable ?

Le Maître. Elle ne pèse que onze livres ; l'air inflammable est huit fois plus léger que l'air atmosphérique. Le poids du ballon, y compris celui du robinet, étoit de 25 livres.

Caroline. Ce ballon, rempli d'air inflammable, ne pesoit donc que 36 livres. Avec quelle facilité dut-il s'envoler dans l'atmosphère ! Il déplaçoit un volume d'air atmosphérique d   : le poids étoit de 88 livres.

Le Maître. Il s'envola en effet du Champ-de-Mars où on l'avoit transporté, le 27 du mois d'Août 1783, à 5 heures du soir, en présence et au grand étonnement de tout ce qu'il y a de beau dans Paris. En deux minutes il s'éléva à 488 toises. Là il trouva un nuage obscur dans lequel il se perdit ; mais on le vit bientôt percer la nue, reparoître un instant à une très-grande élévation et s'éclipser dans d'autres nuages. Il se soutint trois quarts d'heure en l'air ; et il tomba à côté de la remise d'Ecouen, ayant une ouverture sur sa partie supérieure ; cette remise est éloignée d'environ cinq lieues du Champ-de-Mars.

Caroline. Sans cet accident, le ballon ne seroit plus retombé. Pourquoi creva-t-il ?

Le Maître. L'on assure que l'on manqua d'air inflammable, et que l'on introduisit de l'air atmosphérique pour achever de remplir le ballon, et lui donner une forme bien arrondie. Je suis étonné que le ballon n'ait pas éclaté en mille pièces ; une simple bluette électrique, si commune dans l'atmosphère, eût opéré cet effet. Rien n'est plus dangereux que la mixtion de l'air inflammable avec l'air atmosphérique. Je vous l'ai démontré dans la quatrième leçon de ce volume, *pag.* 59 et suivantes.

Théodore. Quels furent les Auteurs de cette expérience ?

Le Maître. Ce furent MM. *Charles* et *Robert*, Physiciens d'un mérite distingué. Aussi ne crois-je pas qu'ils aient mêlé l'air atmosphérique avec l'air inflammable. Ce dernier se dilate très-facilement : c'est à cette dilatation que j'attribue l'ouverture qui se fit sur la partie supérieure du ballon du Champ-de-Mars.

Théodore. MM. *Charles* et *Robert* s'en tinrent-ils à cette expérience ?

Le Maître. Non sans doute, on ne s'en tient pas à de si beaux commencemens. Ils travaillèrent à la construction d'un globe de 26 pieds de diamètre qui devoit déplacer environ huit cens livres d'air atmosphérique. Il fut fait, comme le précédent, de taffetas qu'on enduisit de gomme élastique et qu'on remplit d'air inflammable. A environ vingt pieds de distance de la partie inférieure du globe, étoit suspendue une espèce de char dans lequel devoit s'élever MM. *Charles* et *Robert*. Les frais qu'on fit pour cette belle expérience, furent d'environ dix mille livres.

Le premier Décembre 1783, ce globe fut transporté aux Tuileries. La réunion de tout le beau monde de Paris dans les jardins et sur les terrasses de cette maison Royale, et au dehors, quatre cens mille personnes formoient le spectacle le plus superbe et le plus imposant. A une heure 40 minutes après midi, le globe fut rempli, et on le vit s'élever pompeusement avec MM. *Charles* et

I 2

Robert. Poussés par un vent foible, ils s'élevèrent en passant sur le Faubourg St. Honoré, Mousseaux etc., à la hauteur d'environ 250 toises. En 55 minutes, ils disparurent aux yeux des observateurs placés au Tuileries. Lorsque la terre ne parut à leurs yeux que comme un grand plat nuancé de différentes bandes grises, noires et blanches, ils s'assirent, burent tranquillement leur vin de Rota, et mangèrent les provisions dont ils s'étoient munis. Ils volèrent ainsi pendant une heure. Ce temps expiré, le globe descendit mollement à neuf lieues de Paris, dans la prairie de Nefle, environ deux heures après leur départ des Tuileries.

Caroline. Le globe à air inflammable, *dites-vous*, descendit mollement dans la prairie de Nefle, environ deux heures après son départ des Tuileries. Il descendit ; voilà ce qui m'étonne. Se fit-il quelque déchirure sur sa partie supérieure, comme il arriva au ballon du Champ-de-Mars.

Le Maître. Il ne s'en fit aucune ; il descendit cependant.

Caroline. Il ne devoit pas descendre. N'étoit-il pas plus léger que l'air qu'il avoit déplacé ? Le poids de cet air étoit de huit cens livres. Le poids de l'air inflammable n'étoit par conséquent que de cent. Si le reste pesoit trois cens livres ; c'est tout au plus. Comment voulez-vous que ce ballon descendît, s'il ne se fit aucune déchirure sur sa face ?

Le Maître. Vous vous fachez, Caroline. J'ai voulu vous mettre en peine pendant quelque temps, pour graver plus profondément dans votre esprit, de principes de Physique qui ne sauroient jamais varier.

Caroline. Vous me mettez du baume dans le sang ; je commençois à craindre pour les principes de Physique. Expliquez-nous maintenant pourquoi le globe des Tuileries descendit mollement, deux heures après son départ.

Le Maître. MM. *Charles* et *Robert* avoient adapté à leur ballon une soupape. Lorsqu'on l'ouvroit, l'air inflammable sortoit et l'air atmosphérique ne pouvoit pas entrer dans le corps du ballon. Déterminés à descendre, ils ouvrirent la soupape ; une partie de l'air inflammable sortit ; le volume du ballon diminua, et la descente fut nécessaire, parce que le ballon devint plus pesant que le volume d'air atmosphérique qu'il déplaçoit ; l'on ferma la soupape, lorsque l'on vit que la descente se faisoit paisiblement et sans aucun mouvement accéléré.

Théodore. Je connois cette expérience. Vous n'ajoutez pas que, de la prairie de Nesle, M. *Charles* s'éleva encore dans les airs, à la hauteur d'environ 1368 toises. A cette hauteur, il se trouva dans la température la plus froide. Il ouvrit la soupape, et 35 minutes après son départ, il descendit tranquillement sur la terre de M. *Farrer,* à une lieue et demie de la prairie de Nesle.

Le Maître. Le fait est vrai ; mais M. Charles s'envola dans les airs, presque sans y penser. A la prairie de Nesle, M. Robert sortit du char, et le poids du lest de la machine étant diminué par cette sortie, le ballon s'éleva au moins à la hauteur que vous venez d'assigner. Je crois même qu'elle fut beaucoup plus considérable ; je la fixe, sans craindre de me tromper, à environ deux mille toises.

Théodore. D'où vient cette différence entre le calcul de M. Charles et le vôtre ?

Le Maître. M. Charles évalua l'élévation du ballon par son baromètre qui, marquant à terre 28 pouces 4 lignes, étoit alors descendu à 18 pouces 10 lignes. La descente du mercure fut donc de 9 pouces 6 lignes ou de 114 lignes. Il conclut de cette observation que la colonne d'air qui gravitoit sur le baromètre, lorsqu'il ouvrit la soupape pour descendre, avoit 1368 toises de moins de longueur, que celle qui gravitoit sur le baromètre, lorsque le ballon étoit à terre. Il partit du principe si long-temps admis dans les Ecoles, qu'une élévation perpendiculaire de 12 toises, produit dans le baromètre, un abaissement d'une ligne. Or, $12 \times 114 = 1368$. Je ne connois point de méthode d'évaluation plus fautive que celle-là.

Théodore. Vous l'avez démontré dans la quatrième leçon du premier volume. En partant du principe admis par M. *Charles*, l'atmosphère terrestre n'auroit pas tout à fait deux lieues de hauteur perpendiculaire, et elle en a au moins trois cens. L'on ne doit se servir du baromètre, pour mesurer une hauteur quelconque, que lorsque cette hauteur n'est pas considérable. Cette mesure n'est même physiquement exacte, que lorfque l'air a la même densité depuis le pied jufqu'au fommet de la montagne dont on veut connoître la hauteur. Vous voyez que je n'ai pas oublié cette quatrième leçon. M. Charles s'éleva donc à plus de 1368 toises, lorsqu'il quitta la prairie de Nesle.

Caroline. Nous connoissons assez la différence qu'il y a entre les ballons *à la Montgolfier*, et les ballons *à air inflammable*, pour vous demander à laquelle des deux espèces il faut donner la préférence. Je me déclare pour les ballons *à air inflammable*.

Théodore. Et moi pour les ballons *à la Montgolfier*. Il n'en sera pas de cette dispute, comme

de celle que nous eûmes sur le vinaigre considéré comme anti-méphitique ; je suis comme
assuré de remporter la victoire. J'ai médité sur
la nature de l'air inflammable ; il a été le sujet
de la quatrième leçon de ce volume.

Le Maître. Dites chacun vos raisons ; je porterai ensuite mon jugement définitif. Commencez , Caroline. Pourquoi vous déclarez - vous
contre les ballons *à la Montgolfier* ?

Caroline. Ils sont sujets à de grands inconvéniens. Le *gaz* dont ils sont remplis , n'étant qu'environ une fois plus léger que l'air que nous respirons aux environs de la terre, il faut que leur
capacité soit immense , pour enlever un char ,
de voyageurs , et les approvisionnemens nécessaires pour le voyage.

Il faut encore un feu permanent et très-violent.
Un coup de vent peut renverser la machine , et le
feu tombant dans l'intérieur du globe , que deviendront nos Argonautes aériens ? Je frémis toutes
les fois que je me rappelle de l'histoire que vous
nous avez faite du ballon de Lyon. Votre papa
eut bien raison de vous faire promettre par serment de ne vous jamais élancer dans les airs sur
une pareille machine.

Théodore. Il me fit renouveler mon serment ,
lorsqu'il apprit qu'on construisoit des ballons *à air
inflammable.*

L'inconvénient d'un feu permanent devroit ,
j'en conviens , nous faire abandonner les ballons
à la Montgolfier. Mais M. de *Milly* de l'Académie
Royale des Sciences de Paris , y a obvié d'une manière fort ingénieuse. Il voudroit qu'on ne se se-
vît du feu de paille , que pour gonfler le ballon , ,
et qu'on substituât à ce feu, une fois éteint , des

lampions à mêches nombreuses et très-grosses. On alimenteroit ces lampions avec l'esprit de vin , et non avec de l'huile qui cause toujours beaucoup de fumée. Par ce moyen les voyageurs aériens seroient maîtres de monter et de descendre à volonté , en allumant ou en éteignant plus ou moins de mêches.

Le Maître. MM. *de Montgolfier* ont approuvé cette correction. M. *de Montgolfier l'aîné* m'a assuré que , dans une expérience qu'il fit à Lyon , il employa des cornets de papier huilé qui soutinrent un ballon tendu à la manière ordinaire. Ce ballon fut perdu de vue au bout de 22 minutes. Sa capacité étoit de trois cens pieds cubes. Il n'employa pour cette expérience qu'une livre de papier et une livre d'huile.

Caroline. Il faudra toujours faire des ballons immenses , pour enlever un char et des voyageurs.

Théodore. c'est-là un inconvénient , j'en conviens ; mais qu'il est petit , si on le compare à ceux qui sont inséparables des ballons *à air inflammable.*

Caroline. Quels sont ces inconvéniens ? Je n'en vois aucun.

Théodore. Vous n'avez pas donc médité sur l'expérience du fusil électrique , consignée dans la leçon sur l'air inflammable.

Caroline. Quelle connexion y a-t-il entre cette terrible expérience et les ballons *à air inflammable ?*

Théodore. La connexion la plus nécessaire. Si par quelqu'un de ces accidens qui n'arrivent que trop souvent, les ressorts de la soupape qu'on ouvrira, lorsqu'on voudra descendre , viennent à se déranger , et que l'air atmosphérique entre dans l'intérieur du globe, que deviendront nos voyageurs Aériens , s'ils se trouvent dans un air

électrique, si commun dans l'atmosphère terrestre ? Une simple bluette s'insinuant par les pores
de la machine, mettra le feu au fluide dont elle
est remplie, et le globe éclatera en des millions
de pièces.

Caroline. Vous attaquez les ballons *à air inflammable* par des accidens qui ne sont jamais
arrivés et qui peut être n'arriveront jamais. Tout
cela est extrinsèque à ces ballons. Ce n'est pas
ainsi que j'ai attaqué les ballons *à la Montgolfier.*

Théodore. Vous voulez, Caroline, une attaque directe ; vous aurez lieu d'être satisfaite.
Répondez aux questions suivantes. Votre ballon
ne perd-t-il rien par ses pores de l'air inflammable
qu'il renferme ?

Caroline. J'avoue qu'il en perd, chaque jour,
une quantité assez considérable. Ce fluide est
trop délié, pour qu'une pareille déperdition n'ait
pas lieu.

Théodore. Par cette déperdition continuelle,
ne se forme-t-il pas autour du ballon une enveloppe d'air inflammable ? Je ne veux la supposer
que d'une ligne, d'une demi-ligne d'épaisseur.

Caroline. On ne peut pas le révoquer en
doute.

Théodore. Cela supposé, voici comment je
raisonne. L'air inflammable qui sert d'enveloppe
à votre ballon, se mêlera nécessairement avec
l'air atmosphérique. Que deviendront nos voyageurs Aériens, s'ils passent à portée de l'éclair
qui sort de la nue, ou s'ils se trouvent dans un
air électrique ? Cette idée m'effraye ; je vois l'enveloppe du ballon enflammée, le ballon consumé
par les flammes, et le char se précipiter avec la
vitesse accélérée que communique la pesanteur à

tout corps qui, abandonné à lui-même, tombe librement sur la terre.

Caroline. Vous me faites frémir ; j'abandonne ces sortes de ballons à leur malheureux sort. Mais ne pourroit-on pas substituer à l'air inflammable quelqu'autre fluide aussi léger que lui, lequel combiné avec l'air atmosphérique, ne fût pas sujet à détonner ?

Le Maître. M. de Milly voudroit qu'on substituât à l'air inflammable l'alkali volatil ou l'air alkalin dont je vous ai parlé dans la sixième leçon de ce volume. Cette correction ne me paroît pas aussi heureuse que celle qu'il a faite aux ballons *à la Montgolfier* L'alkali volatil se condense très-facilement ; il faut plusieurs mêches allumées, pour le tenir continuellement en vapeurs. Il se fait par les pores de la machine une déperdition très-considérable de ce *gaz* qui se vend beaucoup plus cher que l'air inflammable. Enfin ce *gaz* a un principe et un commencement d'inflammabilité ; il seroit donc dangereux d'en faire comme l'ame des ballons aérostatiques. *Incidit in scyllam, cupiens vitare charybdim* ; voilà ce qu'on pourroit dire de la substitution de l'alkali volatil à l'air inflammable.

Caroline. Vous conviendrez du moins, Théodore, que les ballons de pur agrément qu'on lance dans les airs et qu'on appelle *ballons perdus*, doivent être à air inflammable.

Théodore. J'en conviens sans peine. Les seuls *ballons perdus* qu'on puisse lancer sans aucun inconvénient, sont ceux qui sont faits à la façon de MM. *Charles et Robert*. Cette recréation physique vous coûtera cher, mais elle ne causera aucune alarme.

Les *ballons perdus*, échauffés par des lampions, sont aussi dangereux dans leur chûte que les ballons *à la Montgolfier*. Dans toute ville policée on en interdira l'usage, fussent-ils lancés par des personnes assez riches, pour payer les dommages qu'ils auroient pu causer. Ils n'est jamais permis, sous prétexte de dédommagement, d'exposer des maisons, des quartiers, une récolte de bled à être consumés par les flammes.

Caroline. Vous pouvez maintenant porter votre jugement définitif. Je prévois que je ne puis gagner qu'un simple incident ; j'ai perdu mon procès pour le fond.

Le Maître. Si j'étois législateur, j'interdirois, sous les peines les plus grièves, tout *ballon à char.* Je me contente donc de déclarer *téméraire* quiconque s'expose sur une pareille machine. La témérité cependant est moins grande dans ceux qui préfèrent les *ballons à la Montgolfier*, perfectionnés par M. de *Milly*, aux ballons à *air inflammable*, inventés par MM. *Charles* et *Robert* ; les seuls *ballons perdus, à air inflammable*, doivent être permis.

Caroline. Nous adhérons, l'un et l'autre, au jugement que vous venez de prononcer. Reprenons l'algèbre ; nous en sommes à la *division* ; donnez-nous en les règles.

Le Maître. Dans tout *dividende* et dans tout *diviseur*, je remarque quatre choses, le *signe*, le *coefficient*, la *lettre* et *l'exposant.* Jetez les-yeux sur l'exemple suivant.

$$\begin{array}{ll} \textit{Dividende.} & +\ 12\ a^4\ b^6\ c \\ \hline \textit{Diviseur.} & +\ 3\ a^3\ b^4\ d \end{array}$$

Vous mettrez le *dividende* et le *diviseur* en

forme de fraction, comme ci-dessus, et vous opérerez sur les *signes*, sur les *coefficients*, sur les *lettres* et sur les *exposans*, en gardant les règles que je vais vous donner.

1°. Suivez pour les *signes* la règle de la multiplication, c'est-à-dire, que la *division* des mêmes *signes* donne $+$, et la *division* de différens *signes* donne $-$ au *quotient*. Consultez la table suivante.

TABLE.

De la division des signes.

$+$ divisé par $+$ donne $+$
$-$ divisé par $-$ donne $+$
$+$ divisé par $-$ donne $-$
$-$ divisé par $+$ donne $-$

2°. Les *coefficiens* se divisent l'un par l'autre, comme dans l'arithmétique.

3°. L'on efface les lettres qui sont communes au *dividende* et au *diviseur*.

4°. Lorsque la même lettre se trouve dans le *dividende* et dans le *diviseur* avec des *exposans* différens, l'on efface *l'exposant* le plus petit avec sa lettre correspondante, et l'on met leur différence à la place de *l'exposant* le plus grand. Reprenons l'exemple supérieur et appliquons-lui ces différentes règles.

Premier exemple.

Dividende. $+\ 12\ a^4\ b_6\ c$

Diviseur. $+\ 3\ a_1\ b^4\ d$

Quotient.

$4\ a\ b^2\ c$

$+\ \dfrac{4\ a\ b^2\ c}{d}$

Explication. $+$ divisé par $+$ donne $+$. Aussi le *quotient* est-il affecté du signe $+$.

Le *coefficient* 3 est 4 fois dans le *coefficient* 12 ; j'ai effacé 3 dans le *diviseur*, et j'ai mis 4 dans la partie supérieure du *quotient*.

J'ai a^4 dans le *dividende* et a^3 dans le *diviseur*. La différence qu'il y a entre *l'exposant* 4 et *l'ex-posant* 3 est 1, j'ai effacé a^3 dans le *diviseur*, et j'ai mis $a^1 = a$ dans la partie supérieure du *quotient*. Par la même raison, j'ai effacé b^4 dans le *diviseur*, et j'ai mis b^2 dans la partie supérieure du *quotient*.

Il m'est resté dans le *dividende* la *lettre* c et dans le *diviseur* la *lettre* d ; j'ai mis la première dans la partie supérieure et la seconde dans la partie inférieure du *quotient*. Divisez, mainte-nant, Théodore, $-9\ a\,b\,c^4$ par $-3\ a\,c^2\ m$.

Théodore. Je vais suivre votre méthode.

Second exemple.

Dividende.   — 9 a bc⁴

Diviseur.   — 3 a c² m

Quotient.

$$+ \frac{3\ b\ c^2}{m}$$

Explication. — divisé par — donne + ; j'ai affecté le *quotient* du signe +.

Le *coefficient* 3 est 3 fois dans le *coefficient* 9 ; j'ai effacé 3 dans le *diviseur* et j'ai mis 3 dans la partie supérieure du *quotient*.

Le *dividende* et le *diviseur* ont commune la lettre a ; je l'efface dans l'un et dans l'autre.

La *lettre* b dans le *dividende* n'a rien de commun avec les *lettres* qui forment le diviseur ; je la transporte dans la partie supérieure du quotient. Par la même raison je transporte la *lettre* m dans sa partie inférieure.

J'ai c⁴ dans le *dividende* et c² dans le *diviseur*. La différence qu'il y a entre *l'exposant* 4 et *l'exposant* 2 est 2. J'efface c² dans le *diviseur*, et je transporte c² dans la partie supérieure du *quotient*. Ai-je bien opéré ?

Le Maître. A merveille. Je vous ferai remarquer que si les *coefficiens* ne pouvoient pas se diviser exactement l'un par l'autre, vous ne feriez aucune *division.*

Je vous ferai encore remarquer que si le *coefficient* du *diviseur* est plus grand que celui du *dividende*, vous diviserez le plus grand par le plus petit, et vous mettrez le résultat de la *division* dans la partie inférieure du *quotient.* Divisez, *Caroline*, $+ 8\,b^4\,m$ par $- 3\,b^2\,n.$

Caroline. Je vais opérer.

Troisième exemple.

Dividende.	$+ 8\,b_4\,m$
Diviseur.	$- 3\,b^2\,n$
	Quotient.
	$8\,b^2\,m$
	$3\,n$

Explication. Le quotient est affecté du signe $-$, parce que $+$, divisé par $-$ donne $-$.

Les *coefficiens* ne prêtant à aucune *division* exacte, je mets 8 dans la partie supérieure, et 3 dans la partie inférieure du *quotient.*

J'efface b_2 dans le *diviseur* et je mets b^2 dans la

partie supérieure du *quotient*, parce que 2 est la différence entre *l'exposant* 4 et *l'exposant* 2.

Les *lettres* m et n n'ayant rien de commun, je mets la première dans la partie supérieure et la seconde dans la partie inférieure du *quotient*.

Le Maître. Si l'on vous avoit dit de diviser $+ 12\, a_3\, b_2$ par $- 24\, a^5$; vous auriez divisé le *coefficient* du *diviseur* par le *coefficient* du *dividende*, et vous auriez eu le *quotient* suivant.

$$- \frac{b_2}{2\, a^2}$$

Il est encore une chose que je dois vous faire remarquer. Si l'on vous disoit de diviser $- a^4$ par $- a^6$, vous auriez pour quotient.

$$+ \frac{1}{a_2}$$

En voici la raison : a^4 qui forme le *dividende* est absorbé par a^6 qui forme le diviseur. Ne pouvant mettre aucune *lettre* dans la partie supérieure du *quotient*, je mets 1. Lorsque vous serez au fait des fractions numériques et algébriques, vous connoîtrez facilement la valeur de ce *quotient*.

X. LEÇON.

X. LEÇON. (*)

De la navigation aérienne.

LE Maître. Qui se seroit jamais imaginé que l'expérience d'Annonai eût des suites aussi étonnantes, je dirois presque aussi incompréhensibles ? MM. *de Montgolfier* ne prétendoient d'abord que lancer dans l'atmosphère ce que nous avons appelé un *ballon perdu.* Bientôt après on enlève dans les ballons aérostatiques des animaux, ensuite des hommes, et l'on tente enfin de voyager dans les airs sur les *Aérostats*, à peu près comme nous voyageons sur les rivières et sur la mer dans les barques et dans les vaisseaux. L'on a écrit *pour* et *contre* cette tentative; vous êtes au fait des différens voyages aériens entrepris depuis l'invention des ballons aérostatiques jusques sur la fin de l'année 1786; car, depuis lors, on ne parle presque plus de cette découverte, qui cependant immortalisera, et ses Auteurs et le siècle où nous vivons. Que pensez-vous de la navigation aérienne ?

Théodore. Quoique je ne doive jamais m'y exposer, je ne me déclarerai jamais contre la navigation aérienne.

Caroline. Je pense différemment de vous, Théodore; je voudrois qu'elle fût proscrite sous les peines les plus grièves.

(*) C'est la trente-sixième leçon du *Cours de Physique à la portée de tout le monde.*

Le Maître. Apportez chacun vos raisons ; je vous ferai ensuite part de ma manière de penser. Commencez, Théodore.

Théodore. J'ai lu la relation la plus exacte des voyages aériens de M. *Blanchard.* Il en a fait dix-sept depuis le mois de juillet 1784, jusqu'au mois d'avril 1786. Son premier voyage fit espérer qu'on parviendroit facilement à diriger les *Aérostats* dans les plaines aériennes à peu près comme on dirige les vaisseaux sur la mer. Le 18 juillet 1784, il partit des Casernes de Rouen, avec M. *Boby*, à cinq heures 15 minutes du soir, sur un ballon à air inflammable et à rames, ayant à peu près 210 livres de lest. Non seulement il monta et descendit à volonté, mais encore il lutta contre un courant qui l'eût dérobé sur le champ à la vue des Spectateurs enchantés de ses manœuvres. A cinq heures 32 minutes, il trouva un calme, et il en profita pour planer pendant quatre minutes dans les airs, y promener, çà et là, ses regards sur la vaste étendue de l'univers, et contempler la beauté de ces nuages, roulant les uns sur les autres, comme les flots d'une mer orageuse. Après avoir traversé ces nuages, il tourna au nord et ensuite au nord-est, pour s'échapper au vent dont il étoit furieusement contrarié. Invité par son compagnon de voyage d'aller à Neuf-chatel, petite ville de Normandie, à 9 lieues de Rouen, il y arriva à 6 heures 15 minutes ; c'est-à-dire, que dans une heure, il parcourut 9 lieues. Il se releva, et après avoir parcouru presqu'autant de chemin dans le même espace de temps, il résolut de prendre terre. Il ouvrit la soupape et il descendit, à 7 heures 30 minutes, dans la plaine de Puissanval, à quinze lieues de Rouen, deux heures et un quart après son départ de cette Ville.

Le Maître. Vous avez omis une circonstance bien essentielle.

Théodore. Quelle est cette circonstance?

Le Maître. M. Blanchard assure que dans la plus grande vivacité de sa course dans son vaisseau aérien, une chandelle allumée ne se seroit point éteinte.

Théodore. Il n'en a pas fait l'expérience. S'il l'eût faite, je n'aurois pas manqué de la rapporter. Mais enfin supposons le fait vrai; quelle conséquence en tirez-vous?

Le Maître. Une conséquence bien intéressante. Il seroit inutile, dans la navigation aérienne, d'adapter des voiles à un ballon aérostatique; elle ne s'enfleroient jamais.

Théodore. Caroline, vous avez écouté ma narration avec un air de mauvaise humeur. Que direz-vous contre ce voyage aérien?

Caroline. Je dirai que M. *Blanchard* a été plus heureux que sage.

Théodore. Ce prétendu téméraire a cependant éclipsé la gloire de tous les Aéronautes par la hardiesse de l'entreprise que je vais vous mettre sous les yeux. Accompagné du Docteur *Jefferies*, M. *Blanchard* partit de Douvres sur un ballon aérostatique à *air inflammable*, pour se rendre à Calais, le 7 janvier 1785, à une heure après midi. A 2 heures, son ballon fut vers le milieu du détroit où il resta stationnaire à la hauteur d'environ 4500 pieds au-dessus du niveau de la mer. Il continua ensuite sa course vers la côte de France, tantôt en s'élevant davantage, tantôt en se baissant. A 3 heures, les Aéronautes eurent traversé la mer, et se virent au-dessus de nos côtes, entre Calais et Boulogne, ayant laissé Calais à une lieue sur la gauche. A 3 heures et 3 quarts, ils prirent terre, à deux lieues et demie du rivage, au-delà de la forêt de Guines, vers la pointe d'Ardes. Ce qui empêcha les voyageurs de descendre, d'abord après le passage de la mer, c'est que le vent repartoit le ballon vers l'océan et que le terrain étoit couvert de marais, qu'il falloit nécessairement franchir, pour que le ballon descendît et touchât terre, sans aucune espèce de danger.

Caroline. Ce voyage aérien ne prouve rien ou presque rien en faveur de la navigation aérienne. Quel est le but de la navigation considérée en général ? C'est d'aboutir directement à tel ou tel point. Quel étoit le but de M. Blanchard ? C'étoit de traverser le Détroit et de se rendre à Calais. La pointe d'Ardes est assez éloignée de cette Ville, pour assurer qu'il manqua son coup.

Pour rehausser la gloire de M. *Blanchard*, je vais vous transporter à Francfort. Le 27 septembre 1785, il s'embarqua sur un ballon à *air inflammable* avec le Prince *Louis de Hesse d'Armstadt* et M. *Schweitzer*, Officier au Régiment de Schomberg, Dragons. A peine furent-ils entrés dans la Nacelle, que le vent déchira le ballon de haut en bas. Si cet heureux accident fût arrivé quelques minutes plus tard, l'Allemagne eût été dans la plus grande consternation. M. *Blanchard* fut si sensible à ce revers, qu'il se trouva mal et perdit connoissance.

Théodore. Il repara bientôt dans cette ville le mauvais succès de cette expérience. Le 6 octobre

suivant, il s'éleva seul dans le ballon avec lequel
il avoit franchi le pas de Calais. Dans 48 minutes, il parcourut environ sept lieues dans les airs.
De retour à Francfort, il descendit paisiblement.
Lorsqu'il entra dans le carosse qui devoit le conduire au spectacle, les admirateurs de l'art aérostatique détélèrent les chevaux, se mirent à leur
place et le traînèrent en triomphe, jusqu'à la
porte de la salle où l'on devoit couronner son
buste.

Caroline. Quels honneurs auroient donc rendus les habitans de Francfort à un Général d'armée qui auroit sauvé l'Etat par la victoire la
plus signalée! Que de réflexions ne se présentent pas à mon esprit, à l'occasion de ce triomphe burlesque! Je ne veux pas vous les communiquer. Avez-vous encore quelque haut-fait
à apporter en faveur de la navigation aérienne?

Théodore. J'en aurois plus de cent. Mais si les
deux que je viens de vous rapporter ne font
aucune impression sur votre esprit, les autres en
feroient encore moins.

Caroline. Votre procès est perdu; vous avez
été l'avocat d'une mauvaise cause. Ecoutez-moi,
et tremblez.

Ceux qui ont prédit que quelque Aéronaute
auroit tôt ou tard le sort du fameux *Icare*, auront bien lieu de triompher. M. *Crosbie*, gentil-
homme Irlandois, construisit à Dublin un ballon
à char. Il le lesta, et il s'embarqua le 15 mai
1785, pour aller naviguer dans les airs. A peine
l'aérostat fut-il élevé à la hauteur des toits, qu'il
retomba. M. *Crosbie* plus mort que vif, se garda
bien de remonter sur son char.

Un jeune Officier nommé *Guire* prit sa place.

Il débarrassa le ballon de tout son lest ; aussi fut-il bientôt enlevé à une hauteur prodigieuse. Un courant du sud-ouest le poussa sur la mer et le dirigea vers l'Angleterre. A peine se trouva-t-il entre la terre et l'eau, qu'il s'aperçut que son ballon descendoit avec la plus grande vîtesse. Il entrevit par bonheur une barque de pêcheur. Il se jetta à la mer ; il atteignit la barque en nageant ; et ce fut par ce moyen qu'il sauva ses jours.

Théodore. Que prouve ce que vous venez de raconter contre la navigation aérienne ? Rien, moins que rien. M. *Crosbie* lesta trop son ballon et M. *Guire* le délesta trop.

Caroline. Mais, si M. *Guire* délesta trop son ballon, pourquoi ce ballon, dont la soupape ne fut pas ouverte, descendit-il avec la plus grande vîtesse ?

Théodore. C'est qu'il se servit d'un ballon à *air inflammable* dont nous connoissons l'expansibilité. Je n'ai jamais été l'Avocat de la navigation aérienne sur de pareils ballons. Je les ai attaqués dans la leçon précédente. Vous avez adhéré au jugement qui a été porté contre eux. Je ne me déclare que pour la navigation aérienne sur des ballons à la *Montgolfier*, corrigés par M. de *Milly*. Eh bien ! Caroline, ai-je perdu mon procès ? Continuez l'histoire de M. *Crosbie* ; vous n'en êtes qu'au commencement ; elle est très-intéressante.

Caroline. M. Crosbie craignant qu'on ne l'accusât de timidité, donna, deux mois après à Dublin, le spectacle toujours nouveau d'un voyage aérien sur un ballon à *air inflammable*, auquel étoit appendue une gondole très-légère. Trop au fait des dangers que l'on court sur cette machine, il garnit sa gondole de vessies remplies d'air, pour la rendre insubmergible.

Cette précaution étoit nécessaire à un homme qui avoit formé le projet de traverser le canal qui sépare l'Irlande de l'Angleterre. Il s'étoit muni de 150 livres de lest. Il s'éleva d'abord considérablement et il fut porté sur mer. Dans la crainte où il étoit de descendre, il se défit d'une partie de son lest. Il s'éleva par ce moyen dans une région si froide, que le mercure retomba dans la boule de son thermomètre, et que l'encre de son écritoire se congéla. Résolu de descendre, il tira le cordon de sa soupape; il lui fut impossible de la refermer; tout l'air inflammable sortit du ballon. M. *Crosbie* eut beau jeter tout le lest qui lui restoit, il ne put rallentir sa chûte, et il tomba dans la mer. Sa gondole se remplit d'eau; mais elle ne fut pas submergée, parce qu'elle étoit garnie d'un grand nombre de vessies remplies d'air Ce ne fut qu'une heure après sa chûte que notre Aéronaute fut sécouru par un petit navire qui le mit sur son bord.

Théodore. Apparemment, Caroline, vous ne regarderez pas ce fait comme une preuve contre la navigation aérienne. Ou M. Crosbie perdit la tête, ou il se servit d'un mauvais ouvrier pour faire adapter une soupape à son ballon ; peut-être même ses mains étoient-elles trop engourdies par le froid, pour faire jouer à propos le cordon attaché à la soupape. Tout cela, vous le voyez, est extrinsèque à la navigation aérienne.

Caroline. On tarda sans doute à recevoir en Angleterre la nouvelle de l'accident arrivé à M. Crosbie. Le Major *Money* n'auroit pas entrepris, quatre jours après, un pareil voyage à Norwik. Le 23 juillet 1785, à quatre heures après midi, il s'éleva dans les airs. Le vent le porta bientôt sur la mer où il tomba, après avoir erré, pendant deux heures, au gré des différens vents qui souffloient. Son ballon déchiré n'avoit plus que l'apparence d'un parasol. Epuisé de force et prêt a être englouti, il fut recueilli, à onze heures et demie du soir, par le cutter *l'Argus*. Il respiroit à peine. Des restaurans donnés à propos, et un sommeil assez tranquille dans un bon lit, le rendirent à la vie.

Vous me direz, sans doute, Théodore, que le Major *Money* eut l'imprudence de monter sur un ballon à *air inflammable*. Mais eût-il été plus en sûreté sur un ballon *à la Montgolfier*, corrigé par M. de *Milly*. Les différents vents qui souffloient, n'auroient-ils pas éteint toutes les mêches? Et les mêches éteintes, que seroit devenu notre Aéronaute?

Théodore. Cet argument est victorieux; je n'y vois point de réponse; je commence à être ébranlé. Continuez, Caroline, vos histoires tragiques.

Caroline. Le 20 décembre 1785, un Italien appelé *Lunardy*, s'éleva d'Edimbourg sur un ballon aérostatique à *air inflammable*, et il prit sa direction vers la mer. Par bonheur il avoit eu la précaution de se placer dans une gondole entourée et garnie de vessies de cochon remplies d'air, et de se munir d'un *scaphandre*, espèce de corcet fait de liège piqué et recouvert de toile. Quelque temps après, on le vit à l'aide d'un télescope, tomber dans la mer dans les environs de Gullennets. L'Aéronaute s'enfonça dans l'eau jusqu'à la ceinture. Quelques bateaux coururent à son secours, et ils l'atteignirent trois quarts d'heure après sa chûte.

Un pareil accident étoit arrivé, dans la province de *Suffolk*, en Angleterre, le 11 octobre 1785, au Docteur *Routh*, à M. *Davy*, et à Madame *Hyne*. Ils s'élevèrent de la petite ville de Bécles. A peine furent-ils dans les airs, que le vent changea. Ils furent portés vers la mer; ils y furent précipités, et ils y auroient péri, sans un bâtiment Hollandois qui se trouva à portée de les secourir.

Théodore. Vous n'oublierez pas sans doute la mort tragique de M. *Pilatre de Rozier*; on la lui avoit prédite à Lyon. Cette mort arriva le 15 juin 1785.

Caroline. Ce jour-là, en effet, M. *Pilatre de Rozier*, accompagné de M. *Romain*, tenta de traverser la manche à Boulogne sur un double ballon, c'est-à-dire, sur un ballon *à réchaud* surmonté d'un aérostat à *air inflammable*. A peine furent-ils à la hauteur d'environ mille toises, qu'on aperçut à la lunette une fumée assez épaisse, et les deux Aéronautes occupés l'un au travail du réchaud, l'autre à celui de la soupape. Tout le monde fut effrayé. L'effroi fut à son comble, lorsqu'on vit le double ballon descendre avec précipitation, après une explosion assez forte, pour être entendue de la plupart des Spectateurs. La nacelle se précipita, et l'on y trouva les deux victimes dans l'état le plus affreux. M. *Romain*, respirant encore, survécut quelques minutes; mais M. *Pilatre* étoit mort, et son corps fracassé offroit une seule plaie. Il ne s'écoula que vingt minutes entre le départ et la chûte des téméraires Aéronautes.

Le Maître. On a beaucoup raisonné sur la

cause de ce funeste accident. Pour moi je pense qu'il étoit inévitable. L'air inflammable contenu dans l'aérostat, naturellement expansible, fut prodigieusement dilaté par la chaleur qui régnoit dans la *Montgolfiere*. La dilatation de ce *gaz* produisit nécessairement une forte explosion. L'enveloppe de l'aérostat tomba sur la *Montgolfiere*, et ce surcroît de poids occasionna sa chûte. On m'assura en son temps que MM. *de Montgolfier* écrivirent à M. *Pilatre de Rozier* de bien se garder de faire construire une machine composée de ces deux espèces d'aérostats. Il ne fit aucun cas de l'avis donné par ces deux illustres Physiciens.

Théodore. Je vois bien que les faits déposent contre la navigation aérienne; je regarde mon procès comme perdu.

Le Maître. Les faits, j'en conviens, déposent contre la navigation aérienne, telle qu'elle a été en usage jusques à aujourd'hui; mais présentez une navigation aérienne exécutée avec prudence, soutenez-la par de bonnes raisons, et ne livrez le champ de bataille, que lorsque Caroline en aura apporté de meilleures.

Théodore. Je suivrai votre conseil. Je méditerai ce soir sur cette matière, et demain le combat recommencera avec plus de vigueur que jamais.

Le Maitre. Eh bien! Théodore, êtes-vous en état de combattre?

Théodore. Plus que jamais. J'espère même remporter la victoire.

Caroline. Vous n'aurez pas en moi une Adversaire bien terrible. Je ne veux pas, comme Dom-Quichote, combattre contre des moulins à vent.

Quoi qu'il en soit, faites-nous part de vos nouvelles idées sur la navigation aérienne.

Théodore. Je la compare d'abord avec la navigation maritime; et la première réflexion qui se présente à mon esprit, est celle-ci. La navigation maritime est très-ancienne; ses progrès ont été lents; les naufrages, aujourd'hui même si fréquens sur les côtes et trop communs en pleine mer, nous prouvent combien cet art a besoin d'être perfectionné. Peut-on raisonnablement exiger que la navigation aérienne ait atteint, à son début, à une perfection dont la navigation maritime est encore si éloignée?

Caroline. Votre réflexion est juste. Il faut donc nous présenter les moyens de perfectionner la navigation aérienne.

Théodore. Je voudrois qu'on suivît pas à pas l'exemple des hommes qui, les premiers, se sont hazardés de naviguer sur la mer. Ils ne s'éloignoient de la terre que le moins qu'ils pouvoient; ils n'entreprenoient pas de longs voyages, et ils ne partoient qu'avec un vent favorable. Le vent venoit-il à changer pendant le cours de la navigation, ou le temps devenoit-il orageux, ils relachoient, et ils ne se rembarquoient, que quand le beau temps et un bon vent y engageoient?

Avec de pareilles précautions, on courroit peu de dangers dans la navigation aérienne; on s'appliqueroit chaque jour à étudier l'élément dans lequel on navigueroit, les périls auxquels il expose et les ressources qu'il peut offrir, et on se hazarderoit peu à peu davantage.

Caroline. Ces précautions sont sages; mais elles renvoyent le jugement définitif que nous attendons, à trois ou quatre mille ans. J'en veux

cependant un ; et pour l'obtenir promptement ;
je veux bien supposer la navigation aérienne
dans l'état de perfection où se trouve aujourd'hui
la navigation maritime. Je veux encore supposer les ballons aérostatiques assez perfectionnés,
pour que les hommes y soient aussi en sûreté,
que dans nos meilleurs vaisseaux de guerre :
croyez-vous qu'on s'en serve jamais pour transporter des marchandises d'un lieu à un autre ?
Détrompez-vous ; les transports par terre et par
eau auront toujours la préférence sur les transports par le moyen des machines aérostatiques
dans l'usage ordinaire de la vie, par la raison
que la voie de la terre sera toujours en général
la plus sûre, et que l'eau étant, à cause de sa
pesanteur, capable de soutenir de grands poids,
sans le secours d'aucune machine, les transports,
par son moyen, seront moins coûteux et moins
embarrassans.

Théodore. L'on pourra du moins, lorsque la
navigation aérienne sera perfectionnée, donner
par des couriers aériens, des nouvelles intéressantes, beaucoup plus promptement, qu'on ne
le fait par des couriers terrestres.

Caroline. Les souverains seuls pourroient employer ce moyen dispendieux, en supposant
qu'ils commandent aux vents et aux tempêtes,
à peu près comme ils commandent à leurs sujets.
Car vous comprenez qu'on ne peut faire de
pareilles courses dans l'atmosphère, qu'avec un
vent favorable.

Théodore. Je conviens qu'avec un vent contraire, la navigation aérienne est impossible ; mais
l'est-elle dans un temps calme ?

Caroline. Elle me paroît très-difficile. Il faudroit employer de grandes forces pour vaincre la résistance de l'air qu'il faut diviser et déplacer.

Le Maître. Caroline a raison. M. *de Montgolfier* l'aîné a avoué dans un Mémoire que je lui ai entendu lire à l'Académie Royale de Nismes, que pour entretenir, en temps calme, la vîtesse d'un globe de dix pieds de diamètre, à raison de trente pieds par seconde, il faut consommer la force constante que peuvent fournir neuf à dix hommes robustes, aidés d'excellentes rames.

Caroline. M. *de Montgolfier* parla-t-il, dans son Mémoire, de la force qu'il faudroit consommer, pour faire aller en avant un ballon aérostatique, lorsque le vent est contraire ?

Le Maître. Non, sans doute ; il est trop bon Physicien pour tenter un pareil calcul. Il sait qu'il est tel vent qui feroit parcourir en sens contraire au ballon quatre vingt-dix pieds pas seconde, ce qui répond à dix-huit lieues par heure. Quelle force pourroit vaincre la violence d'un vent aussi impétueux ? Et ces sortes de vents ne sont pas aussi rares que vous pourriez vous l'imaginer ; il en est même de plus forts. Avez-vous encore quelque chose à dire en faveur de la navigation aérienne ?

Théodore. Non, vous pouvez porter votre jugement.

Le Maître. Comme mon jugement sera la solution d'un des plus intéressans et des plus difficiles problèmes que l'on puisse proposer en Physique, il sera la matière de la leçon suivante.

Théodore. Vous nous apprendrez donc maintenant à diviser une grandeur algébrique composée par une grandeur algébrique composée.

Nous savons qu'on donne ce nom à toute grandeur affectée de plusieurs signes de la même ou de différente espèce.

Le Maître. C'est la plus facile de toutes les opérations algébriques, parce que je ne vous apprends de l'algèbre que les opérations absolument nécessaires pour pénétrer facilement dans les secrets de la Physique la plus sublime. Voici comment vous vous comporterez, lorsqu'il faudra diviser une grandeur algébrique composée par une grandeur algébrique composée.

1°. Vous séparerez par une ligne horizontale, en forme de fraction, le *dividende* d'avec le *diviseur*. Celui-ci occupera la partie inférieure et celui-là la partie supérieure.

2°. Vous examinerez quelle est la valeur numérique de chaque *lettre*, et vous changerez leur expression algébrique en expression numérique.

3°. Vous diviserez ces grandeurs numériques, comme dans l'arithmétique ordinaire. Supposons qu'on vous donne à diviser $3aa - 3bb$ par $2a - 2b$. Supposons encore $a = 4$ et $b = 2$ livres. Voici comment vous opérerez. Vous comprenez sans peine que ce sont-là des valeurs purement arbitraires. La lettre a que j'ai supposé valoir 4, et la lettre b 2, auroient pu représenter un nombre quelconque.

Premier exemple.

Dividende. $3aa - 3bb$

Diviseur. $2a - 2b$

$3aa = 3a \times a = 3 \times 16 = 48.$
$3bb = 3b \times b = 3 \times 4 = 12.$
$2a = 8$ et $2b = 4.$ J'ai donc en nombres

Dividende. $\dfrac{48 - 12}{8 - 4} = \dfrac{36}{4}$

Diviseur.

Mais 36 divisé par 4 aura pour quotient 9 : donc $3aa - 3bb$ divisé par $2a - 2b$, aura pour valeur numérique 9 livres.

Caroline. Proposez-moi une semblable opération ; j'aime beaucoup à changer les valeurs algébriques en valeurs numériques.

Le Maître. Divisez $6ab - 3c$ par $2ab - c$, en supposant $a = 2$; $b = 3$; $c = 4$ livres.

Caroline. Cette opération me paroît bien facile.

Second exemple.

Dividende.   6 a b — 3 c = 36 — 12 = 24

Diviseur.   2 a b — c = 12 — 4 = 8

Quotient.

3 livres.

Preuve. a b = a × b = 2 × 3 = 6 : donc 6 a b = 6 × 6 = 36.

3 c = 3 × 4 = 12 : donc 6 a b — 3 c = 36 — 12 = 24.

2 a × b = 4 × 3 = 12.

c = 4 : donc 2 a b — c = 12 — 4 = 8.

24 divisé par 8 donne pour *quotient* 3, donc la valeur numérique de 6 a b — 3 c divisé par 2 a b — c, est de 3 livres.

Théodore. Il me paroît inutile de faire encore de pareilles opérations ; elles ne présentent aucune espèce de difficulté.

Le Maître. Vous avez raison ; nous interromprons même l'algèbre pendant quelque temps vous en savez les cinq premières règles. Il est absolument nécessaire de reprendre l'arithmétique ; je vous suppose assez de bon sens, pour ne pas oublier le peu que vous savez. Vous l'oublieriez infailliblement, si vous passiez un certain temps, sans vous occuper de cet admirable calcul.

XI. LEÇON.

X I. L e ç o n (*).

Suite de la navigation aérienne.

L E *Maître.* Vous attendez, l'un et l'autre, avec empressement mon jugement définitif sur la navigation aérienne; et pour m'engager à le porter sans délai, vous voulez bien la supposer dans l'état de perfection où se trouve aujourd'hui notre navigation maritime. Je pars donc de cette supposition; elle est absolument nécessaire pour m'engager à peser le *pour* et le *contre.* Notre navigation aérienne, dans l'état actuel où elle se trouve, ne peut avoir pour apologistes que de petits Physiciens, des Physiciens *manqués.* J'ajoute même que la navigation aérienne n'atteindra jamais à la perfection de la navigation maritime, soit que je considère l'atmosphère terrestre en elle-même, soit que je pense aux défauts inséparables des ballons aérostatiques à *la Montgolfier* et de ceux qui sont à *air inflammable.* En 1785, l'Académie de Lyon proposa un prix de douze cens livres pour le Mémoire qui indiqueroit *la manière la plus sûre, la moins dispendieuse et la plus efficace de diriger à volonté les machines aérostatiques.* Cent et un mémoires furent admis au concours; et quoique dans ce nombre il y en eût de très-savans par les calculs et les règles de proportion, l'Aca-

---

(*) C'est la 37e. leçon du cours de Physique à la portée de tout le monde.

démie jugea que l'objet n'étoit pas rempli ; que les aérostats ne pouvoient être dirigés par aucun des moyens indiqués. Non seulement elle n'adjugea pas le prix, mais encore elle abandonna le sujet.

Caroline. N'importe ; nous vous prions de prononcer définitivement sur la navigation aérienne, telle que nous l'avons supposée, à la fin de la leçon précédente. Nous abandonnons à son malheureux sort celle qui a été en usage jusques à aujourd'hui. Vous savez que *désir de fille est un feu qui dévore.*

Le Maître. Je ne puis pas donc vous refuser la grâce que vous me demandez.

Mon jugement sur la navigation aérienne sera consigné dans la solution des deux problèmes suivans.

La navigation aérienne doit-elle être mise dans la classe des problèmes poſſibles, ou dans celle des problèmes impossibles.

Si l'on trouvoit jamais le moyen de diriger les aérostats pour un voyage de long cours, la navigation aérienne devroit-elle être mise dans la classe des problèmes utiles à la société.

Avant que de résoudre ces deux problèmes, je veux vous donner une idée succincte de deux autres non moins fameux, à la solution desquels on a renoncé depuis long-temps. Je vous paroîtrai d'abord m'écarter de mon sujet ; mais soyez tranquilles ; ces écarts ne seront qu'apparens.

Caroline. Quels sont ces deux problèmes ?

Le Maître. Le premier a pour objet la pierre philosophale ; le second le mouvement perpétuel.

Caroline. Nous vous entendrons volontiers discuter ces deux questions de Physique ; j'ai toujours entendu parler avec un souverain mépris des Physiciens qui s'en sont occupés sérieusement. Mais quelle connexion peuvent-elles avoir avec vos deux problèmes sur la navigation aérienne ?

Le Maître. Je prétends vous prouver que chercher à diriger les aérostats dans les airs, à peu près comme on dirige un vaisseau sur la mer, c'est avoir aussi peu de bon sens, que de chercher la pierre philosophale et le mouvement perpétuel ?

Caroline. Qu'est-ce donc que chercher la pierre philosophale ?

Le Maître. Chercher à décomposer les métaux et sur-tout l'argent et l'or, et à les composer de nouveau, c'est chercher la pierre philosophale. Quand il seroit vrai (ce que je ne suis pas éloigné de croire) que l'or fût composé de mercure, d'un sable fin et de quelques sels fixes, l'on n'en seroit guères plus avancé pour cela, et l'on seroit bien loin de la découverte de la pierre philosophale. Il faudroit encore connoître la proportion qui règne entre ces élémens, et il faudroit surtout posséder le secret de les unir aussi exactement que le font, dans, le sein de la terre, les agens naturels : ce qu'on ne trouvera jamais. Il suffit que l'invention de la pierre philosophale soit physiquement impossible, pour faire regarder, comme dignes des petites maisons, ceux qui s'occupent à la chercher.

Théodore. Je me rappelle à cette occasion d'un bon mot du Duc d'Orléans, Régent de France. Au commencement du règne de Louis XV, arriva à Paris un Chimiste Allemand ; il étoit assez mal habillé. Il fit demander une audience particulière au Duc-Régent, en le faisant assurer qu'il avoit à lui communiquer une affaire de la plus grande importance. Mon Prince, *lui dit-il*, je suis aussi sûr d'avoir trouvé la pierre philosophale et le secret de faire de l'or, que je suis sûr de mon existence. Que vous me faites plaisir, *lui répondit le Prince*! l'État a besoin d'argent ; prêtez-lui vingt millions, votre dette sera privilégiée ; je répond sur tous mes biens du capital et des intérêts. Vingt millions, *répartit le Chimiste*, je n'ai pas vingt livres à ma disposition. Eh quoi ! *lui dit le Prince*, vous avez trouvé le secret de faire de l'or, et vous manquez de pain. Retirez-vous, vous êtes un Avanturier.

Si je ne craignois pas de m'écarter du sujet que nous traitons dans cette leçon, j'aurois encore une histoire à vous raconter.

Le Maître. Vous ne vous écarterez pas, pourvu qu'elle couvre de ridicule les Physiciens qui cherchent la pierre philosophale. Je prétends établir l'analogie la plus parfaite entre ces prétendus Physiciens, et ceux qui cherchent à diriger les aérostats, à peu près comme nous dirigeons nos vaisseaux sur la mer. Commencez votre histoire.

Théodore. M. le Duc d'Orléans soupçonnoit que M. Homberg, son premier Medécin, perdoit beaucoup de temps à la recherche de la pierre philosophale. Résolu de le guérir de cette espèce de folie, il l'assura qu'il tenoit d'un excellent Chimiste, qu'on pouvoit retirer de la *matière fécale* une huile blanche et non fétide, un puissant *Extrait* capable de convertir le mercure en argent fin. M. Homberg eut assez de crédulité et de patience, pour travailler pendant long-temps sur une matière d'une odeur si désagréable. Pour ne pas manquer son coup, et pour opérer sur un sujet dont il connut les ingrédiens, il loua quatre porte-faix robustes, jeunes et en bonne santé. Il s'enferma avec eux pendant trois mois dans une maison de campagne qui avoit un grand jardin pour les faire promener ; et pour être assuré de la nourriture qu'ils prenoient, il convint avec eux qu'ils ne mangeroient que du meilleur pain de gonesse, qu'il leur fourniroit frais tous les jours, et qu'il ne boiroient que du meilleur vin de Champagne. Ces porte-faix trouvèrent cet ordinaire de leur goût ; et remplis de reconnoissance, ils firent, pour M. Homberg, de la matière louable autant et plus qu'il n'en voulut. Il la distilla ; il la fit cuire et recuire pendant un an, et il n'en retira qu'une allumette philosophique qui porte le nom de phosphore de M. Homberg.

Le Maître. L'histoire que vous venez de faire est exactement vraie : elle est racontée par M. Homberg lui-même dans les *Mémoires* de l'Académie Royale des Sciences de Paris, *année* 1711. Ne vous en servez pas cependant pour vous former une idée fausse du mérite de M. Homberg ; c'étoit un grand et un très-grand homme ; mais rien n'est parfait dans la nature, et les diamans ont leur défaut.

Caroline. Faites-nous donc connoître ce grand homme ; il me paroît que nous négligeons furieusement la Physique historique ; nous n'avons encore fait dans ce volume l'éloge d'aucun Physicien.

Le Maître. C'est que par bonheur ceux dont j'ai eu occasion de vous parler, sont encore remplis de vie ; et je me suis fait une loi de ne faire l'éloge historique que de ceux que la mort nous a enlevés. Voici donc celui de M. Homberg.

Guillaume Homberg nâquit à Batavia dans l'île de Java, le 8 janvier 1652. Lorsque sa famille eut quitté les Indes, pour se fixer à Amsterdam, M. Homberg résolut de visiter les savans de l'Europe, dans le dessein de se perfectionner dans la Physique expérimentale pour laquelle il avoit un talent éminent. Il étoit prêt à quitter Paris où il s'étoit fait un grand nom par ses opérations chimiques, lorsque les bienfaits de Louis le Grand le fixèrent en France pour toujours. Le détail des découvertes qu'il a faites en Physique, nous meneroit trop loin ; il faudroit faire l'énumération de toutes les espèces de phosphores qu'il a trouvés, de tous les microscopes qu'il a travaillés, de tous les changemens qu'il a faits à la machine pneumatique, etc. Mais je ne saurois passer sous silence l'expérience qu'il fit au foyer du fameux verre du Palais Royal. Il prétendit avoir réduit l'or à ses premiers élémens, et avoir découvert qu'il étoit composé de *mercure*, d'un *sable fin* et de *sels fixes*. Nous examinerons attentivement ce fait dans la *leçon* sur les *métaux*. Ce fut cette belle expérience qui fit donner M. Homberg dans tous les écarts de la recherche de la pierre philosophale. Ce grand homme mourut à Paris le 25 septembre 1715, à l'âge de 63 ans. Il avoit été reçu à l'Académie des Sciences, en qualité de Chimiste, en l'année 1691.

L'Académie, *remarque M. de Fontenelle*, étoit alors tombée dans une assez grande langueur. Souvent on ne trouvoit pas de quoi occuper les deux heures de séance. Mais dès que M. Homberg eut été reçu, on vit que l'on avoit une ressource assurée. Il étoit toujours prêt à fournir du sien, et l'on s'étoit fait, sur sa bonne volonté, une espèce de droit qui l'assujettissoit ; il n'eût presque osé paroître les mains vides. Sa grande abondance contribua beaucoup à soutenir la compagnie jusqu'au renouvellement de 1699.

M. de Fontenelle raconte encore qu'en l'année 1704, M. le Duc d'Orléans nomma M. Homberg, son premier Médecin, charge d'elle-même incompatible avec la place d'Académicien pensionnaire qu'il occupoit déjà. Celui-ci déclara hautement que s'il étoit réduit à opter, il se détermineroit pour l'Académie. Mais le Roi le jugea digne d'une exception. Ces sortes de grâces ne tirent jamais à conséquence, lorsqu'elles sont accordées à un homme d'un mérite aussi distingué, que l'étoit M. Homberg.

Caroline. Nous sommes au fait de la pierre philosophale ; donnez-nous maintenant une idée du problème qui a pour objet le mouvement perpétuel.

Le Maître. Chercher le mouvement perpétuel, c'est chercher le mouvement, lequel, une fois imprimé, persévérât toujours le même sans augmentation, sans diminution, en un mot, sans aucun changement, de quelque espèce qu'il pût être. Cette hypothèse est physiquement impossible ; il faudroit, pour la vérifier, supposer que le Tout-Puissant eût créé, dans un espace immense parfaitement vide, un corps qu'il eût mis en mouvement : aussi regarde-t-on ceux qui cherchent le mouvement perpétuel, à peu près comme ceux qui cherchent la pierre philosophale.

Théodore. Un Physicien passa près de trente ans à chercher le mouvement perpétuel. Ses expériences toujours dispendieuses, ruinèrent sa bourse et sa santé. Après sa mort, on grava sur son tombeau l'épitaphe suivant :

HIC JACET

PHYSICUS

QUI, QUÆRENS MOTUM PERPETUUM ;

INVENIT REQUIEM ÆTERNAM.

Je ne crains pas de parler latin devant Caroline ; elle le sait.

Caroline. Il ne faut pas en savoir beaucoup pour rendre cette épitaphe en français.

CY GIT

UN PHYSICIEN

QUI CHERCHANT LE MOUVEMENT

PERPÉTUEL,

TROUVA LE REPOS ÉTERNEL.

Le Maître. Il est temps de résoudre les deux problèmes sur les aérostats, dont je vous ai parlé au commencement de cette leçon.

Première question. La navigation aérienne doit-elle être mise dans la classe des problèmes possibles, ou dans celle des problèmes impossibles ?

Réponse. La direction constante des aérostats pour un voyage de long cours dans les plaines aériennes, est un problème très-possible en lui-même, mais physiquement impossible par rapport à nous.

Problème très-possible en lui-même. Rien en effet ne paroît d'abord plus facile que de diriger, à force de rames et par le moyen d'un gouvernail, une espèce de bâteau qu'on a eu soin de mettre en équilibre avec telle couche d'air, à telle ou telle hauteur dans l'atmosphère : voilà pour la théorie. Mais combien d'obstacles dans la pratique s'opposent à cette direction ! Ils sont infinis. Obstacles de la part de l'aérostat, de quelque espèce que vous les supposiez ; obstacles de la part du fluide qu'il contient, soit que ce soit le *gaz Montgolfier*, soit que ce soit *l'air inflammable*, soit même que ce soit *l'air alkalin* ; obstacles de la part de l'élément où vogue l'aérostat, élément où règnent presque toujours les vents les plus forts, les tempêtes les plus affreuses ; obstacles de la part des hommes qui seront obligés de manœuvrer, etc. Vous êtes convenus de la réalité de ces obstacles dans les leçons précédentes. Vous vous rappellez sans doute de ce qui se passa, en 1776, à l'Academie de Lyon, à l'occasion du prix proposé sur la navigation aérienne ; je vous l'ai raconté au commencement de cette leçon. Cette navigation est donc la matière d'un problème, très-possible en lui-même, mais impossible par rapport à nous.

Caroline. Je vois déjà l'analogie qu'il y a entre ce problème et celui de la pierre philosophale.

Théodore. Et moi celle qu'il a avec le problème qui a pour objet le mouvement perpétuel.

Le Maître. Que vous me faites plaisir ! Parlez d'abord, Caroline, Théodore le fera après vous.

Caroline. L'or est évidemment un corps mixte ;

il n'est pas donc impossible de le décomposer en ses premiers élémens ; M. Homberg prétend en être veru à bout. Rien donc ne paroît plus naturel, dans la théorie, que de pouvoir réunir des choses qu'on a eu le secret de séparer. Mais qu'il y a loin de la pratique à la théorie ! Comment en effet connoître exactement la proportion qui règne entre les élémens du corps qu'on a décomposé ? Comment sur-tout trouver le secret de les unir aussi parfaitement que le font, dans le sein de la terre, les Agens naturels ! Il y a donc une véritable analogie entre le problème de la pierre philosophale, et celui de la direction constante des aérostats pour un voyage de long cours dans les plaines aériennes.

Théodore. L'analogie n'est pas moins sensible entre ce dernier problème et celui qui a pour objet le mouvement perpétuel. Ne paroît-il pas d'abord naturel qu'un corps conserve le mouvement qu'on lui a communiqué, sans augmentation, sans diminution quelconque, sans aucune espèce de changement dans sa direction ? Mais cela arrive-t-il dans la pratique ? Que d'obstacles ne s'opposent pas à cette conservation ! J'en vois des milliers. Je ne suis pas encore assez bon Physicien pour en faire l'énumération ; mais un temps viendra où je la ferai très-facilement.

Le Maître. Qu'un Maître est heureux d'avoir des disciples aussi intelligents ; je n'aurois pas mieux établi cette analogie, que vous venez de le faire. Elle ne sera pas moins sensible dans le problème suivant.

Seconde Question. Si l'on trouvoit jamais le moyen de diriger les aérostats pour un voyage de long cours, la navigation aérienne devroit elle être mise dans la classe des problèmes utiles ou dans celle des problèmes inutiles à la société ?

Réponse. Avant que de m'expliquer sur cette matière, je reviens encore à la *pierre philosophale* et au *mouvement perpétuel.*

Si quelque chimiste, parfaitement au fait des élémens dont l'or est composé, trouvoit le secret d'en réunir de pareils dans son laboratoire, et de faire sortir de son creuset cette matière précieuse, ce seroit sans doute un grand, un très-grand homme. Mais bien sûrement il n'amasseroit pas de grandes richesses ; les dépenses seroient immenses et le profit très-petit.

Si quelque Physicien construisoit une machine qui représentât le mouvement perpétuel, sans doute qu'on l'admireroit. Mais ce seroit une machine *en petit* et de pure curiosité, et l'on se garderoit bien de l'exécuter jamais *en grand*, si l'on avoit la plus légère teinture de Physique.

Il en sera de même de la direction des aérostats pour un voyage de long cours. Si jamais quelqu'un la trouve, il aura droit à nos suffrages ; mais il n'y aura que des téméraires qui entreprennent un long voyage aérien sur une aussi frêle machine. Je crois vous l'avoir démontré dans mes trois dernières leçons, et sur-tout dans la leçon précédente.

Je n'ai jamais, au reste, changé de manière de penser. Lorsque, sur la fin de l'année 1783, on parla à Paris d'enlever des hommes sur les aérostats, on me fit l'honneur de me consulter sur les aérostats en général et sur le succès de cette périlleuse entreprise en particulier. Voici ce que je répondis ; ma réponse est datée du 8 janvier 1784 :

Vous voulez donc, Monsieur, que je vous

dise ce que je pense du globe aérostatique construit à Annonay. Je pense d'abord, comme vous, que son élévation dans l'atmosphère ne présente aucune espèce de phénomène, à moins que l'on ne donne ce nom au liége qui, du fond des eaux, s'élève à leur surface ; au cerf-volant qui se dérobe à la vue la plus perçante ; aux vapeurs et aux exhalaisons qui quittent la terre, pour aller occuper la région moyenne de l'atmosphère terrestre. Un ballon rempli d'air inflammable s'élevera nécessairement et avec impétuosité, jusqu'à ce qu'il nage dans un air environ sept fois moins pesant que celui que nous respirons aux environs de la terre.

Mais quelle utilité retirera-t-on d'une pareille découverte ? Ce n'est encore qu'un enfant qui vient de naître, *dit M. Franklin* ; que voulez-vous que j'en dise ?

Sans m'écarter de la pensée de ce grand homme, je puis ajouter, Monsieur, que c'est un enfant dont on peut faire facilement l'horoscope ; et voici celle que je crois pouvoir hazarder.

L'enfant qui vient de naître, sera, à coup sûr, un enfant gâté dont l'éducation coûteuse ne produira pas tous les avantages qu'on se promet pour le progrès des sciences et des arts. Il n'aimera qu'à foiâtrer. Nouvel *Icare*, il lira avec empressement les ouvrages de *Dante*, Phycisien du quinzième siècle, qui trouva le secret de voler dans les airs à une hauteur prodigieuse, et qui finit par se casser la cuisse, en tombant sur l'Eglise de notre Dame de Pérouse. Voilà, Monsieur, ce que je pense des ballons aérostatiques en général, et de ceux en particulier sur lesquels on doit enlever des hommes.

J'ai l'honneur d'être, etc,

Ce n'est pas ici au reste une lettre composée après coup. Je prends à témoin l'Académie Royale de Nismes, que j'en fis la lecture dans la Séance particulière qui suivit la fête des *Rois* de l'année 1784. Voici donc mon jugement définitif.

La direction constante des aérostats pour un voyage de long cours dans les plaines aériennes, est l'objet d'un problème impossible par rapport à nous et inutile à la société.

Caroline. Nous sommes en état maintenant de parler des aérostats avec connoissance de cause. Le jugement que vous venez de porter, nous dirigera, lorsqu'on nous obligera de dire notre avis sur cette imposante, mais trop périlleuse machine.

Le Maître. Je suis bien fâché que vous n'ayez aucune teinture de géométrie ; j'aurois établi une analogie, bien plus parfaite encore, entre mes deux problèmes sur la navigation aérienne, et le fameux problème de la quadrature du cercle, problème que les plus grands mathématiciens, à la tête desquels se trouve Archimède, ont vainement tenté de résoudre.

Théodore. J'ai souvent entendu parler de la quadrature du cercle ; il me tarde de savoir assez de géométrie, pour être au fait de cette fameuse question sur laquelle sans doute vous nous ferez au moins une leçon. Je vous ferai alors rappeler de l'analogie qu'il vous a été impossible d'établir dans celle-ci. Que ferons-nous maintenant ? Nous ne devons pas continuer l'algèbre.

Le Maître. Nous reprendrons l'arithmétique ; je veux vous apprendre à extraire les racines quarrée et cubique, d'un quarré et d'un cube numérique quelconque. Un Physicien doit se familiariser avec ces sortes d'opérations.

Théodore. A la fin de la 21°. leçon du premier volume, vous nous avez parlé de la *réduction numérique*, opération par laquelle on change tantôt une espèce supérieure en une espèce inférieure, et tantôt une espèce inférieure en une espèce supérieure. La première de ces *réductions*, avez vous dit, se fait par la *multiplication* et se nomme *réduction descendante*, parce qu'on descend, pour ainsi dire, des livres aux sous, des sous aux deniers, des heures aux minutes, des minutes aux secondes, etc. La seconde espèce de *réduction* se fait par la *division*, et s'appelle *réduction ascendante*, parce qu'on monte, pour ainsi dire, des lignes aux pouces, des pouces aux pieds, des pieds aux toises. Vous nous avez donné une *table* qu'il faut nécessairement consulter, lorsqu'il faut faire quelque *réduction*. Mais vous avez oublié de nous proposer des exemples. Ce sont-là cependant des problèmes usuels que nous sommes en état de résoudre.

Le Maître. Vous avez raison ; réduisez, *Théodore*, 5786 livres en sous.

Théodore. Puisqu'une livre vaut 20 sous, je multiplie 5786 par 20, et le *produit* me prouve que 5786 livres contiennent 115720 sous.

Le Maître. Réduisez maintenant ces mêmes livres en deniers.

Théodore. L'opération n'est pas plus difficile à faire. Puisqu'une livre contient 240 deniers ; je multiplie 5786 par 240, et le *produit* me prouve que 5786 livres contiennent 1388640 deniers.

Comme dans ces deux exemples, les *multiplicateurs* sont terminés par 0, j'ai abrégé la *mul-*

tiplication, en employant la méthode que vous avez donnée à la fin de la 12e. leçon du premier volume.

Le Maître. Je vois avec plaisir que vous relisez les leçons précédentes ; c'est-là le moyen de faire de grands progrès en Physique.

Caroline. Je vais réduire 10 jours en heures , en minutes et en secondes.

Puisque le jour est de 24 heures, je multiplie 24 par 10, et le *produit* me prouve que 10 *jours* contiennent 240 heures.

Une heure contient 60 minutes : donc 240 heures contiennent 14400 minutes : donc 10 jours en contiennent un pareil nombre.

Une minute contient 60 secondes. Je multiplie 14400 par 60 et le *produit* me prouve que 10 jours contiennent 864000 secondes. Ces opérations sont très-faciles à faire, parce que les multiplicateurs et les multiplicandes sont terminés par un ou plusieurs o.

Théodore. Je vais réduire 10 toises en pieds , en pouces, en ligne et en points.

La toise vaut 6 pieds : donc 10 toises valent 60 pieds.

Le pied vaut 12 pouces. Je multiplie 60 par 12, et le *produit* me prouve que 10 toises contiennent 720 pouces.

Le pouce vaut 12 lignes : donc 10 toises valent 8640 lignes, parce que tel est le *produit* de 720 multiplié par 12.

La ligne vaut 12 points. Je multiplie 8640 par 12, et le *produit* me prouve que 10 toises contiennent 103680 points.

Il n'est rien de si facile à faire que des règles de réduction *descendante*, lorsqu'on a sous les yeux la *table* qui termine la 21°. leçon du premier volume, *pag.* 336. Nous pouvons passer à la réduction *ascendante*.

Le Maître. Il vous resteroit encore à réduire les livres en onces, en gros, en deniers et en grains ; vous ferez cette opération dans votre cabinet : nous parlerons de la réduction *ascendante*, à la fin de la leçon suivante.

Théodore. Il n'est pas nécessaire de se retirer dans son cabinet, pour faire de pareilles opérations. J'ai la *table* sous les yeux ; je vais réduire 10 livres en onces, en gros, en deniers et en grains.

Une livre vaut 16 onces : donc 10 livres valent 160 onces, parce que $10 \times 16 = 160$.

Une once vaut 8 gros : donc 10 livres valent 1280 gros, parce que $8 \times 160 = 1280$.

Un gros vaut 3 deniers : donc 10 livres valent 3840 deniers, parce que $3 \times 1280 = 3840$.

Un denier vaut 24 grains : donc 10 livres valent 92160 grains, parce que $24 \times 3840 = 92160$.

Le Maître. Servez-vous tant que vous pourrez d'expressions algébriques. On dit beaucoup de choses en peu de mots, par le moyen des signes de l'algèbre.

XII. LEÇON.

XII. Leçon (*).

Du parachute.

Le Maître. Tant d'accidens arrivés à nos nouveaux *Icares* dans les plaines aériennes, auroient dû naturellement dégoûter les aéronautes de ces périlleux voyages. Mais raisonne-t-on, lorsqu'on est téméraire par caractère ? On se fait gloire d'affronter les dangers les plus évidens ; et l'on crut, en cas de malheur, se garantir de la mort, en se servant d'une machine à laquelle on donna le nom de *parachute*. On parla beaucoup et avec éloge en son temps du *parachute*, inventé par M. *Blanchard*. Il en fit l'essai à l'Isle en Flandre sur la fin du mois d'août 1785. Il s'éleva avec un chien sur son *aérostat* à la hauteur perpendiculaire de cinq quarts de lieues. A cette hauteur, il arma son chien de son *parachute*, et l'animal parvint à terre, sans avoir éprouvé le moindre mal.

Caroline. Le mot *parachute* est très-expressif en lui-même. Mais cette machine a-t-elle dans la pratique tous les effets que paroît promettre une savante théorie ? M. *Blanchard* fit bien de n'en faire l'essai que sur un chien. Malgré la confiance qu'il avoit en sa machine, je ne crois pas qu'il fût tenté de le faire sur lui-même. Le poids d'un

____

(*) *C'est la* 38e. *Leçon du cours de Physique à la portée de tout le monde.*

homme est bien différent de celui d'un chien?
Comment étoit construit le *parachute* de M.
Blanchard ?

Le Maître. Quelque forme que l'on donne aux
parachutes, il est absolument nécessaire que le
volume d'air déplacé pèse un peu moins que
l'homme armé de son *parachute.* Ce volume d'air
dépend nécessairement du diamètre que l'on donne
à cette machine. Ce diamètre doit être très-considérable, parce qu'un pied cubique d'air ne
pèse qu'une once et demie; et voilà ce qui
rend les *parachutes* très-incommodes. Lorsque
vous saurez un peu de géométrie pratique, vous
résoudrez facilement le problème suivant.

*Connoissant le poids d'un aéronaute, muni de
son parachute, déterminer le diamètre qu'il faut
donner à cette machine, pour se garantir de la mort,
en cas de chûte.*

J'ignore comment étoit construit le *parachute*
de M. *Blanchard*, et tous ceux qui furent inventés dans le courant de l'année 1785; mais je sais
bien qu'au commencement du mois de septembre
1784, M. *Baron*, Conseiller à la Cour des Aides
de Montpellier, des Académies de Dijon, de Toulouse et d'Arras, et mon confrère à l'Académie
Royale de Nismes, me fit part d'un Mémoire
sur un nouveau moyen de préserver les aéronautes de tout accident fâcheux, en cas de chûte.
Il donna à ce moyen le nom de *parachute*; il est
donc l'un des inventeurs et de la nouvelle machine, et de la nouvelle dénomination. J'aime
beaucoup la forme qu'il lui donne.

Théodore. Quelle est cette forme? Je connois
particulièrement M. *Baron*; je lui suis très-atta-
ché; et voilà pourquoi je m'abstiens de vous

Faire ici son éloge ; il seroit suspect dans ma bouche.

Le Maître. Vous avez tort. M. Baron a un mérite trop réel et trop décidé, pour que vous puissiez trouver quelque contradicteur. Voici la forme qu'il donne à sa machine.

Ma machine que j'appelle *parachute*, dit-il, est une espèce de parasol, garni de taffetas et de baleines, comme les parasols ordinaires. Le corps de l'aéronaute sert de bâton et sa tête de chapiteau à cette machine. Ce qu'on appelle la *douille* dans les parasols, armée de son cercle de laiton auquel s'attachent les baleines, est fixée sous les aisselles de l'aéronaute par deux bandes de cuir qui passent sous ses épaules. La noix est arrêtée vers le milieu de son corps par deux bandes de cuivre qui s'attachent fixement à la *douille*. Les branches qui supportent les baleines, sont brisées par une charnière, pour empêcher que la noix ne glisse le long du corps de l'aéronaute, comme elle le fait le long du bâton du parasol. Les baleines sont également brisées, comme dans les parasols ordinaires. Il y a enfin deux bandes de cuir dans lesquelles il passe les mains. L'aéronaute est-il dans un danger imminent ! Il étend les bras ; il ouvre son *parachute*, et il embrasse un volume d'air assez considérable, pour pouvoir prévenir les malheurs d'une chûte dont on n'a vu que trop d'exemples.

Théodore. Voilà en effet un *parachute* fort commode. Quel diamètre lui donne-t-il.

Le Maître. Dans la pratique il lui donne au moins quatorze pieds de diamètre, quoique dans le modèle et dans le cas purement métaphysique qu'il a calculé, il ne lui en donne que quatre. Ce cas a été le sujet d'une dispute littéraire dont je vous rendrai bientôt compte.

Caroline. Quel diamètre donnent les autres Physiciens de réputation à leur *parachute ?* Je vois bien que c'est-là le point décisif, le nœud de la difficulté.

Le Maître. M. l'Abbé *Bertholon*, l'un des meilleurs Physiciens de ce siècle, dans la nouvelle édition qu'il a donnée de son ouvrage sur les avantages que la Physique et les arts qui en dépendent, peuvent retirer des globes aérostatiques, M. l'Abbé *Bertholon*, dis-je, pense qu'il faut donner à un *parachute* un diamètre de quatorze pieds ; il suppose que l'homme qui en sera muni, pesera à peu près deux cens livres. Ce diamètre me paroît insuffisant ; il le faudroit de 23 pieds ; j'en ai fait le calcul. Qu'une pareille machine seroit embarrassante !

M. l'Abbé *Bertholon* dont les précieuses découvertes tendent toutes au bien public, remarque que les *parachutes* peuvent être très-utiles dans le cas d'un incendie qui ne laisseroit aux personnes renfermées dans une maison, que l'espoir de se sauver en sautant par une fenêtre. De plus, *dit-il*, si dans un ballon où il y auroit plusieurs voyageurs, quelques-uns désiroient de s'arrêter dans une ville, tandis que d'autres seroient déterminés à faire une plus longue route, alors ceux qui voudroient s'arrêter dans le lieu à la hauteur duquel ils arriveroient, s'armeroient d'un *parachute* de quatorze pieds environ de diamètre, et descendroient sans aucun danger dans l'endroit desiré, et ainsi de suite dans divers lieux, sans être obligés d'abaisser le globe aérostatique pour cet effet. Un seul *parachute* serviroit successivement pour plusieurs personnes, parce qu'avec une ficelle on le feroit remonter dans le globe.

Théodore. Que la langue est un bel instrument ! Je voudrois demander à M. Bertholon que je connois particulièrement et dont je fais un cas infini, s'il seroit tenté de confirmer sa théorie par l'expérience qu'il feroit lui-même de son *parachute*.

Le Maître. Vous devez aller à Montpellier dans quelques jours. Faites lui cette demande ; vous me ferez part de sa réponse. Dites-lui que si, armé de son *parachute*, il pèse deux cents livres, je lui conseille de lui donner 23 pieds de diamètre. S'il en avoit 24, il ne déplaceroit un volume d'air que d'environ 221 livres.

M. *Montgolfier* l'aîné a fait à Avignon, avec M. de *Brantes*, des expériences fort curieuses par le moyen du *parachute*. Il en fit construire un en toile de sept pieds et quatre pouces de diamètre. Douze cordes attachées à différentes parties correspondantes de la circonférence, soutenoient par le bout opposé un panier d'osier dans lequel étoit un mouton. Au-dessous du panier étoient placées quatre vessies de cochon, remplies d'air. On fit tomber cet appareil du haut des tours du Palais, c'est-à-dire, de la hauteur d'environ cent pieds, après avoir mis le tout en peloton, et l'avoir jeté aussi loin qu'il fut possible, pour l'écarter des murs. La chute fut très-rapide dans la première moitié de l'espace ; mais après, le *parachute* s'étant ouvert, le mouvement fut si lent, que le grand nombre des Spectateurs qui étoient dans la rue, bien loin de s'éloigner, s'approchèrent au contraire de l'endroit qu'ils regardoient comme le terme de la descente, et que le mouton, dès que l'appareil fut sur la surface de la terre, en sortit avec liberté et fuit rapidement. Cette expérience fut répétée six fois avec le même succès, en se servant du même animal.

Caroline. Rien n'est plus louable que de faire ces sortes d'essais sur des animaux; rien ne seroit plus imprudent que de les faire sur des hommes. Le faiseur d'expériences, s'il arrivoit quelque malheur, risqueroit pour ses jours, en France sur-tout où le Peuple a toujours passé pour si poli, pour si doux, pour si humain.

Théodore. Vous nous avez promis de nous parler de la dispute littéraire qu'occasionna en son temps le *parachute* de M. *Baron.* Sur quoi roula-t-elle?

Le Maître. M. Baron supposa d'abord un aéronaute, homme de sang froid, qui ne donne à son corps aucun mouvement propre à le faire précipiter, et qui, pour éviter le naufrage, se jette dans l'air avec autant de tranquillité, qu'un bon nageur se jette dans l'eau. Il supposa encore que son Aéronaute, muni de son parachute, ne pesoit que 112 livres; et dans ce cas, purement métaphysique et de simple théorie, il ne donna à son *parachute* que quatre pieds de diamètre. Ce qui le détermina à assigner un aussi petit diamètre, c'est qu'il supposa son aéronaute à 100 pieds de hauteur et qu'il calcula le poids d'une colonne d'air de 12 pieds carrés d'aire et de 100 pieds de hauteur.

A l'article *parachute* du supplément à mon Dictionnaire de Physique, que je fis imprimer au commencement de l'année 1787, je fis mention de différens *parachutes,* de celui de M. *Baron* en particulier , sans porter mon jugement sur aucun , parce que dans le fond j'aurois pu les critiquer tous , comme je le fais dans cette leçon.

M. Antoine *Gouan* le fils, critiqua en termes peu mesurés le *parachute* de M. Baron , dans le journal d'Histoire Naturelle. Il me sut très-mauvais gré d'en avoir parlé dans mon supplément. Je ne voulus prendre aucune part à cette dispute. Je répondis à M. Gouan que, riche de son propre fonds, M. Baron n'avoit pas besoin que je lui fournisse des armes pour se défendre.

Théodore. M. *Baron* répondit-il à l'écrit de M. *Gouan* ?

Le Maître. Quoique je n'adopte ni le diamètre que M. *Baron* donna à son *parachute*, ni le recours qu'il eut au poids de la colonne d'air qui s'étendoit depuis ce *parachute* jusqu'à la surface de la terre , je ne puis pas m'empêcher de dire que sa réponse est un chef-d'œuvre. Elle est adressée aux Auteurs du journal d'Histoire Naturelle. Comme je veux former votre goût, et vous apprendre à répondre aux personnes qui, dans la suite, appelleroient vos principes *absurdes*, votre théorie *ridicule*, et qui se serviroient de termes que l'on ne trouve que dans les *honnétetés littéraires* de M. de Voltaire ; je vais vous en faire part.

MESSIEURS,

Vous avez inséré dans votre journal n°. 10 , une lettre de M. Gouan le fils, sur le parachute de mon invention, dont M. Paulian a donné la description dans le supplément de son Dictionnaire de Physique. Cette lettre m'est parvenue à

Toulouse où je suis à la poursuite d'un procès considérable. Je n'aurois certainement pas songé à y répondre, si M. Paulian, dans sa réponse à M. Gouan, insérée n°. 11, n'avoit annoncé une réfutation de ma part. Je la fais, mais la plus courte possible, afin de ne pas occuper dans votre journal une place qui pût être remplie par des objets plus intéressans que celui-ci.

M. Gouan annonce dans son observation, qu'il a réfuté mon Mémoire, pour préserver, *dit-il*, d'une mort soudaine quiconque voudroit se servir d'un parachute fabriqué selon mes principes. Mais si, comme M. Gouan veut le faire croire, l'amour de l'humanité eût réellement dirigé sa plume, le diamètre du parachute en question auroit dû être le grand objet de son examen; tout le reste devoit lui être presque indifférent; l'efficacité du parachute ne peut venir que de la plus grande ou de la moindre quantité d'air qu'il déplace, et cette quantité est toujours en raison directe du diamètre de cette machine.

Examinons ce point, il est délicat et très-important. Pour le faire avec plus de clarté, énonçons la question en ces termes : un parachute de quatre pieds de diamètre, garantiroit-il les jours d'un aéronaute qui ne peseroit que cent douze livres, lorsqu'il seroit armé de son espèce de parasol ; qui auroit assez de sang froid pour ne donner à son corps aucun mouvement propre à le faire précipiter ; qui, en un mot, se jetteroit dans l'air, avec autant de tranquillité qu'un bon nageur se jette dans l'eau ? Tel est l'état d'une question de simple théorie, et non de pratique, ainsi qu'il est énoncé dans mon Mémoire.

A présent je réponds que, dans ce cas purement

métaphysique, le diamètre de mon parachute est plus que suffisant. Voici comment je le prouve ; je dirois presque, je le démontre, fondé sur l'autorité d'un de nos plus grands Physiciens. M. Bertholon soutient qu'à la faveur d'un parachute de 14 pieds de diamètre, un aéronaute qui peseroit deux cens livres, ne sauroit périr, quelque fâcheuse que fût la circonstance où il pût se trouver.

Cependant observez, Messieurs, je vous prie, que M. Bertholon ne suppose pas comme je le fais moi-même, que l'aéronaute ne donne à son corps aucun mouvement propre à le faire précipiter ; il suppose encore moins qu'il se jette dans l'air avec autant de tranquilité, qu'un bon nageur se jette dans l'eau ; puisque son parachute doit être très-utile dans le cas d'un incendie, qui ne laisseroit aux personnes renfermées dans une maison, que l'espoir de se sauver en sautant par une fenêtre. Si j'avois parlé d'un aéronaute du poids de deux cent livres, je n'aurois pas manqué de donner à peu près huit pieds de diamètre à mon parachute ; j'en eusse donné au moins quatorze, si j'avois supposé (ce qu'il faut toujours faire dans la pratique) que l'aéronaute donnât à son corps des mouvements propres à le faire précipiter ; si je n'avois pas sur-tout supposé qu'il se jetât dans l'air avec autant de tranquillité qu'un bon nageur se jette dans l'eau : donc si le parachute de M. Bertholon est suffisant dans la pratique, le mien est admirable dans la théorie. Mais, *me dira-t-on*, pourquoi, pour démontrer l'efficacité de mon parachute, ai je préféré la théorie à la pratique ? C'est, que c'est la marche ordinaire de ceux qui savent les premiers élements de la physique ; autant aimerois-je qu'on me demandât pourquoi la fameuse démonstration des lois du mouvement n'est vraie que dans la théorie , et pourquoi dans la pratique aucune de ces lois ne se vérifie et ne se vérifiera jamais à la lettre. Dans la théorie on précinde de toute espèce d'obstacle ; voilà pourquoi la démonstration est si claire et si lumineuse.

Dans la pratique, au contraire, on en trouve à chaque pas : voilà pourquoi rien ne se vérifie dans la pratique ; aussi n'y a-t-il qu'un véritable Physicien qui puisse, dans la pratique, profiter de ces sortes de démonstrations. Chercher sérieusement dans la pratique le mouvement perpétuel , c'est mériter les petites maisons ; cependant le mouvement perpétuel est un corollaire nécessaire de la première loi générale du mouvement, puisque par cette loi, tout corps en mouvement doit continuer de se mouvoir dans la direction et avec le degré de vitesse qu'il a reçu , jusqu'à ce qu'une cause nouvelle l'oblige à changer d'état.

Je finis en remerciant M. Gouan de m'avoir prouvé que je ne devois pas avoir égard au poids absolu de la colonne aérienne inférieure dans la construction de mon parachute. Il me délivre par ce moyen d'un calcul que bien de personnes ne se soucieroient pas de faire.

Je suis, etc.

Théodore. C'est ainsi que nous répondrons , si jamais on attaque nos opinions en des termes peu mesurés. Vous avez eu raison de dire que la réponse de M. *Baron* à M. *Gouan* est un chefd'œuvre. Mais vous avez exigé un diamètre de 23 pieds à un *parachute* propre à sauver la vie à un aéronaute qui peseroit 200 livres. Quel diamètre devroit avoir dans la pratique celui de M. *Baron* qui suppose que l'aéronaute qui en est muni, ne pèse que 112 livres ?

Le Maître. Ce *parachute* devroit avoir 17 pieds onze pouces de diamètre ; il déplaceroit un volume d'air du poids de plus de cent livres. S'il avoit 18 pieds de diamètre, il déplaceroit un volume d'air du poids de 114 livres. Lorsque vous saurez un peu de géométrie, vous ferez très-facilement ces sortes de calculs. M. Baron auroit donc dû donner dans la théorie 9 à 10 pieds de diamètre à son *parachute*, et dans la pratique 17 pieds et onze pouces.

Théodore. A qui devons-nous l'invention du *parachute* ?

Le Maître. M. *Blanchard* prétend en être l'inventeur. Il fit l'essai de cette machine sur la fin du mois d'août 1785.

M. *Baron* me communiqua son Mémoire sur le *parachute* au commencement du mois de septembre 1784.

M. *Bertholon* m'écrivit que les expériences qu'il a faites sur cette machine, ont plus de deux ans de date sur celle de M. *Blanchard*. Ce ne seroit pas la première fois que l'idée de la même machine seroit venue à différentes personnes de génie, sans qu'aucune d'elles pût être raisonnablement accusée de plagiat. L'on vit sur la fin du siècle dernier, trois grands hommes travailler en même temps à la construction de la pompe à feu ; *Papin* en Allemagne, *Savary* en Angleterre et *Amontons* en France.

Nismes est peut-être la ville où l'on soit le moins tenté de révoquer en doute l'efficacité des *parachutes.* Il y arriva, il y a quelques années, un accident qu'il est nécessaire de vous raconter ici jusques dans ses moindres circonstances. La fille du sieur C**, patissier de cette Ville, âgée d'environ dix-huit ans, eut l'imprudence d'attacher des rideaux à une fenêtre, avant d'avoir pris la précaution d'en fermer les volets. L'échelle sur laquelle elle étoit montée, glissa, et Mademoiselle C**. tomba du second étage dans la basse-cour. Par bonheur pour elle, il régnoit pour lors un vent du nord des plus violents et la porte de la maison étoit ouverte. L'air, furieusement agité, entra avec force par la porte dans la basse-cour, gonfla ses vêtemens, en forme de parasol, et elle en fut quitte pour quelques légères contusions. Jamais chûte n'aura des suites aussi heureuses. Mademoiselle C**. étoit sourde ; l'ébranlement qui se fit dans toute la machine, lui rendit l'usage de l'ouïe.

Caroline. Je ne conseillerois pas cependant à ceux qui sont atteints d'une pareille incommodité, d'employer un semblable remède, dans l'espérance d'obtenir leur guérison.

Théodore. Je ne conseillerois pas aux aéronautes de se servir de leur *parachute*, excepté dans une extrême nécessité, et, comme l'on dit, en désespoir de cause. Avez-vous encore quelque réflexion à faire sur les aérostats ?

Le Maître. Il me reste peut-être la plus essentielle ; elle doit fixer pour toujours votre manière de penser sur cette nouvelle machine.

Théodore. Ayez la complaisance de nous en faire part.

Le Maître. Les uns ont parlé de la découverte des ballons aérostatiques avec trop d'enthousiasme, les autres avec trop peu d'estime. Les premiers ont prétendu que, par cette heureuse découverte, toutes les sciences alloient changer de face, et recevoir un nouvel éclat. Suivant eux, les observations se feront plus sûrement, les longitudes se vérifieront plus exactement, les comètes se découvriront plus facilement, etc. Voilà pour l'astronomie. On diminuera la peine des hommes de mille manières différentes; on rendra utiles une foule d'inventions dont une très-petite différence d'équilibre ou de force arrêtoit l'effet, etc. Voilà pour la mécanique. On transportera des lettres et des effets par dessus une armée ennemie; on franchira les plus hautes chaînes de montagnes, pour apporter les nouvelles intéressantes, etc. Voilà pour la stéganographie. On connoîtra à fond la constitution de l'atmosphère; on fixera la hauteur des nuages, la région des météores aériens, aqueux et ignées, de manière à ne laisser aucun doute sur cette importante matière, etc. Voilà pour la Physique. On verra des globes lumineux percer au de-là des nues et y rester long-temps; on jouira du spectacle de mille feux d'artifice qu'on exécutera dans les airs, etc. Voilà pour l'agrément; et voilà ce que j'appelle parler des ballons aérostatiques avec enthousiasme.

Pour ceux qui en parlent avec indifférence, je dirois presque avec une espèce de mépris, ils commencent par avancer que cette découverte n'est pas nouvelle. Ils en fixent la date à l'année 1670, et ils en font honneur à un Jésuite appelé *Pierre-François Lana de Brescia.* Cet homme de génie publia, en effet, en ce temps-là le projet d'une barque qui devoit se soutenir et voyager dans l'air à voiles et à rames ; il lui donna le nom de *bateau volant*. Au haut de 4 espèces de mârs étoient attachés 4 globes de vingt pieds de diamètre chacun, parfaitement vides. Ces globes devoient être de cuivre d'une épaisseur presqu'insensible, et ils devoient enlever facilement le bâteau dans les airs. La voile et les rames devoient servir à le diriger. Ce projet ne fut jamais mis à exécution.

. Si les ballons aerostatiques, *continuent leurs détracteurs*, sont autorisés, quelle serrure assurera nos propriétés ? Quelle tour pourra garantir nos villes ? Quelle flotte ne sera pas brûlée dans les ports les plus sûrs ? Quelle maréchaussée pourra arrêter nos meurtriers, nos assassins, etc. ?

Ne soyons ni panégyristes enthousiastes, ni détracteurs de mauvaise foi. Voici donc le jugement que je porte sur les ballons aérostatiques. MM. *de Montgolfier* en sont les vrais inventeurs et MM. *Charles*, *Robert* et de *Milly* ont perfectionné cette belle machine. Les ballons aérostatiques, dans l'état où ils sont encore, ne peuvent servir qu'à l'agrément et aux observations météorologiques. Un aérostat élevé perpendiculairement et graduellement dans l'atmosphére dans un temps calme, muni de bons baromètres, thermomètres, hygromètres et électromètres sur lesquels deux bons Physiciens auroient continuellement les yeux, nous procureroit des observations précieuses qui jetteroient un grand jour sur l'état actuel de l'atmosphère, et qui fixeroient assez précisément la distance des différentes régions où se forment les météores aqueux, ignées et aériens. Avant donc de penser à voyager dans les airs, pensons à perfectionner cette machine, de manière qu'on puisse s'y élever perpendicu-lairement, sans s'exposer à aucun danger. Le premier pas est fait. *Facile est inventis addere.*

Théodore. Reprenons l'arithmétique, nous en sommes à la *réduction ascendante*, opération par laquelle on change une espèce inférieure en une espèce supérieure, sans rien changer à la valeur équivalente de la somme sur laquelle on opère. Cette opération se fait par la *division*. Proposez-m'en quelque exemple.

Le Maître. Je vous donne 272122 grains. Faites sur ce nombre toutes les *réductions ascendantes* possibles.

Théodore. 1°. Je vois par ma *table* qu'une livre contient 9216 grains. Je divise 272122 par 9216; j'ai pour *quotient* 29 et il me reste 4858 grains; je conclus que 272122 grains valent 29 livres et 4858 grains.

2°. Une once vaut 576 grains. Je divise 4858 par 576; j'ai pour *quotient* 8 et il me reste 250 grains; je conclus que 4858 grains valent 8 onces et 250 grains.

3°. Un gros vaut 72 grains. Je divise 250 par 72; j'ai pour *quotient* 3 et il me reste 34 grains; je conclus que 250 grains valent 3 gros et 34 grains.

4°. Un denier vaut 24 grains. Je divise 34 par 24; j'ai pour *quotient* 1 et il me reste 10 grains; je conclus que 272122 grains valent 29 livres, 8 onces, 3 gros, 1 denier et 10 grains.

Le Maître. Vos opérations sont bien faites. Réduisez, Caroline, 1388640 deniers, d'abord en sous et ensuite en livres.

Caroline. 1°. Un sou vaut 12 deniers; Je

divise 1388640 par 12 , et le *quotient* me prouve que le nombre proposé vaut 115720 sous.

2°. Une livre vaut 20 sous ; je divise 115720 par 20 ; et le *quotient* me prouve que le nombre proposé vaut 5786 livres.

Le Maître. Vos opérations sont aussi exactes, que celles de Théodore.

Théodore. Je vais réduire d'abord en minutes, ensuite en heures, enfin en jours 864000 secondes.

1°. Je divise 864000 par 60 , parce qu'une minute contient 60 secondes ; et le *quotient* me prouve que 864000 secondes valent 14400 minutes.

2°. Je divise 14400 par 60 , parce qu'une heure vaut 60 minutes, et le *quotient* me prouve que 14400 minutes valent 240 heures.

3°. Je divise 240 par 24 , parce qu'un jour contient 24 heures, et le *quotient* me prouve que 240 heures valent 10 jours.

Le Maître. Ces sortes d'opérations sont trop faciles à faire pour vous en occuper plus long-temps en ma présence ; occupez-vous en dans votre cabinet ; vous ne sauriez faire trop de règles de *réduction* ; vous apprennez par là-même la *multiplication* et la *division*, de manière à ne jamais les oublier. Nous commencerons, à la fin de la leçon suivante, les grandes opérations de l'extraction des racines carrée et cubique, opérations avec lesquelles un Physicien doit se familiariser.

XIII. Leçon.

XIII. Leçon. (*)

Sur l'électricité considérée en général.

LE *Maître.* Vous me l'avez dit plusieurs fois, l'un et l'autre : ce qui vous attache à la Physique, ce qui vous la fait étudier avec une espèce de passion, c'est la partie expérimentale de cette science. Quelles sont les expériences qui vous ont fait le plus de plaisir, celles que vous souhaitez le plus ardemment de pouvoir expliquer ?

Caroline. Ce sont les expériences de l'électricité. Je voudrois savoir cette matière à fonds. Je vous ai entendu dire que la matière électrique étoit comme l'ame du monde physique.

Théodore. Je pense comme Caroline. Il me paroît que je serai *Physicien*, lorsque je pourrai expliquer d'une manière conforme aux lois de la nature ce nombre presque inombrable de phénomènes que nous présente la machine électrique. Ne nous laissez rien ignorer, je vous en conjure, de tout ce qui peut avoir rapport à cette importante matière.

Le Maître. Que vous me faites plaisir ! l'électricité est le traité de Physique que j'ai le plus étudié, sur lequel j'ai le plus composé. Aussi vous donnerai-je un très-grand nombre de leçons sur cette matière ; et ces leçons, *je le dis hardi-*

(*) *C'est la trente-neuvième leçon du cours de Physique à la portée de tout le monde.*

ment, formeront un cours complet d'électricité.

Caroline. D'où vient le mot *électricité* ? Quelle en est l'étymologie ?

Le Maître. Ce terme vient du mot latin *electrum* qui signifie en français *ambre-jaune*. De tout temps on a observé que l'ambre-jaune, après avoir été frotté, attire les brins de paille et plusieurs autres corps légers dont on l'approche. Dans ce siècle, et sur-tout depuis environ 60 à 70 ans, on a reconnu que le verre frotté avoit ce pouvoir d'une manière bien plus efficace ; et voilà pourquoi on l'a nommé *electrum* ou *corps électrique*. C'est sans doute pour la même raison qu'on appelle *électriques* tous les phénomènes qui dépendent du verre frotté.

Caroline. A qui devons-nous cette découverte ?

Le Maître. Nous la devons à Hawksbée de la Société Royale de Londres. Il découvrit le premier que le verre est le corps le plus électrisable par frottement que nous connoissions. Il prit un cylindre creux de verre ; il le frotta rapidement dans sa main, un papier entre deux, et il le rendit tellement électrique, que, dans l'obscurité, on apercevoit une lumière suivre la main qui frottoit, et qu'avec son autre main il excitoit de ce tube une étincelle, accompagnée d'un pétillement.

Hawksbée ne pouvoit faire avec ce cylindre que des expériences électriques fort circonscrites et assez peu intéressantes. Il comprit qu'avec un peu plus grand mouvement et un verre d'une plus grande capacité, il pourroit, pour ainsi dire, opérer des prodiges. Il imagina de faire tourner sur son axe un globe creux de verre par le moyen d'une roue et d'une corde, et de

le rendre électrique, en le frottant avec la main
sèche ou avec un coussinet. Ce n'est que depuis
l'invention de cette machine que nous avons
produit ce qu'on peut appeler des *phénomènes
électriques*. Elle est représentée par la figure 4. Je
vais vous expliquer les différentes parties dont
elle est composée.

1°. Le globe de verre G peut-être plus ou
moins grand; il peut avoir plus ou moins d'é-
paisseur. Le diamètre des globes ordinaires est
d'environ un pied, et leur épaisseur d'environ
deux lignes.

2°. La roue R communique avec le globe G
par le moyen d'une corde; et c'est en tournant
sur son axe, qu'elle lui imprime un mouvement
de rotation. Cette roue peut être plus ou moins
grande; elle a pour l'ordinaire entre 3 et 4 pieds
de diamètre.

3°. Une main nue M est appliquée au globe G,
lorsqu'il est en mouvement; et c'est en le frottant,
qu'elle le rend électrique. On se sert quelquefois
pour le frotter, d'un coussinet couvert de peau;
mais ce frottement le rend beaucoup moins électrique, que celui d'une main nue, lorsqu'elle est
bien sèche.

4°. On appelle *conducteur* le tube de fer blanc
AB. Il est suspendu par le moyen de quelques
cordons de soie DE, FH, et il communique
avec le globe G par le moyen d'un peu de clinquant C, ou d'une petite frange de métal qui
s'avance d'un pouce, et qui touche impunément
sur la superficie du verre.

5°. A côté de chaque machine électrique, il y
a au moins un gâteau de résine ou de poids de
7 à 8 pouces d'épaisseur, qui soit assez large

pour appuyer commodément les pieds de la personne qui doit y monter dessus. J'ai dit *au moins un gâteau*; il est des occasions où l'on a besoin de 3 à 4 gâteaux de résine. Si, au lieu de monter sur un gâteau de résine, l'on montoit sur une masse de verre solide, l'on n'en seroit que mieux isolé. Mais comme il est difficile de se procurer de pareilles masses, le gâteau de résine pourroit être posé sur 4 supports de verre solide.

6°. Il y a dans chaque machine électrique plusieurs chaînes de métal. Celui qui monte sur le gâteau de résine, prend une de ces chaînes; en attache une des extrémités au *conducteur* AB, et tient à la main l'autre extrémité. Telle est la machine par le moyen de laquelle nous faisons en Physique les expériences les plus surprenantes.

Caroline. La machine électrique que nous avons sous les yeux, la même dans le fond que celle que vous venez de d'écrire, a donc éprouvé bien des changemens. J'y vois un *plateau* au lieu d'un *globe*. Le *conducteur* communique avec le *plateau* par des *pointes* et non par du clinquant ou par une frange de métal. Je cherche une roue dans votre machine, je n'en vois aucune, etc.

Le Maître. Ces changemens étoient nécessaires. La machine électrique, telle que je vous l'ai décrite, étoit sujette à de grands inconvéniens. Plus d'une fois le globe trop échauffé, a éclaté en des millions de pièces, et ces éclats ont dangereusement blessé, non seulement le frotteur, mais encore nombre de spectateurs.

Un simple coussinet, couvert de peau, ne rendoit pas, par ses frottemens, le globe de verre assez électrique; il falloit employer la main nue;

mais elle devoit être naturellement sèche, et
combien peu en trouvoit-on ! Sur vingt personnes à peine quelquefois en ai-je trouvé une
dont la main fut propre à être appliquée au
globe.

D'ailleurs après un certain temps, le frotteur
avoit sa main tellement échauffée, il sentoit des
picotemens si insupportables, qu'il falloit ou sus-
pendre les expériences, ou trouver une main
aussi sèche que la sienne, pour pouvoir les continuer avec le même succès.

Caroline. Les inconvéniens inséparables de
l'ancienne machine électrique sautent aux yeux.
Les Physiciens modernes y ont-ils paré ?

Le Maître. Parfaitement bien. Au globe G,
fig. 4, de l'ancienne machine, ils ont substitué
un plan circulaire de glace, qu'on nomme *plateau*,
d'un diamètre plus ou moins long; sa longueur
cependant n'excède guère celle de vingt-quatre
pouces. Le *plateau*, percé à son centre, est monté
de manière à recevoir, par le moyen d'une manivelle, un mouvement circulaire des plus rapides;
et il ne peut se mouvoir sans être frotté par quatre coussins, dont l'effet est bien supérieur à celui
que produisoit la main nue, quelque sèche qu'elle
fût, lorsqu'elle étoit appliquée au globe de
verre.

Caroline. Le *plateau*, je le comprends, est moins
exposé à se briser que le globe. On imprime plus
facilement un mouvement circulaire par le moyen
d'une manivelle, que par le moyen d'une roue
de 3 à 4 pieds de diamètre. Mais, dans l'ancienne
machine, le succès des expériences dépendoit de
la main nue qui frottoit le globe; dans la nouvelle machine, ce succès dépend des quatre

coussins qui exercent sur le *plateau* un frottement très-considérable. De quoi sont-ils composés ?

Le Maître. Le fond des coussins est fait d'une lame circulaire de cuivre de cinq pouces de diamètre, lorsque le plateau en a vingt-quatre. Ils sont garnis de crin et recouverts d'une peau qu'on appelle *basane*.

Caroline. Dans l'ancienne machine, le coussin étoit garni de crin, et recouvert de basane ; vous avez dit cependant que le frottement de ce coussin ne communiquoit au globe qu'une électricité assez médiocre. Pourquoi, dans la nouvelle machine, les coussins communiquent-ils au *plateau* un aussi fort degré d'électricité ?

Le Maître. Dans l'ancienne machine, il n'y avoit qu'un coussin ; il y en a quatre dans la nouvelle. D'ailleurs leur surface est enduite d'une amalgame qui rend l'électricité beaucoup plus sensible. Cette amalgame est composée de mercure saturé d'étain par voie de trituration, et réduit ensuite en poudre par l'intermède d'une quantité suffisante de blanc d'espagne pilé. Avant de s'en servir, il faut prendre la précaution de le bien faire sécher. Comment vous y êtes-vous pris, Théodore, pour appliquer l'amalgame sur la surface des coussins ? Je vous ai fait faire plusieurs fois cette opération.

Théodore. Lorsque les coussins ont déjà été amalgamés, je les essuie, jusqu'à ce que j'aie rendu à la peau toute la netteté qu'elle peut avoir. Je les frotte ensuite circulairement jusqu'à un pouce près du bord, avec un bout de chandelle, de façon qu'ils en soient modérément couverts. Je mets sur le milieu de ces coussins une forte pincée d'amalgame, et j'applique un autre coussin par dessus. Je les frotte circulairement l'un sur l'autre, ayant soin de les mettre alternativement l'un dessus et l'autre dessous. Je continue à les frotter jusqu'à ce que l'amalgame paroisse universellement étendue sur leurs surfaces. Cela fait, j'essuie les bords des coussins avec un linge, et je les mets en place.

Caroline. Comment, dans la nouvelle machine, l'électricité se transmet-elle du *plateau* au *conducteur* ? Je n'y vois aucun clinquant, aucune frange de métal qui fasse communiquer l'un avec l'autre.

Le Maître. Dans la nouvelle machine, le *conducteur* est soutenu par deux colonnes de cristal qui l'isolent beaucoup mieux que des cordons de soie ; et il est traversé par un arc de cuivre terminé à chaque extrémité par deux godets de cuivre de quatre pouce de diamètre, dans chacun desquels sont implantées trois pointes de cuivre. Ces pointes, présentées au plateau à la distance d'environ un demi-pouce, en soutinrent beaucoup plus abondamment et beaucoup plus facilement la matière électrique, que ne faisoit le clinquant ou la frange de métal, que l'on plaçoit autrefois entre le *conducteur* et le globe de verre des anciennes machines électriques. Vous vous convaincrez dans la suite par vous-même du pouvoir étonnant qu'ont les *pointes* de soutirer la matière électrique. C'est une des plus belles, des plus utiles découvertes que l'on ait fait en Physique. Nous la devons au célèbre Franklin.

Caroline. Je comprends que la machine à *plateau* est préférable à la machine à *globe*. Avant de faire les expériences de l'électricité, mettez-nous en état de les expliquer. Présentez-nous un système sur cette matière.

Le Maître. Avant de vous parler de système, il faut auparavant vous mettre sous les yeux quelques notions qui doivent être communes à tous les systèmes, à ceux du moins qui sont recevables en Physique. En voici l'énumération.

1°. Un corps actuellement électrique est un corps que l'on a mis en état d'attirer et de repousser des corps légers, tels que sont les pailles, les plumes, les feuilles de métal, etc. L'électricité d'un corps se manifeste sur-tout par les bluettes que l'on en tire.

2°. Presque tous les corps peuvent devenir électriques ou par *frottement* ou par *communication*. Les premiers s'appellent corps électriques *par eux-mêmes* ou corps *idio-électriques*. On nomme les seconds *corps anélectriques* ou corps électriques *par communication*.

3°. Les matières vitrifiées et les matières résineuses s'électrisent très-facilement, lorsqu'on les frotte ou avec la main nue, ou avec un morceau d'étoffe, ou avec un coussinet, sur-tout lorsqu'il est amalgamé; ce sont des corps *idio-électriques*.

4°. Les métaux et les corps vivants deviennent très-facilement électriques, lorsqu'ils communiquent, par exemple, par le moyen ou d'une frange de métal ou d'une chaîne de fer, ou par des pointes avec les corps devenus électriques par frottement; ce sont des corps *anélectriques*. Ils ne reçoivent, au reste, l'électricité *par communication*, que lorsqu'ils sont *isolés*. On isole un corps *anélectrique* en le posant sur un corps *idio-électrique*. Dans l'ancienne machine électrique, le *conducteur* est isolé par des cordons de soie, et dans la nouvelle, par des colonnes de cristal. Le gâteau de résine isole les hommes qu'on électrise.

5°. Les corps qui deviennent électriques *par frottement*, ne le deviennent presque jamais, ou du moins le deviennent très-peu *par communication* ; et les corps qui deviennent électriques *par communication*, ne le deviennent presque jamais *par frottement*.

6°. Un corps électrisé perd communément toute sa vertu par l'attachement de ceux qui ne le sont pas.

7°. Tout corps électrisé, soit qu'il l'ait été par *frottement* ou *par communication*, est entouré d'un fluide très-subtil qui s'étend plus ou moins loin, suivant que l'électricité a été plus ou moins forte. Ce fluide sert d'atmosphère au corps actuellement électrisé.

8°. Le fluide qui sert d'atmosphère aux corps qui sont dans l'état actuel d'électrisation, n'est pas l'air grossier que nous respirons, puisque les corps s'électrisent parfaitement bien dans le récipient de la machine pneumatique, après que l'on en a pompé l'air.

9°. L'athmosphère des corps actuellement électrisés, est formée par les particules qui s'élancent continuellement de leur sein, et qui se portent plus ou moins loin, suivant que l'électricité est plus ou moins forte.

10°. Le fluide subtil qui compose l'atmosphère des corps naturellement électrisés, s'insinue sans peine à travers les corps les plus durs ; l'on dit même que cette matière traverse plus facilement les métaux, que l'air ; elle est en cela semblable à la lumière qui traverse plus aisément le verre que l'air.

11°. Le fluide subtil qui compose l'atmosphère des corps électrisés et que je nomme *matière électrique*, se trouve plus ou moins abondamment dans tous les corps ; l'on peut même assurer que cette matière est répandue par tout, et sur-tout dans la région de l'atmosphère terrestre où se forment les météores ignées ; elle n'a besoin que d'un tel degré de mouvement pour se rendre sensible.

12°. La matière électrique est une vraie matière ignée ; c'est le feu élémentaire qui, pour se rendre sensible, s'unit à des parties inflammables qu'il trouve ou dans les corps qu'on électrise, ou dans l'atmosphère de ces corps.

13°. Un corps , à force d'être électrisé, ne perd pas son électricité. Électrisez , par exemple , un globe de verre , un plateau de glace pendant 2 à 3 heures de suite , il n'en paroîtra pas moins électrique.

Telles sont les notions ou plutôt les principes sur lesquels doit être fondé tout système que l'on forme pour expliquer les phénomènes électriques d'une manière conforme aux lois de la nature. Lisez-les, relisez-les , méditez-les , en un mot, gravez-les tellement dans votre esprit , qu'il vous soit presqu'impossible de les oublier. Ce sera-là votre occupation de demain. Vous serez ensuite en état de saisir dans tous ses points mon système sur l'électricité. C'est moins à mon bureau , qu'au tour de la machine électrique que je l'ai formé.

Caroline. Vous pouvez nous exposer votre système. Si, pour le saisir, il ne faut qu'avoir présent à l'esprit les 13 principes que vous posâtes avant-hier , nous pouvons vous assurer que nous n'aurons aucune peine à vous suivre.

Le Maître. J'ai enseigné la Physique, une quinzaine d'années, dans une compagnie que je regretterai jusqu'à mon dernier soupir; ou plutôt, mon dernier soupir sera le dernier de mes regrets. Mécontent des systèmes sur l'électricité qui avoient paru jusqu'alors, pendant six ans je ne donnai cette grande question, que d'une manière purement historique. Ces six ans écoulés, je résolus de mettre l'électricité en dispute réglée, et de hazarder un système. Il vaudra bien peu, *disois-je*, s'il ne vaut pas autant que ceux de tant de Physiciens électrisans qui ont voulu assujettir leurs contemporains à leur manière de penser. Cependant, pour que l'imagination n'eût point de part à mon nouveau système, je pris quelques-uns de mes élèves, et je fis avec eux, pendant trois mois consécutifs, toute sorte d'opérations électriques, résolu d'admettre comme *principe* toute conséquence directe d'une expérience constatée. Je revenois jusqu'à cent fois sur la même expérience, j'examinois, je faisois examiner jusqu'aux moindres circonstances, je m'attachois aux moindres détails; mais avec tout cela je n'avançois pas, et mon esprit demeuroit toujours dans la même incertitude. J'étois résolu à mettre fin à un travail si ingrat, et à retourner à mon ancien pirrhonisme sur les causes physiques de l'électricité, lorsque je m'avisai de faire l'expérience suivante.

Je me fis apporter deux gâteaux de résine. Je plaçai sur ces gâteaux deux de mes élèves; l'un communiquoit, par la chaîne de métal, avec le *conducteur* à la manière ordinaire ; l'autre étoit occupé à frotter le globe de verre. Je leur fis signe à tous les deux d'approcher en même temps leur doigt du *conducteur*. Il arriva, comme je l'attendois, que le premier ne tira point d'étincelles et que le second en tira de très-sensibles. Je m'approchai moi-même d'eux, et je trouvai électriques non seulement celui qui communiquoit avec le *conducteur* par la chaîne ordinaire, mais encore celui qui frottoit le globe ; avec cette différence que les bluettes que je tirai de celui-ci étoient beaucoup plus foibles que celles que je tirai de celui-là.

Cette expérience dissipa tout-à-coup toutes mes ténèbres. Je m'aperçus d'abord que toute la matière électrique qui sortoit du globe de verre, n'enfiloit pas le *conducteur* : que celle qui se répandoit dans l'air, étoit capable de communiquer une foible électricité aux corps environnans : qu'on pourroit tirer parti du courant qui n'alloit pas dans le *conducteur*, pour expliquer mécaniquement la formation de l'étincelle électrique qui contient *en petit* les plus grands phénomènes de l'électricité.

Théodore. Faites-nous part de votre système ; l'imagination bien sûrement n'en sera pas l'ame ; vous n'êtes pas descendu des principes aux expériences ; vous êtes monté des expériences aux principes. Quel est donc votre système ?

Le Maître. Le voici en deux mots. 1°. La matière électrique qui sort du globe de verre, se divise en deux *courans*, dont l'un enfile le *conducteur* et l'autre se répand dans l'air.

2°. Le premier *courant* rend le *conducteur parfaitement électrique* ; le second met en mouvement la matière électrique répandue dans l'air, et rend à *demi-électrique* tout ce qui environne la machi-

he ; pourvu qu'il se trouve électrisable par communication.

3°. Tous les corps que le premier *courant* a
électrisés, sont entourés d'une atmosphère électrique très-dense. Tout ceux au contraire qui
n'ont été électrisés que par le second *courant*,
ne sont entourés que d'une atmosphère électrique très-rare.

4°. Les deux *courans* qui sont le fondement de
mon système, peuvent être regardés comme une
électricité effluente. La matière électrique que ces
deux *courans* déterminent à se rendre dans le
globe, et les deux *courans* eux-mêmes, réfléchis
totalement ou en partie vers le globe par les
couches de l'air environnant, sont une vraie
électricité affluente. Je distingue donc, à l'exemple de M. l'Abbé Nollet, mais dans un sens bien
différent, comme vous le verrez dans la leçon
suivante, la matière électrique en *effluente* et en
affluente. La première sort du globe de verre,
et rend certains corps *parfaitement* et certains autres *imparfaitement électriques*. La seconde revient
au globe et répare les pertes qu'il fait dans le temps
de l'électrisation.

5°. Il y a souvent un choc très-violent entre
la matière *effluente* et la matière *affluente*, puisque celle-là sort du globe en même-temps que
celle-ci s'y rend.

Théodore. Je comprends que le frottement et le
mouvement de rotation sont les causes physiques de l'*effluence* qui se fait du sein même du
globe ; mais je ne vois pas quelles sont les causes de l'*affluence* de la matière électrique vers le
globe, tout le temps que dure l'électrisation.

Le Maître. Elles sont en grand nombre. Le

plein presque parfait autour de la machine électrique ; le mouvement communiqué au feu électrique qui réside dans l'air ; la loi de l'équilibre
entre deux fluides homogènes dont l'un fait des
pertes très-considérables et l'autre les répare ; enfin
les couches de l'air environnant qui réfléchissent
vers le globe la matière qui en est sortie et qui
changent en *affluence* ce qui avoit d'abord été
effluence : voilà des causes bien capables d'opérer
l'affluence de la matière électrique vers le globe,
tout le temps que dure l'électrisation. La facilité
avec laquelle je vous expliquerai, dans les leçons
suivantes, tous les phénomènes électriques , sera
la meilleure preuve de la bonté de mon système.

Théodore. Vous nous avez promis de nous
apprendre, à la fin de cette leçon , à extraire
les racines carrée et cubique d'un carré, d'un
cube quelconque proposés. Vous nous avez même
dit qu'un Physicien devoit être familiarisé avec
ces sortes d'opérations.

Le Maître. Ces sortes d'opérations supposent
des connoissances préliminaires que je vais vous
donner.

1°. Un nombre se multipliant lui-même produit son *carré*. Le carré de 5 est 25 , parce que
5 multipliant 5 produit 25. Par la même raison
100 est le carré de 10 et 10000 le carré de
100, etc.

2°. Les carrés et les racines carrées des dix
premiers nombres se trouvent dans le tableau
suivant. La première ligne de ce tableau contient
les dix premiers carrés ; la seconde, les dix premières racines carrées.

Nombres carrés.

1. 4. 9. 16. 25. 36. 49. 64. 81. 100.
1. 2. 3. 4. 5. 6. 7. 8. 9. 10.

3°. En algèbre , une quantité se multipliant elle-même produit son carré. Le carré de b est bb, parce que b × b ＝ bb. Par la même raison le carré de a ＋ b est aa ＋ 2 ab ＋ bb, parce que tel est le *produit* de a ＋ b × a ＋ b. Je vous ai appris à faire ces sortes de multiplications à la fin de la huitième leçon de ce volume.

4°. Le cube n'est autre chose que le *produit* d'un carré multiplié par sa racine carrée. Le cube de 5 est 125 , parce 5 multipliant 5 produit son carré 25 , et ce carré 25 multiplié par sa racine carrée 5 produit le cube 125.

5°. Les cubes et les racines cubiques des dix premiers nombres se trouvent dans le tableau suivant.

Cubes.

1. 8. 27. 64. 125. 216. 343. 512. 729. 1000.

Racines cubiques.

1. 2. 3. 4. 5. 6. 7. 8. 9. 10.

6°. Les cubes algébriques se forment comme les cubes arithmétiques. Le cube algébrique est le produit d'un carré quelconque algébrique multiplié par sa racine carrée. bbb est donc le cube de b, parce que b $\times$ b produit le carré bb $=$ b², et que b $\times$ bb produit bbb $=$ b³, cube de b.

Par la même raison aaa $+$ 3 aab $+$ 3 abb $+$ bbb est le cube de a$+$b, parce que a$+$b $\times$ a$+$b $=$ aa $+$ 2 ab $+$ bb, *carré* de a$+$b, et que sa *racine carrée* a$+$b $\times$ aa $+$ 2 ab $+$ bb, son *quarré*, produit aaa $+$ 3 aab $+$ 3 abb $+$ bbb $=$ a₃ $+$ 3 a² b $+$ 3 a b₂ $+$ b³.

Voilà des connoissances préliminaires qu'il faut graver profondément dans votre mémoire, pour être en état d'extraire facilement les racines carrée et cubique d'un carré, d'un cube quelconque proposés. Je vous conseille de vous occuper dans votre cabinet à former non seulement des carrés et des cubes arithmétiques, mais encore des carrés et des cubes algébriques. Je vous préviens que l'extraction des racines carrée et cubique est une des opérations les plus difficiles de l'arithmétique numérique et algébrique.

Théodore. Ces opérations sont très-faciles à faire ; j'en ferai à l'instant tant que vous voudrez.

Le Maître. Trouvez le cube de 100.

Théodore. Le cube de 100 est 1000000. En effet 100 $\times$ 100 $=$ 10000, *quarré* de 100 ; et 100 $\times$ 10000 $=$ 1000000, *cube* de 100.

XIV. LEÇON.

XIV. LEÇON (*).

De l'étincelle électrique.

LE Maître. Lorsqu'on approche le bout du doigt ou un morceau de métal d'un corps quelconque fortement électrisé, on aperçoit une ou plusieurs étincelles très-brillantes qui éclatent avec bruit ; et si ce sont deux corps animés que l'on applique à cette épreuve, l'effet dont il s'agit, est toujours accompagné d'une piquûre qui se fait sentir de part et d'autre, et souvent même d'une commotion très-sensible. Voilà ce que le vulgaire regarde comme la moins remarquable des expériences de l'électricité ; et voilà ce qu'un Physicien attentif doit regarder comme le fait le plus intéressant : il renferme en petit, et, si je puis ainsi parler, en germe les phénomènes électriques les plus frappans et les plus terribles. Aussi doit-on adopter avec empressement et sans crainte le système qui fournira la meilleure explication de l'étincelle électrique.

Caroline. Expliquez-vous facilement, dans votre système, cette première expérience ? Je l'ai toujours regardée comme très-intéressante.

Le Maître. Le plus facilement du monde. Un homme non isolé approche-t-il le bout du doigt d'un corps quelconque fortement électrisé, par exem-

---

(*) C'est la 40e. Leçon du cours de Physique à la portée de tout le monde.

ple, du *conducteur* de la machine ? Alors l'atmosphère dense de celui-ci, par la loi de l'équilibre
entre deux liquides homogènes, se porte vers
l'atmosphère rare de celui-là, à peu près comme
l'air extérieur se porte vers l'air contenu dans une
chambre dans laquelle on vient d'allumer du feu.
Ces deux atmosphères composées de particules
inflammables, se mêlent avec impétuosité, se
choquent avec force, et par-là même s'enflamment
nécessairement.

Théodore. Cette explication est en effet bien
naturelle. Mais, si je monte sur le gâteau de résine, et que je communique par une chaîne de
métal avec le *conducteur* de la machine, je n'en
excite aucune bluette, lorsque j'approche mon
doigt de ce *conducteur*. Pourquoi cela ?

Le Maître Eh ! comment pourriez-vous en exciter ? Isolé sur le gâteau de résine, ne faites-vous
pas un *tout* avec le *conducteur* aussi isolé que vous ?
Vous êtes donc entourés, l'un et l'autre, d'atmosphère d'une égale densité. Vos deux atmosphères doivent donc se mêler paisiblement et
sans qu'il y ait entre leurs molécules aucun choc
capable d'exciter une inflammation et par conséquent de donner une bluette électrique. Est-ce
que l'air extérieur entre dans votre chambre,
lorsque sa densité n'est pas plus grande que celle
de l'air intérieur ?

Théodore. Cette explication, lorsque vous la
donnâtes pour la première fois, dût être au goût
de tous les Physiciens ?

Le Maître. Elle ne fut pas du goût de M. l'Abbé
Nollet ; et cette diversité d'opinions occasionna
entre deux amis une dispute littéraire qu'on regarda avec raison comme le modèle des disputes

en ce genre. Elle est consignée d'une part dans le troisième volume des lettres de M. l'Abbé Nollet, entre les pages 178 et 207, et de l'autre dans mon ouvrage intitulé : l'électricité soumise à un nouvel examen, imprimé en 1768.

Théodore. Comment M. l'Abbé Nollet explique-t-il la formation de l'étincelle électrique ? Mettez-nous au fait de son système sur l'électricité.

Le Maître. Le voici en peu de mots. Trente-trois propositions présentent le système de M. l'Abbé Nollet dans tous ses points. Je ne vous rapporterai pas ici les 18 premières; elles ne contiennent que des notions ou plutôt des principes avoués de tous les Physiciens électrisans; je vous les ai mis sous les yeux dans la leçon précédente. C'est donc dans les 15 propositions suivantes que l'on trouve ce que l'on peut appeler le système de M. l'Abbé Nollet sur l'électricité.

La matière que nous nommons électrique s'élance du corps électrisé, et se porte progressivement aux environs jusqu'à une certaine distance.

Tant que dure cette émanation, une pareille matière vient, de toutes parts au corps électrique, remplacer apparemment celle qui en sort.

Ces deux courans de matière qui vont en sens contraire, exercent leur mouvement en tout sens.

La matière qui va au corps électrisé, lui vient non seulement de l'air qui l'entoure, mais aussi de tous les autres corps qui peuvent être dans son voisinage.

Les pores par lesquels la matière électrique

s'élance du corps électrisé , ne sont pas en aussi grand nombre que ceux par lesquels elle y rentre.

La matière électrique sort du corps électrisé en forme de bouquets ou d'aigrettes dont les rayons divergent beaucoup entre eux.

Elle s'élance de la même manière et avec la même forme des endroits où elle demeure invisible.

Il y a toute apparence que cette matière invisible qui agit beaucoup au-delà des aigrettes lumineuses, n'est autre chose qu'une prolongation de ces rayons enflammés, et que toute matière électrique dont le mouvement n'est point accompagné de lumière, ne diffère de celle qui éclaire ou qui brûle que par un moindre degré d'activité.

La matière électrique , tant celle qui émane des corps électrisés, que celle qui vient à eux des corps environnans, est assez subtile , pour passer à travers les matières les plus compactes, et elle les pénètre réellement.

Elle ne pénètre pas tous les corps indistinctement avec la même facilité.

Les matières sulfureuses, grasses ou résineuses, par exemple, les gommes, la cire , la soie même, etc., ne la reçoivent et ne la transmettent que peu ou point du tout, si elles ne sont frottées ou échauffées.

Elle pénètre plus aisément et se meut avec plus de liberté dans les métaux , dans les corps animés, dans une corde de chanvre, dans l'eau, etc, que dans l'air même de notre atmosphère.

La matière électrique est par-tout au dehors, comme au-dedans des corps tant solides que liquides , et spécialement dans l'air de notre atmosphère.

La matière électrique est la même que celle du feu et de la lumière.

Cette matière, la même au fond que le feu élémentaire, est unie à certaines parties du corps électrisant, ou du corps électrisé, ou du milieu par lequel elle passe.

Conclusion. Tout le mécanisme de l'électricité dépend, suivant M. Nollet, d'un feu qui sort du corps actuellement électrique, et d'un feu qui vient à ce même corps. Le premier s'appelle *matière électrique effluente*, et le second *matière électrique affluente*.

Théodore. Vous admettez, comme M. Nollet, des *effluences* et des *affluences*. Quelle différence y a-t-il entre les vôtres et les siennes ?

Le Maître. Elles n'ont de commun que le nom. Dans le système de M. Nollet, *la matière effluente* ne rend électriques que les corps isolés ; dans mon système, elle rend électriques les corps isolés et les corps non isolés, ceux-ci *à demi* et ceux-là *totalement*.

Dans le système de M. Nollet, la *matière effluente* ne devient jamais *matière affluente* ; dans mon système elle le devient quelquefois, au moins en partie, à cause de la densité et de l'élasticité de l'air environnant. C'est pour cela sans doute que l'électricité est plus forte pendant l'hiver que pendant l'été ; plus forte encore lorsque la bise souffle, que lorsqu'il règne le vent du midi. Pendant l'hiver et en temps de bise, l'air est plus dense ou du moins plus élastique que pendant l'été ou lorsque le midi souffle.

Dans le système de M. Nollet, enfin, la si-

multanéité des deux courans *effluent* et *affluent*
est réelle et physique ; dans mon système, elle
n'est qu'apparente et sensible : il est démontré
que le *plein parfait* n'existe pas même aux environs de la terre ; et cependant ce *plein* devroit exister, pour que la *simultanéité réelle* pût
avoir lieu.

Caroline. Comment, dans son système,
M. l'Abbé Nollet explique-t-il l'étincelle électrique ?

Le Maître. Quand on présente, dit-il, un
corps non isolé (sur-tout si c'est un animal ou
du métal) à un autre corps fortement électrisé,
les rayons effluents de celui-ci, naturellement
divergens et par conséquent raréfiés, acquièrent
une plus grande force pour deux raisons; 1°. parce
qu'ils coulent avec plus de vîtesse; 2°. parceque
leur divergence diminue et qu'ils se condensent:
deux circonstances qu'il est aisé d'observer, si
l'on présente le doigt aux aigrettes lumineuses, et
qui s'expliquent aisément, quand on sait d'ailleurs que la matière électrique trouve moins de
difficulté à pénétrer dans les corps les plus denses, que dans l'air même de l'atmosphère. Ce
n'est donc plus seulement une matière effluente
et rare qui heurte une autre matière venant de
l'air avec peu de vîtesse ; c'est un fluide con-
densé et accéléré qui en rencontre un autre (celui
qui vient du doigt) presque aussi animé que lui
et par les mêmes raisons: ainsi le choc doit être
plus violent, l'inflammation plus vive, le bruit
plus éclatant.

Cette explication est tirée mot par mot de
l'essai sur l'électricité de M. l'Abbé Nollet, *pag.*
182 et du tome sixième de ses leçons de Physique,
pag. 458.

Caroline. C'est ma faute sans doute ; mais je vous avoue franchement que je n'entends rien à cette explication ; j'ai cependant très-bien compris la vôtre.

Le Maître. Je n'y entends guères plus que vous. Ce n'est pas cependant ainsi qu'il faut attaquer cette explication.

Caroline. Comment l'avez-vous attaquée dans votre électricité soumise à un nouvel examen ?

Le Maître. Voilà, Monsieur, *lui ai-je dit*, de beaux et grands principes. Il est fâcheux qu'ils vous conduisent à dire qu'un homme isolé sur le gâteau de résine à la manière ordinaire, doit tirer une très-forte étincelle, lorsqu'il approche le bout du doigt du *conducteur* électrisé avec lequel il communique par une chaîne de métal. En effet, pourquoi dans votre système, l'homme aussi électrisé que le *conducteur*, approcheroit-il impunément le doigt vers la machine ? N'y a-t-il pas un choc très-violent entre les rayons qui sortent de son doigt et ceux qui viennent du *conducteur* ? Ces rayons ne sont-ils pas assez près de leur source, pour avoir une divergence presqu'insensible ? Il devroit donc, dans cette occasion, éclater une étincelle terrible, une inflammation beaucoup plus vive que celle qui éclate dans le cas de l'homme non isolé. Vous savez cependant qu'il ne paroît pas alors vestige de bluette. La grande différence qui se trouve entre vos principes et les miens, c'est que vos principes vous conduisent à dire que l'homme isolé devroit tirer une étincelle du *conducteur* électrisé, et qu'il suit des miens que l'homme isolé n'en devroit tirer aucune, c'est-à-dire, que l'expérience détruit vos principes, tandis qu'elle confirme la vérité des miens. Vous me ferez plaisir de répondre à cette difficulté ; elle me paroît insoluble.

Caroline. Que vous répondit M. l'Abbé Nollet ?

Le Maître. Il m'avoua que M. *Villette*, Opticien du Prince de Liége, lui avoit fait la même difficulté. Je ne vois pas, *lui disoit-il*, comment, dans votre système, l'on peut expliquer le phénomène suivant : deux hommes placés sur deux gâteaux de résine, et devenus électriques par la communication qu'ils ont avec le *conducteur* électrisé, ne peuvent pas se tirer des bluettes l'un de l'autre, quoiqu'ils en tirent très-facilement, non seulement des personnes qui ne communiquent pas avec la machine, mais encore du frotteur isolé et sensiblement électrisé. M. l'Abbé Nollet me fit part de la réponse qu'il venoit de faire à M. *Villette*, parce que dans le fonds ma difficulté étoit la même.

Caroline. Quelle est donc cette réponse ? Je conviens que la difficulté est la même.

Le Maître. Vous supposez, *répondit M. l'Abbé Nollet à M. Villette*, que deux personnes isolées et électrisées à la manière ordinaire, ne peuvent point s'exciter des étincelles l'une à l'autre ; j'avoue que c'est le cas ordinaire ; et je conviens que si l'on veut les faire étinceller plus sûrement et d'une manière plus sensible, la règle est que l'une des deux ne soit point isolée, ou si elle l'est, qu'elle communique avec le coussin, tandis que l'autre fait partie du *conducteur.* Mais cette règle pourtant n'est pas si générale, qu'elle n'ait ses exceptions. J'ai remarqué plus d'une fois qu'une personne isolée faisoit étinceller avec son doigt une chaîne de fer qui étoit employée comme *conducteur* et qui l'embrassoit comme une ceinture ; de plus j'ai fait voir à des témoins dignes de foi, que deux personnes électrisées par le même globe, faisoient naître des étincelles, en se présentant le doigt l'un à l'autre ; et c'en est assez, ce me semble, pour montrer que ces feux peuvent résulter de l'action combinée de deux électricités. *Tom. 3 des lettres de M. l'Abbé Nollet sur l'électricité, pag. 254.*

M. l'Abbé Nollet avoit raconté ailleurs cette dernière expérience ; le globe isolé fut frotté par deux personnes isolées, qui appliquèrent chacune une de leurs mains à deux endroits diamétralement opposés de sa surface ; ces deux personnes devinrent foiblement électriques, assez cependant pour tirer de petites étincelles l'une de l'autre. *Même ouvrage, tome 2, page 267.*

Caroline. Et vous fûtes content de cette réponse ; je n'en suis rien moins que satisfaite.

Le Maître. J'en fus très-mécontent ; elle détruit son système, et elle confirme le mien.

Caroline. Que répondites-vous donc à M. l'Abbé Nollet ?

Le Maître. Le voici. Je ne sais, Monsieur, ce qu'aura pensé M. *Villette*, en recevant votre lettre ; mais je sais bien que si j'étois à sa place, j'aurois plus d'une question ultérieure à vous faire. Et d'abord il suffit que pour l'ordinaire deux hommes également électrisés, ne puissent pas se tirer des bluettes l'un de l'autre, pour que vous soyez obligé de trouver dans vos principes l'explication de ce fait.

D'ailleurs, Monsieur, est-il bien vrai que

l'expérience dont il s'agit, souffre des exceptions ? Je ne le crois pas. Lorsque vous avez vu une personne isolée faire étinceller avec son doigt une chaîne de fer qui étoit employée comme *conducteur* et qui l'embrassoit comme une ceinture, je suis assuré que le doigt et la chaîne n'avoient pas un égal degré d'électricité. Peut-être l'homme entouré de la chaîne, étoit-il vêtu d'une étoffe de soie, ou de quelque autre étoffe qui s'opposoit à la communication parfaite de l'électricité.

De même vos deux frotteurs isolés ne se tiroient des bluettes l'un de l'autre, que parce qu'ils n'avoient pas le même degré d'électricité. Vous êtes trop éclairé pour ne pas voir que ce ne sont pas là des exceptions à la règle générale, qui nous apprend que deux hommes également électrisés ne se font jamais étinceller l'un, l'autre.

Caroline. Comme finit votre dispute avec M. l'Abbé Nollet ?

Le Maître. Comme elle devoit finir entre deux amis qui ne cherchent que le progrès des sciences. J'envoyai à M. l'Abbé Nollet mon *électricité soumise à un nouvel examen*, ouvrage que je lui dédiai. Il m'avoua, après l'avoir lu, qu'il me rendoit les armes, et que, pour ne pas induire ses lecteurs en erreur, il publieroit, dans le premier ouvrage qu'il feroit imprimer, l'insuffisance de son système dans l'explication des phénomènes électriques. L'unique reproche que j'aie à vous faire, *me disoit-il*, c'est d'avoir trop orné la victime, pour en faire un plus beau sacrifice. La mort l'empêcha de tenir, vis-à-vis le public, une conduite aussi généreuse.

Théodore. D'où vient le petit bruit dont l'étincelle électrique est toujours accompagnée ?

Le Maître. Vous qui savez comment se forme le son, vous me faites cette demande ! Voilà ce qui m'étonne. Ne voyez-vous pas que l'air placé entre l'atmosphère dense et l'atmosphère rare est chassé par le mélange et dilaté par l'inflammation. Cet air, en vertu de son élasticité, reprend son premier état ; et c'est en le reprenant, qu'il cause le petit bruit dont l'étincelle électrique est toujours accompagnée.

Théodore. Lorsque deux corps animés tirent des bluettes l'un de l'autre, ils sentent des piqûres très-fortes. Je ne vous en demande pas la raison, rien n'agit tant sur les corps animés que le feu enflammé.

Le Maître. C'est ainsi en effet que j'expliquois la douleur toujours inséparable de l'étincelle électrique, ainsi que la petite commotion qui s'étend plus loin que la douleur. M. l'Abbé Nollet me fit remarquer que mon explication étoit insuffisante. Il avoit raison. Pour expliquer physiquement ces deux petits phénomènes, il faut nécessairement recourir, avec ce grand Physicien, aux deux filets de matière enflammée qui, après s'être rencontré en sens contraire, et s'être choqué fortement, souffrent chacun une repercussion qui rend leur mouvement rétrograde ; et cette réaction d'un filet de matière, en s'enflammant, doit distendre avec assez de violence les pores de la peau, pour causer une douleur très-vive, et remonter assez avant dans le bras, pour occasionner une commotion très-sensible.

Théodore. Vous nous ferez sans doute maintenant l'abrégé de la vie littéraire de M. l'Abbé

Nollet; personne ne la fera mieux que vous; c'étoit votre ami, vous devez en savoir toutes les particularités; vous aurez occasion de payer à sa mémoire le juste tribut d'éloges que mérite ce grand Physicien.

Le Maître. Jean-Antoine Nollet de l'Académie Royale des Sciences, de la Société Royale de Londres, de l'Institut de Bologne, etc., Maître de Physique et d'Histoire Naturelle des enfans de France, et Professeur Royal de Physique expérimentale au Collége de Navarre et aux écoles du génie et de l'artillerie, nâquit à Pimpré, village du Diocése de Noyon, le 19 novembre 1700. Je regarde M. l'Abbé Nollet comme l'un des plus grands hommes que la France ait produit, dans l'art de faire des expériences. Son cours de Physique expérimentale est un chef-d'œuvre. La clarté, la méthode et la pureté du style en rendent la lecture aussi agréable qu'utile. Ce cours contient 9 volumes *in-12*. Les six premiers ont pour titre, *leçons de Physique expérimentale*; les trois derniers apprennent la construction et l'usage des instrumens, la préparation et l'emploi des drogues qui servent aux expériences. S'il avoit su la géométrie et l'algèbre, il eût été en état, mieux que personne, de composer un cours complet de Physique.

Nous avons encore de M. l'Abbé Nollet 5 volumes in-12 sur l'électricité dont il peut être regardé comme l'Apôtre. Le premier est un *essai*; le second contient des *recherches* sur les causes des phénomènes électriques; les trois derniers forment un *recueil* de 22 lettres, adressées à différens Physiciens de l'Europe, avec qui M. l'Abbé Nollet étoit en correspondance. J'y occupe, malgré

mon peu de mérite, une place assez distinguée ;
et sa dix-neuvième lettre est une preuve du cas
qu'il faisoit de mes foibles productions. C'est
cette lettre là-même qui me donna occasion de
composer, en 1768, mon *électricité soumise à.
un nouvel examen.* Je dédiai cet ouvrage à M.
l'Abbé Nollet ; et dans l'épitre dédicatoire, je fis
son éloge en ces termes.

MONSIEUR,

On dédie ses livres à des Savans pour étendre sa réputation ; et on les dédie à des amis
pour exprimer les sentimens de son cœur. Pour
moi, en offrant mon ouvrage à un Savant qui
veut bien me permettre de prendre avec lui
le nom d'ami, je suis assuré de recueillir l'un et
l'autre avantage. Oui, Monsieur, l'intérêt que
vous voulez bien prendre au nouvel ouvrage que
que je mets au jour, et les marques d'estime que
vous m'avez données, dans le temps même que
vous avez cru devoir écrire contre ma manière
de penser en fait d'électricité, sont bien plus capables de me faire un nom, que les livres de
Physique et de Mathématique que j'ai donnés jusqu'à présent au Public. Mais ce qui me flatte
encore davantage, c'est que je sais que notre
dispute littéraire, en devenant le modèle des disputes, ne contribuera pas peu à cimenter l'union
qui règne entre vous et moi depuis bien des
années.

Permettez-moi cependant de vous le dire,
Monsieur, vous avez un peu trop étendu les
droits de l'amitié, lorsqu'en me permettant de
mettre votre nom à la tête de mon ouvrage,
vous m'avez interdit ce qui devoit faire le plus

bel ornement de mon épitre dédicatoire, je veux
dire, les justes éloges que je comptois donner à
vos talens et à vos vertus ; aussi ai-je été tenté
plus d'une fois de manquer à la promesse que je
vous ai faite, comme malgré moi. Tout ce qui
me tranquillise, c'est qu'en supprimant le détail
intéressant des services que vous avez rendus'
et que vous rendez tous les jours aux sciences,
je n'ai supprimé, dans le fond, que ce que toute
l'Europe publie, et ce qu'attesteront vos ouvrages
dans les siècles à venir, tant que durera le goût
de la saine Physique. Jouissez long-temps d'une
réputation si bien méritée. Soyez persuadé qu'il
n'est personne au monde qui y prenne plus de
part que moi, parce qu'il n'est personne au
monde qui soit avec plus de respect et plus
d'attachement, etc.

Mes vœux ne furent pas accomplis. La mort
nous enleva M. l'Abbé Nollet au milieu de la 70e.
année de son âge. Ce digne ecclésiastique mourut
de la mort des Saints au mois d'avril 1770.

Caroline. Lorsque nous serons parfaitement au
fait de l'électricité, nous lirons avec empressement
la dispute littéraire entre M. l'Abbé Nollet et
vous.

Le Maître. Réfléchissez sur ce que je vous ai
appris dans ces deux leçons ; vous serez en état
d'expliquer la plupart des phénomènes électriques
que je vais vous mettre sous les yeux dans la
leçon suivante.

Théodore. Nous savons former non seulement
un carré et un cube arithmétique, mais encore
un carré et un cube algébrique ; il s'agit maintenant de nous apprendre à en extraire les racines.
Commençons par la racine carrée.

Le Maître. Extraire la racine d'un carré proposé, c'est trouver le nombre qui, en se multipliant lui-même, a produit ce carré. Pour saisir plus facilement la méthode que je vais vous donner, vous aurez continuellement sous les yeux l'exemple suivent, dans le temps que je vous donnerai les règles de l'extraction de la racine carrée.

Exemple.

Carré parfait. 9025

      81   *Racine carrée* 95

      925

      185

      925

1°. Je souscris des *points* de deux en deux chiffres, à commencer par celui qui est à ma droite, c'est-à-dire, par les unités. Le nombre de ces *points*, marquera le nombre des chiffres de la racine que je cherche. Dans l'exemple supérieur, j'ai placé un *point* sous le chiffre 5, et un autre sous le chiffre o. La racine du carré proposé sera donc composée de deux chiffres.

2°. Je prends les chiffres qui correspondent au second *point* du carré proposé, c'est-à-dire, 90, et j'examine s'ils forment un carré parfait. Je trouve que non, parce qu'il n'y a point de nombre qui en se multipliant lui-même, produise 90; vous en avez la preuve dans le *tableau* que

j'ai mis à la fin de la leçon précédente. Je cherche donc quel est le plus grand carré renfermé
dans 90 ; je vois par ce *tableau* que c'est 81. Je
mets 81 sous 90.

3°. J'extrais la racine carrée de 81 ; je vois
par mon *tableau* que c'est 9 ; je la mets à part.

4°. Je soustrais 81 de 90 ; il me reste 9, et
voilà la première opération faite.

5°. Je descends à côté de 9 le troisième et le
quatrième chiffres du carré proposé, c'est-à-dire,
25, et j'ai 925 ; c'est par où commence la seconde opération.

6°. Je double la racine 9, et jamais 18
sous 92.

7°. J'examine combien de fois 18 est dans 92 ;
et comme il y est 5 fois, je mets 5, non seulement dans le *quotient* qui représente la racine
carrée, mais encore à côté de 18, tellement que
j'ai 95 dans mon *quotient*, et 185 sous 925.

8°. Je multiplie 185 par 5, et comme j'ai
pour *produit* 925, je conclus que 95 est la racine
carrée de 9025.

Théodore. La preuve est fort aisée à faire. Je
multiplie 95 par 95, et comme j'ai pour *produit*
9025, je conclus que l'opération est exacte. Mais
si la racine carrée d'un carré proposé, étoit composée de 3 chiffres, comment vous comporteriez
vous dans la troisième opération ?

Le Maître. Comme dans la seconde, avec la
différence que j'aurois doublé les deux racines
trouvées.

XV. LEÇON.

XV. LEÇON (*),

Suite des phénomènes électriques.

LE Maître. Vous avez réfléchi, je le sais, sur mon système général d'électricité, et sur la manière dont j'explique, dans ce système, l'étincelle électrique. Avez-vous saisi *l'ensemble* des différentes propositions dont il est composé? Trouvez-vous quelque chose de forcé, quelque chose de peu naturel dans l'explication que je donne de l'étincelle électrique?

Caroline. J'ai eu occasion de parler de votre système; on a bien voulu donner des éloges à la manière dont je l'ai exposé. J'ai pris, comme je le devois, ces éloges pour des complimens. Mais ce qu'il y a de sûr, c'est que tout le monde a convenu qu'il étoit très-conforme aux lois de la saine Physique.

Théodore. Il m'arriva hier une avanture que je dois vous raconter. Je me trouvai chez M. ****. qui a dans son cabinet de Physique une superbe machine électrique *à plateau.* Il sait son *Nollet* par cœur; il a fait dans sa jeunesse un cours de Physique expérimentale sous ce grand Physicien. Nous parlâmes *électricité.* Il me fit placer sur le gâteau de résine; il me fit communiquer avec le *conducteur* par la chaîne ordinaire de métal. Il

---

(*) C'est la 41e. leçon du cours de Physique à la portée de tout le monde.

me tira de très-vives bluettes ; je lui en tirai d'aussi vives, parce qu'il n'étoit pas isolé. Je parus surpris de ce phénomène. Je lui en demandai l'explication, et il me donna celle de M. l'Abbé Nollet. J'approchai alors mon doigt du *conducteur*, et comme je n'en tirai aucune bluette, je le priai de m'expliquer, dans son système, cette espèce de jeu de la nature. Il chercha, il se frotta le front, et il fut réduit au silence. Je lui exposai alors votre système, et il convint que celui de M. Nollet étoit au moins insuffisant.

Le Maître. Ce sera donc vous deux qui expliquerez la plupart des phénomènes électriques que je vais vous mettre sous les yeux ; vous n'aurez presque pas besoin de mon secours.

Électrisez un corps ou par *frottement* ou par *communication*, et présentez-lui quelque corps léger, par exemple, quelques feuilles de métal ; vous les verrez tantôt attirées et tantôt repoussées par le corps électrisé. C'est-là le phénomène des *attractions* et des *répulsions* électriques. Expliquez-le, Caroline.

Caroline. La chose n'est pas bien difficile. N'admettez-vous pas dans votre système une matière *effluente* et une matière *affluente* ? La première emportera nécessairement avec elle les corps légers, les obligera à fuir le corps électrisé, et causera les *répulsions* électriques. La seconde portera nécessairement les corps légers vers le corps électrisé, et causera les *attractions* électriques.

Le Maître. Ayez une corde de chanvre mouillée, aussi longue que vous le voudrez ; attachez-la au *conducteur* de la machine électrique par un bout, et placez sur le gâteau de résine un homme qui tienne l'autre bout de la corde : si la corde est isolée, c'est-à-dire, si elle est soutenue, d'espace en espace, par le moyen de quelques rubans ou de quelques cordons de soie, l'homme placé sur le gâteau de résine, s'électrisera presqu'à l'instant qu'on tournera le globe, quelqu'éloigné qu'il soit de la machine électrique, et quelques détours que fasse la corde.

Théodore. Je n'en suis pas étonné. Si le *conducteur* étoit d'une longueur prodigieuse, l'homme placé sur le gâteau, et communiquant, par une chaîne de métal, avec l'extrémité de ce *conducteur*, ne seroit-il pas électrisé ? Pourquoi ne le seroit-il pas de même, lorsqu'il tient un bout de la corde attachée au *conducteur* ? La corde de chanvre transmet presque aussi bien l'électricité que le métal.

S'il est électrisé presqu'à l'instant qu'on tourne le globe, c'est que le feu se propage avec une vîtesse incompréhensible. Elle est au moins aussi grande que celle de la lumière; et vous nous avez assuré, dans la dix-huitième leçon du premier volume, *page* 283, que la lumière parcourt environ quatre millions de lieues dans une minute; vous vous êtes même engagé à nous donner dans la suite la démonstration la plus sensible d'une aussi étonnante proposition.

Le Maître. Votre explication est très-naturelle. Je vous ferai cependant remarquer qu'il n'est pas nécessaire, pour expliquer ce phénomène, de supposer que les particules ignées ont un mouvement local depuis le globe jusqu'à l'extrémité de la corde de chanvre. La matière électrique réside dans tous les corps, et elle est composée de rayons dont les parties sont contiguës. Il est impossible de faire tourner le globe, sans que l'une des extrémités de ces rayons soit agitée ; et il est impossible que l'une des extrémités de ces rayons soit agitée, sans que l'autre le soit presqu'au même instant. Il en est à peu près des rayons de la matière électrique, comme de 500 boules élastiques, égales, contiguës et rangées de file. Frappez la boule que vous voyez placée au commencement de la ligne, vous verrez partir presqu'au même instant celle qui est placée à l'extrémité. Si cela arrive pour des corps aussi massifs que des boules, a n'arrivera-t-il pas pour des particules aussi déliées que celles dont est composé le feu électrique ?

Théodore. Mais pourquoi une corde de chanvre mouillée réussit-elle beaucoup mieux qu'une corde sèche ?

Le Maître. Parce que la matière électrique se dissipe plus difficilement à travers celle-là, qu'à travers celle-ci.

Caroline. C'est à moi à expliquer l'expérience suivante. Proposez-m'en une jolie. Celle que j'ai expliquée, ne signifioit rien ou presque rien.

Le Maître. Qu'un homme électrisé passe légèrement sa main sur une personne non électrique, vêtue de quelque étoffe d'or ou d'argent ; il la fera étinceller de toute part, non seulement elle, mais encore toutes les personnes qui sont habillées de pareilles étoffes et qui la touchent.

Caroline. Vous venez de nous dire que la matière électrique réside dans tous les corps, et qu'elle est composée de rayons dont les parties sont contiguës. Je me représente donc les étoffes d'or et d'argent, comme remplies et pénétrées de la matière électrique en repos. Je me représente un homme électrisé comme rempli et pénétré de la matière électrique en mouvement. Lorsque cet homme passe légèrement la main sur une personne non électrique vêtue de quelque étoffe d'or ou d'argent, il en sort une matière qui met en mouvement et en feu celle qui étoit renfermée dans l'étoffe d'or ou d'argent : l'on doit donc voir sortir des étincelles non seulement de la personne que l'homme électrisé touche, mais encore de toutes celles qui sont en contact avec lui, et qui sont vêtues de pareilles étoffes. Nous savons que l'électricité se communique presqu'en un instant par une corde mouillée de 1200 pieds de longueur ; à plus forte raison doit-elle se communiquer à quelques personnes qui se touchent et qui sont vêtues de pareilles étoffes.

Le Maître. Il n'y a rien à ajouter à votre explication. Cependant pour la rendre plus sensible, je comparerois sans peine la matière électrique renfermée dans l'étoffe d'or ou d'argent, à une infinité de grains de poudre rangés l'un après l'autre ; le premier mis en feu, enflamme tous les autres. Expliquez, Théodore, le phénomène suivant.

Placez une personne sur le gâteau de résine ; faites-la communiquer avec le *conducteur* par la chaîne ordinaire ; électrisez-la par le moyen du globe de verre, et qu'une personne non électrisée lui présente dans une cuiller de métal de l'esprit de vin, ou une liqueur inflammable légèrement chauffée ; la personne électrisée allumera la liqueur avec le bout de son doigt.

Théodore. Cela doit arriver ainsi. La matière électrique n'est-elle pas un vrai feu ? Le feu, lorsqu'il a un certain degré de mouvement, et qu'il se joint à un corps inflammable, ne pénètre-t-il pas ses parties; ne les dissipe-t-il pas en flamme ou en fumée? Il n'est pas donc surprenant que, puisqu'il sort du doigt d'un homme électrisé des particules de feu, et que ces particules se joignent à un corps aussi inflammable que l'est l'esprit de vin, il n'est pas surprenant, dis-je, que cette liqueur soit allumée.

Le Maître. M. l'Abbé Nollet a éprouvé que, lorsque l'électricité est forte, le degré de chaleur préparatoire n'est pas d'une nécessité absolue pour le succès de l'expérience que vous venez de si bien expliquer.

M. Nollet fait encore sur cette expérience une remarque très-sage. Le doigt, dit-il, qui se présente à la liqueur, ne doit pas la toucher, mais seulement s'en approcher à une petite distance. S'il a été plongé, il faut l'essuyer ou en présenter un autre; car, sans cela, on court risque de n'avoir point d'étincelle, et de manquer l'expérience. L'obstacle vient de ce qu'un corps mouillé d'esprit de vin, est un corps enduit d'une matière sulfureuse, à travers laquelle la matière électrique a peine à se faire jour pour sortir.

Théodore. Mais cette matière passe bien à travers l'esprit de vin qui est dans la cuiller; pourquoi ne passeroit-elle pas à travers celui dont le doigt est enduit?

Le Maître. L'esprit de vin qui est dans la cuiller, est chaud; au lieu que celui qui est autour du doigt, ne l'est plus, un instant après l'émersion. Expliquez, Caroline, le phénomène suivant.

Prenez divers oignons de jonquille, de jacinthe, et de narcisse; posez, suivant la coutume, sur des caraffes pleines d'eau. Choisissez pour cette expérience des oignons dont la plupart aient déjà poussé des racines, et dont quelques-uns même aient des boutons à fleur assez avancés. Mesurez la longueur des racines, des tiges et des feuilles de ces oignons. Mettez quelques-unes de ces caraffes sur des gâteaux de résine, et électrisez-les au moyen de certains fils d'archal qui, partant du *conducteur*, iront plonger dans l'eau de ces caraffes. La différence du progrès des oignons électrisés, comparé à celui d'autres oignons de même espèce et traités de même, à l'électrisation d'après, sera très-sensible. Les oignons électrisés augmenteront plus en feuilles et en tiges ; leurs feuilles s'étendront davantage, et leurs fleurs s'épanouiront plus promptement. Nous devons cette belle expérience à M. Jallabert, célèbre professeur de Physique expérimentale à Genève, dont j'aurai occasion de vous parler dans la suite, et sur-tout dans mes leçons sur *l'électricité médicale.*

Caroline. L'expérience est curieuse, j'en conviens ; mais je ne suis pas en état de l'expliquer ; je n'entends rien à la botanique ; nous n'avons eu encore aucune leçon sur cette matière.

Le Maître. Je vais donc vous l'expliquer. La matière électrique augmente le mouvement des sucs nourriciers que les plantes renferment, et contribue par conséquent à pousser et à introduire dans leurs extrémités la sève nécessaire à les développer, les étendre et les augmenter : donc l'électricité a dû hâter sensiblement l'épanouissement des fleurs des oignons contenus dans les caraffes dont on a électrisé l'eau, non pas une, mais plusieurs fois pendant un temps considérable, par exemple, 8 à 9 heures chaque jour.

P 4

M. Nollet a fait une expérience à peu près semblable sur de la graine de moutarde. Une égale quantité semée dans deux vases de métal égaux ; pleins de la même terre, exposés au même soleil, et dont l'un étoit électrisé 5, 6 à 7 heures par jour, avoit végété d'une manière bien différente. La graine électrisée avoit levé plus vîte, et avoit fait constamment plus de progrès ; en sorte que le huitième jour, elle avoit poussé des tiges de 15 à 20 lignes de hauteur, tandis que les plus longues tiges de la sémence non électrisée qui avoit germé, n'excédoient pas 3 à 4 lignes.

Vous n'avez pas pu, Caroline, expliquer cette dernière expérience ; vous expliquerez bien sûrement celle-ci.

Faites jouer la machine électrique, et dans un temps humide et dans un temps sec ; l'électricité sera beaucoup plus forte dans un temps sec, que dans un temps humide.

Caroline. Vous avez raison, je n'aurai point de peine à expliquer cette expérience. Vous nous avez dit, dans la cinquième leçon du premier volume, *pag.* 77, qu'en temps de pluie, l'air a beaucoup moins d'élasticité, que dans un temps sec et serein. Vous nous avez fait remarquer, dans la leçon précédente, que la matière électrique *effluente* du globe devenoit souvent, par la réflexion de l'air, matière électrique *affluente* vers le globe ; c'est même alors que l'électricité est très-forte. Cela supposé, voici comment je raisonne.

Plus l'air est élastique, plus il est propre à réfléchir vers le globe, la matière *effluente* ; donc l'électricité doit être plus forte dans un temps sec, que dans un temps humide.

Le Maître. Par la même raison l'électricité doit être plus forte en hiver qu'en été ; plus forte en temps de bise, que lorsqu'il règne un vent du midi. Expliquez, Théodore, le phénomène suivant.

Tirez une à deux étincelles d'un corps électrisé ; son électricité cessera subitement, ou du moins diminuera très-sensiblement.

Théodore. En tirant des étincelles d'un corps électrisé, j'en fais sortir ce qui le rendoit électrique ; donc son électricité doit, ou cesser subitement, ou diminuer sensiblement.

Le Maître. Je comparerois volontiers un corps dans l'état actuel d'électrisation à un fusil à vent, dont je vous ai parlé dans la troisième leçon du premier volume, *pag.* 46. Lorsque je vous aurai mis sous les yeux le fameux phénomène du *coup fulminant*, vous conviendrez de la justesse de ma comparaison. Les premiers coups que l'on tire avec le fusil à vent, sont terribles ; les derniers ne le sont pas à beaucoup près autant. De même les premières étincelles qu'on tire d'un corps qu'on a électrisé, et dont on ne continue pas l'électrisation, sont très-fortes et très-brillantes ; mais les dernières perdent bientôt toute leur force et tout leur éclat. Expliquez, Caroline, le phénomène suivant.

Electrisez un fluide contenu dans un vase, par exemple, électrisez de l'eau ou du vin contenus dans une bouteille de verre ; et servez-vous, pour la vider, d'un siphon dont la plus longue branche soit terminée par un tube capillaire : l'eau et le vin électrisés couleront incomparablement plus vîte, que l'eau et le vin non électrisés.

Caroline. Ce n'est pas là un phénomène. Le feu élémentaire n'est pas distingué de la matière électrique ; et vous nous avez prouvé, dans la quatrième leçon de ce volume, *pag.* 54, que le feu élémentaire est la cause physique de la fluidité des corps. L'eau et le vin électrisés sont donc plus fluides que l'eau et le vin non électrisés ; l'eau et le vin électrisés doivent donc couler plus vîte que l'eau et le vin non électrisés.

Le Maître. Cette explication est bien naturelle ; je n'en donnerai jamais d'autres. Diriez-vous cependant qu'elle n'a pas été du goût de M. l'Abbé Nollet ? Voici comment il me parle dans sa dix-neuvième lettre, pag. 203.

Je pense, comme vous, que le feu élémentaire répandu dans toute la nature, est la principale cause et la plus générale de la fluidité : je conjecture encore, avec presque tous les Physiciens, que ce fluide subtil qui fait naître la chaleur et l'inflammation, produit aussi les phénomènes de l'électricité ; mais je sais pareillement que, pour ces divers effets, il faut qu'il soit différemment modifié. Quand il met un corps en fusion, quand il en augmente la fluidité, c'est en le rendant sensiblement plus chaud ; ce qu'il ne fait pas ordinairement en produisant les phénomènes électriques. L'esprit de vin ou le mercure du thermomètre le plus sensible, ne monte pas d'un centième de degré, quoiqu'on l'électrise fortement et long-temps de suite : vous n'échaufferez jamais ni solide, ni liquide inanimé par la seule électricité.

Comment voulez-vous donc que je voie avec

vous, qu'un écoulement électrisé, d'intermittent qu'il est, devient continu, et s'accélère *par une augmentation de fluidité*, qu'aucune bonne raison ne m'autorise à supposer, et que l'expérience même semble démentir.

Mais quand on voudroit admettre cette cause, quiconque aura vu le fait, quiconque l'aura examiné, ne pourra se résoudre à penser que la divergence des jets, toutes les directions qu'on peut leur faire prendre indifféremment, l'impétuosité de leurs mouvemens, soient les effets d'une plus grande mobilité de parties qui commence et finit dans un instant, comme l'électrisation. Car c'est un fait constant que l'écoulement s'accélère à l'instant même qu'on électrise, et qu'il recommence à se faire goutte à goutte, dès qu'on cesse d'électriser. On trouvera la vraie cause de cet effet, si l'on fait attention aux effluences qui débouchent par l'extrémité du tuyau capillaire, qui s'y manifestent par un souffle ou par une aigrette, et qui augmentent indubitablement la vîtesse de l'écoulement, en leur communiquant une partie de la leur.

Caroline. Je n'entends rien à l'explication de M. l'Abbé Nollet. *Fiat lux.* Il faut avouer que les grands hommes paroissent quelquefois bien petits, lorsqu'ils veulent s'opiniâtrer à soutenir une mauvaise cause. Que répondites-vous à M. l'Abbé Nollet dans votre *électricité soumise à un nouvel examen ?* Il me tarde de le savoir.

Le Maître. Après lui avoir exposé, dans ma sixième lettre, mon système sur la fluidité des corps ; système qui sera dans la suite le sujet d'une de nos leçons, je lui parle ainsi.

Vous paroissez convaincu, Monsieur, que

l'augmentation de fluidité suit toujours l'augmentation sensible de chaleur ; et comme l'électrisation n'a jamais échauffé sensiblement, ni solide, ni liquide inanimé, vous vous croyez en droit de conclure que l'eau électrisée n'est pas plus fluide que la même eau non électrisée. Vous appuyez votre sentiment sur l'expérience qui vous a appris que le mercure d'un thermomètre électrisé ne montoit pas d'un centième de degré.

Mais est-il décidé que l'augmentation de fluidité soit en raison directe de l'augmentation de chaleur? Newton, le grand Newton, l'oracle des Phycisiens, ne le pensoit pas ainsi. Il assure en termes formels (1) que la chaleur n'augmente que la fluidité des liqueurs dont les parties ont beaucoup de ténacité et beaucoup de viscosité, tels que sont l'huile, le miel, etc. Il croit même que l'eau chaude n'est guère plus fluide que l'eau froide, puisque l'une et l'autre opposent le même degré de résistance.

Je pense donc, avec le commun des Physiciens, que le propre de la chaleur est plutôt de raréfier l'eau et les autres liqueurs dont les parties ont peu de cohérence entre elles, que d'en augmenter la fluidité. Si cela n'étoit pas ainsi, on se verroit forcé de dire que l'eau bouillante est in-

---

(1) Calor multùm facit ad fluiditatem, diminuendo tenacitatem corporum. Fluida reddit multa corpora, quæ alioqui fluida non sunt ; augetque fluiditatem liquorum, ut olei, balsami, mellis ; eorumque vim resistentem eò pacto imminuit. At aquæ vim resistentem non multùm imminuit, quod utique facere deberet , si quidem aquæ resistentiæ pars aliqua notatu digna oriretur ex attritu vel tenacitate partium suarum. *Optique de Newton, livre 3e, question 28e., pag. 196.*

comparablement plus fluide que l'eau froide ; ce qui est contraire à toutes sortes d'expériences. Je conviens donc qu'en électrisant fortement et long-temps de suite l'esprit de vin ou le mercure de votre thermomètre, vous ne le ferez pas monter d'un centième de degré; et je conclus de là, non pas que le feu électrique ne contribue pas à la fluidité des corps, mais qu'il ne contribue pas à leur raréfaction.

Je ne connois aucun Physicien qui ait expliqué les effets du thermomètre par le plus ou moins de fluidité du mercure qu'il contient. Ils disent que cet instrument météorologique est très-propre à nous indiquer les variations qui arrivent dans l'atmosphère par rapport à la chaleur et au froid, parce que la chaleur dilate, et que le froid condense le mercure. Ils concluent de là avec raison que le mercure du thermomètre doit d'autant plus monter, que le temps est plus chaud, et doit d'autant plus descendre que le temps est plus froid. Mais, comme il est très-facile qu'un corps augmente en fluidité sans augmenter en dilatation, il n'est pas étonnant que le mercure d'un thermomètre fortement électrisé ne monte pas d'un centième de degré, quoique, par l'électrisation il soit devenu beaucoup plus fluide qu'auparavant.

Vous ajoutez ensuite, Monsieur, que, puisque l'écoulement de l'eau par un tuyau capillaire, s'accélère à l'instant même qu'on l'électrise, et qu'il recommence à se faire goutte à goutte dès qu'on cesse de l'électriser, vous ne pouvez pas vous résoudre à attribuer à une augmentation de fluidité l'impétuosité de ce mouvement.

Mais ne vous est-il pas démontré que l'électricité doit avoir presqu'à l'instant son effet à des distances très-considérables? Pourquoi donc paroissez vous étonné de l'instantanéité de son action? Pourquoi encore ne voulez-vous pas que l'écoulement accéléré cesse, lorsqu'on fait cesser l'électrisation de l'eau? N'est-il pas naturel que l'effet disparoisse avec la cause qui le produit nécessairement; et ne voyons-nous pas tous les jours que le *conducteur* perd son électricité, à l'instant qu'on cesse de frotter le globe de la machine électrique.

Vous attribuez enfin l'effet dont il s'agit, aux effluences qui débouchent par l'extrémité du tuyau capillaire, qui s'y manifestent par un souffle ou par une aigrette, et qui augmentent indubitablement la vîtesse de l'écoulement, en lui communiquant une partie de la leur.

Mais ces nouvelles effluences n'ont-elles pas pour cause une nouvelle matière ignée qui se rend dans l'eau qu'on électrise; et cette nouvelle matière ignée peut-elle être introduite dans l'eau, sans en augmenter la fluidité, et sans en accélérer ses écoulemens? Il ne paroît pas donc possible de bien expliquer l'expérience dont il est ici question, si l'on ne regarde pas l'eau électrisée comme beaucoup plus fluide que la même eau non électrisée.

Caroline. Je ne suis pas étonnée que M. l'Abbé Nollet vous ait rendu les armes; on ne répond pas à une démonstration. Reprenons l'arithmétique; proposez-moi l'extraction de quelque racine carrée.

Le Maître. Caroline, quelle est la racine carrée de 1849?

Caroline. Je vais opérer selon votre méthode.

Premier exemple.

Carré parfait. 1849

16
____

Racine carrée 43.

249

83
____

249
____

Le Maître. Expliquez vos opérations.

Caroline. 1°. Le carré proposé doit avoir une racine carrée, composée de deux chiffres, parce qu'il n'y a que deux *points* souscrits, l'un sous 9, l'autre sous 8.

2°. Le plus grand carré contenu dans 18 est 16. Je mets 16 sous 18, et sa racine carrée 4 dans mon *quotient.* Je soustrais 16 de 18, j'ai pour *restant* 2, et ma première opération est faite.

3°. A côté de 2, je descends 49, et j'ai 249. Je double la racine 4. Je divise 24 par 8, et je mets 3 et dans mon *quotient* et à côté de 8. Je multiplie 83 par 3; et comme j'ai pour produit 249, je conclus que 43 est la racine carrée de 1849. En effet $43 \times 43 = 1849$.

Théodore. Mais si le nombre proposé n'étoit

pas un carré parfait, à quoi serviroit votre méthode ?

Le Maître. Elle serviroit à trouver le plus grand carré parfait contenu dans le nombre proposé. Opérez sur le carré imparfait 2070.

Théodore. Je vais opérer comme Caroline.

Second exemple.

Carré imparfait.   2070

       16   *Racine carrée appro-*
                  chante 45.

       470
        85
       425

        45

J'ai opéré et j'ai raisonné comme Caroline, et il m'est resté 45, après la dernière soustraction. Que dois-je conclure ?

Le Maître. Vous devez conclure que 45 est la racine du plus grand carré qui se trouve dans 2070. En effet le carré de 45 est 2025. Ajoutez à ce carré les 45 que vous avez eu de reste, vous aurez le carré imparfait proposé 2070.

XVI. Leçon.

XVI. Leçon (*).

De la bouteille électrique connue sous le nom de bouteille de leyde.

LE Maître. C'est par le moyen de la *bouteille électrique*, que l'on produit le plus dangereux, le plus effreyant, le plus terrible de tous les phénomènes électriques, une commotion violente dans les deux bras, dans la poitrine, dans les entrailles et dans tout le corps, commotion qui donne la mort à un moineau, à un pigeon, etc., et qui la donneroit à un homme, si la bouteille étoit trop grande et trop chargée d'électricité. Ce phénomène se nomme en Physique le *coup fulminant*. Aussi est-il le fondement de l'analogie que j'établirai dans la suite entre le tonnerre et l'électricité.

Théodore. Je ne connois que trop cette fameuse expérience. J'ai eu l'imprudence de recevoir le coup fulminant, en hiver et dans un temps de bise, avec une bouteille très-chargée d'électricité. Je me crus mort; je me ressentis toute la journée de la violente commotion que j'avois reçue; bien sûrement je ne m'y exposerai jamais de ma vie.

Caroline. Je n'ai qu'une bien légère idée de cette expérience. Je reçus à l'âge de sept ans le

____

(*) C'est la 42e. Leçon du cours de Physique à la portée de tout le monde.

coup fulminant ; mais c'étoit dans un temps de pluie, et l'on avoit eu soin de ne presque pas charger la bouteille d'électricité. Je fus cependant tellement effrayée de cette expérience, que lorsque je n'étois pas obéissante, l'on me menaçoit de me donner le coup fulminant. Il n'en falloit pas davantage pour me faire obéir *à la lettre*. A qui devons-nous cette fameuse découverte ?

Le Maître. Nous la devons, comme tant d'autres, au hazard. L'expérience en question fut faite, pour la première fois, à Leyde, en l'année 1745, par M. *Muschembroek*, dont je vous ai fait l'éloge à la fin de la neuvième leçon du premier volume, *pag.* 142 ; et voilà pourquoi la bouteille électrique est connue sous le nom de *bouteille de leyde*.

M. *Muschembroek* vouloit électriser de l'eau. De l'extrémité du *conducteur* la plus éloignée du globe, pendoit un fil de laiton. Ce fil plongeoit dans l'eau dont un vase de verre étoit à moitié rempli. Le culot de ce vase posoit sur la paume de l'une de ses mains : de l'autre, il tira une étincelle du *conducteur*, pour connoître le degré d'électricité de la machine. A l'instant il ressentit dans les deux bras, dans la poitrine et en général dans tout son corps, une secousse, telle qu'il crut être dans un grand péril. C'est ainsi qu'il raconte le fait dans la lettre qu'il écrivit à l'Academie Royale des Sciences de Paris, au commencement de l'année 1746.

Caroline. Comment prépare-t-on la bouteille électrique ?

Le Maître. Prenez une bouteille de verre mince ; prenez, par exemple, une bouteille à médecine :

remplissez-la d'eau jusqu'au collet : bouchez-la
d'un bouchon de liége, traversé d'un fil d'archal,
dont l'extrémité inférieure souche le fond de la bouteille, et l'extrémité supérieure, courbée en crochet,
s'élève de quelques pouces au-dessus du bouchon :
suspendez cette bouteille par le crochet au *conducteur* électrisé de la machine électrique, en prenant
bien garde que sa surface extérieure communique
avec le réservoir commun, par le moyen d'une
chaîne de métal qui pendra jusqu'à terre, ou par le
moyen d'un homme non isolé qui empoignera
le fond de cette bouteille ; elle se trouvera, quelques momens après, chargée d'électricité; elle
conservera même plusieurs jours cet état, si
l'on a soin de la déposer sur un corps originairement électrique, dans un endroit qui ne soit
exposé, ni à la poussière , ni à l'humidité de
l'air.

Pour décharger cette bouteille, de manière à
recevoir la violente commotion dont je vous
ai parlé , il faut en tenir le fond dans une
main, et tirer avec l'autre une étincelle du fil
d'archal.

Théodore. Comment expliquez-vous cette terrible expérience ?

Le Maître. En électrisant le fil d'archal de la
bouteille de leyde, je l'ai chargé de matière ignée
à peu près comme l'on charge de poudre un pistolet que l'on veut tirer. En approchant le doigt
du fil de métal, j'ai mis le feu à cette matière
ignée et j'ai déchargé mon fil à peu près comme
l'on décharge un pistolet, en mettant le feu à la
poudre contenue dans le bassinet. Un courant
de matière ignée sort alors avec impétuosité de

l'extrémité supérieure du fil, et entre dans mon corps par la main qui a tiré la bluette; un second courant de matière ignée sort avec autant de force de l'extrémité inférieure du même fil, traverse le verre, et entre dans mon corps par la main qui tient la bouteille. Ces deux courans se choquent violemment, et ce choc me cause cette commotion terrible que je ressens dans tout mon corps.

M. l'Abbé Nollet, qui convient avec moi de l'existence de deux courans électriques, de leur sortie par les deux extrémités du fil de métal et de leur action violente sur différentes parties du corps, me fit remarquer, dans sa *lettre*, que, pour expliquer la commotion, il n'étoit pas nécessaire de faire entrer physiquement les courans en question dans le corps de l'homme qui reçoit le coup fulminant. Il est comme évident, dit-il, que ces deux traits se choquent aux endroits où on les voit s'enflammer, c'est-à-dire, d'une part entre le doigt qui tire l'étincelle et le fil de métal, et de l'autre part entre la bouteille et la main qui la soutient. Sur ce pied là, le torrent de matière ignée qui sort du fil plongé, n'entre point dans le doigt qui se présente à lui; il heurte rudement contre un pareil courant qu'on en voit sortir; il en est de même du courant qui sort de la partie inférieure du fil de métal et de celui que fournit la main qui soutient la bouteille; et c'est de cette double repercussion que naît la commotion que l'on ressent.

Théodore. Que répondites-vous à M. l'Abbé Nollet? Adoptâtes-vous cette explication?

Le Maître. Je lui répondis que son explication ne différant de la mienne que par quelques légères nuances, on pouvoit choisir laquelle des deux on voudroit. Voici donc comment vous raisonnerez, si vous adoptez l'explication de M. l'Abbé Nollet. Le fluide électrique, très-subtil et très-élastique de sa nature, non seulement réside par-tout, au-dedans comme au-dehors des corps, mais encore il jouit en nous d'une continuité, si non parfaites, du moins sensible. Que doit-il donc arriver, lorsqu'on décharge la fameuse bouteille ? Le fluide électrique qui est en nous, est alors mis en mouvement; d'un côté, par le courant que donne l'extrémité supérieure; de l'autre, par celui que donne l'extrémité inférieure du fil de métal. Ces deux courans opposés occasionnent, dans le corps de celui qui tente l'expérience de leyde, un, ou même plusieurs chocs des plus violents; et tous ces chocs produisent plusieurs commotions auxquelles les personnes d'une poitrine foible ne doivent jamais s'exposer.

Théodore. Je comprends qu'on peut expliquer de cette manière les effets du coup fulminant ; ce petit changement ne cause aucun dérangement dans votre système. Je m'en tiens cependant à votre explication ; elle me paroît plus simple et plus naturelle.

Caroline. Je pense comme Théodore. Mais, ne peut-on pas décharger la bouteille de leyde, sans s'exposer à recevoir le coup fulminant?

Le Maître. Vous la déchargerez sans danger et sans éprouver aucune espèce de commotion , en approchant du fil d'archal un corps non électrique ou une pointe de métal; la pointe la décharge, lors même qu'elle est à quelques pouces de distance du crochet. Vous expliquerez sans peine, Caroline, l'expérience suivante.

Formez une chaîne, je ne dis pas de 100, mais de 1000 personnes qui se tiennent toutes par les mains. Posez la bouteille fortement électrisée sur un plat de métal. Que le premier de la bande étende la main sur le plat, et que le dernier tire l'étincelle du fil d'archal ; tous ceux qui participeront à cette expérience, participeront en même temps à la commotion, et cette commotion se manifestera par un cris involontaire qui vous prouvera combien violente a été la secousse qu'ont ressentie tous ceux qui forment la chaîne. Je ne vous cacherai pas que cette expérience rend bien naturelle l'explication de M. l'Abbé Nollet.

Caroline. Puisque la matière électrique réside dans tous les corps, et qu'elle est composée de rayons dont les parties sont contiguës, les deux courans opposés doivent la mettre en mouvement, et causer à l'instant la commotion dans toutes les personnes qui forment la chaîne. Il n'est pas plus étonnant que le choc soit instantané, qu'il est étonnant que l'électricité se communique à l'instant par une corde mouillée de 1200 pieds de longueur.

Le Maître. Prenez un carreau de verre blanc de 18 pouces de long sur 12 de large : collez en-dessus et en-dessous deux plaques de métal de 15 pouces de longueur et de 10 de largeur. Posez ce carreau ainsi couvert sur un corps électrisable par communication, et placez le tout sous le *conducteur* électrisé : faites communiquer par une petite chaîne la partie supérieure du carreau avec le *conducteur*, et mettez une seconde chaîne sous le carreau : si quelqu'un tient d'une main cette seconde chaîne, et qu'il tire de l'autre une bluette de la feuille de métal, il sentira une des plus terribles commotions. C'est-là l'expérience du tableau magique.

Théodore. Il doit la sentir. N'y a-t-il pas deux courans qui se portent vers les deux mains? J'ai éprouvé que je n'en sentois aucune, lorsque je déchargeois le tableau, comme vous nous avez appris à décharger sans danger la bouteille de leyde.

Le Maître. L'action des deux courans se manifeste d'une manière bien sensible dans l'expérience suivante.

Mettez sur le carreau de verre un oiseau, de la tête duquel vous ayez ôté les plumes, et que la même main qui tient la chaîne inférieure, tire une bluette de l'animal, l'oiseau seul éprouvera la commotion et expirera sur le coup. Il se trouvera après sa mort dans l'état de ceux qui sont foudroyés par le tonnerre. Aussi regardai-je nos machines électriques comme les images les plus parfaites de ces nuages effreyants qui portent dans leur sein le plus terrible de tous les météores.

Caroline. Ne faites jamais devant moi une expérience aussi inhumaine. S'il falloit apprendre la Physique au dépens de la vie d'un animal, je renoncerois dès aujourd'hui à l'étude de cette science, quelque plaisir que j'aie à la cultiver. Je ne verrois volontiers étendus sur le tableau magique que les monstres qui assassinent leurs semblables. Mais non, cette mort seroit trop douce ; expirer sur la roue, voilà le supplice auquel on les condamne chez toutes les nations policées.

Le Maître. Voici, Caroline, une expérience qui vous fera plaisir; elle n'a rien d'inhumain, et elle prouve, aussi bien que la précédente, l'existence du choc des deux courans opposés.

Au lieu d'un oiseau, mettez un carton épais sur la feuille de métal, et que la même main qui tient la chaîne inférieure, tâche d'en tirer une étincelle; elle percera le carton, en excitant une flamme à peu près semblable à celle d'une grosse chandelle, et un bruit aussi fort que celui d'un pétard.

M. Franklin a percé plusieurs fois 160 feuilles de papier commun avec une glace de 1200 pouces-carrés, étamées sur ses deux faces. L'on n'a jamais, en pareil cas, aucune espèce de commotion.

Théodore. Si, au lieu d'une bouteille de verre, vous vous serviez, pour l'expérience de leyde, d'une bouteille de métal, qu'arriveroit-il?

Le Maître. Le fil d'archal s'électriseroit aussi peu, que si vous en eussiez tenu le bout dans votre main.

Théodore. Je n'en vois pas la raison; le courant que fournit le bout inférieur du fil d'archal devroit s'échapper plus facilement à travers le métal, qu'à travers le verre.

Le Maître. Il ne s'échappe que trop. L'expérience de leyde ne réussit que parce que la matière électrique, qui a été communiquée au fil d'archal et à l'eau contenue dans la bouteille, ne se dissipe pas à travers les pores du verre, ou ne va pas se perdre dans ces mêmes pores. Il faut donc se servir d'un vase de verre, parce que ce corps étant électrisable par frottement, l'est très-peu par communication. Les bouteilles de métal, au contraire, étant très-électrisables par communication, recevroient et laisseroient passer une grande partie de l'électricité communiquée au fil d'archal et à l'eau : le fil d'archal ne seroit donc plus chargé de matière électrique, et par conséquent l'on ne devroit ressentir aucune commotion.

Théodore. Mais le verre est-il réellement perméable à la matière électrique ? Le raisonnement que vous venez de faire paroît indiquer le contraire. S'il ne l'étoit pas, l'explication que vous avez donnée du coup fulminant, porteroit sur une fausse supposition.

Le Maître. Oui, le verre est perméable à la matière électrique, sur-tout lorsqu'il n'est pas épais et que l'électricité est forte. M. l'Abbé Nollet l'a prouvé par l'expérience la plus décisive. Posez, dit-il, de légères feuilles de métal au fond d'un vase de verre qui ait beaucoup de largeur et très-peu de hauteur. Couvrez ce vase d'un carreau de verre, le plus mince que vous pourrez trouver : prenez toutes les précautions possibles pour empêcher qu'il n'y ait aucune communication entre le dehors et le dedans du vase; présentez un tube de verre fortement électrisé à une petite distance au-dessus du carreau de vitre, vous verrez les feuilles de métal s'agiter, voltiger et se porter vers le tube électrisé. Donc le verre, lorsqu'il n'est pas épais et que l'électricité est forte, est perméable à la matière électrique.

Théodore. Voilà la doctrine des deux courans physiquement démontrée, et les effets du coup fulminant expliqué au mieux.

Le Maître. Vous vous trompés. Ce système, indépendant de mon système général sur l'électricité, n'est que probable; vous en serez convaincu, lorsque je vous aurai mis sous les yeux, dans la leçon suivante, celui du célèbre Franklin sur la bouteille de leyde. D'ailleurs, on fait, contre la doctrine des deux courans, des objections qui ne sont rien moins que spécieuses.

Théodore. Elles ne sont pas insolubles.

Le Maître. Je ne le pense pas. Si elles étoient telles, je n'aurois pas embrassé la doctrine des deux courans.

Théodore. Proposez-nous ces objections, peut-être serons-nous en état d'y répondre.

Le Maître. Je le veux bien ; voici la première.

Admettre dans la nature une nouvelle cause physique, parce que, par son moyen, on explique sans peine un phénomène très-compliqué, c'est prouver qu'on a de l'esprit et de l'imagination ; c'est vouloir introduire de nouveau la méthode de *Descartes* dont la plupart des explications passent maintenant pour idéales et romanesques. Telle est la doctrine des deux courans électriques ; celui qu'on suppose sortir par la partie inférieure du fil d'archal de la bouteille de leyde, n'a été imaginé que pour donner une explication sensible de la commotion électrique. Répondez, Théodore, à cette objection.

Théodore. Elle n'est pas effreyante. Et quoi ! donner deux issues différentes à la même matière électrique, est-ce introduire dans la nature une nouvelle cause physique ? Faut-il faire un grand effort d'imagination, pour faire sortir par le fond de la bouteille de leyde un courant de matière électrique ? N'est-il pas démontré que le verre, sur-tout lorsqu'il est mince, et que l'électricité est forte, est perméable à cette matière ? Vous avez beau dire, cette première objection n'est que spécieuse.

Le Maître. Je ne veux pas vous parler de la seconde objection qu'on a coutume de faire contre l'existence des deux courans électriques ; elle porte sur une fausse supposition : on nous fait dire, que dans la bouteille de Leyde, la matière électrique ne se trouve que dans le fil d'archal ; nous n'avons jamais tenu ce langage. Nous pensons, au contraire, que tout le temps que la bouteille est chargée, la matière électrique se trouve non seulement dans le fil d'archal, mais encore dans l'eau dont la bouteille est remplie ; qu'elle se trouve, dis-je, dans un état de compression, et que, lorsqu'on la décharge, elle s'échappe par les deux extrémités du fil de métal, parce que le verre, sur-tout lorsqu'il est mince, n'est pas imperméable à la matière électrique. Venons-en à la troisième objection ; Caroline la résoudra.

La nature, dit-on, est aussi magnifique et aussi prodigue dans les effets, qu'elle est économe dans les causes : donc, si un seul courant électrique peut suffire pour expliquer le phénomène de la commotion, on ne doit pas en admettre deux ; ce seroit-là, comme l'on dit, multiplier les êtres sans nécessité. Mais un seul courant qui sort par la partie supérieure du fil de métal de la bouteille de leyde, violemment chargée, en sort avec une impétuosité prodigieuse, peut-il entrer dans le corps de celui qui tire la bluette, sans lui occasionner une furieuse commotion, dans les bras, dans les entrailles, dans la poitrine, etc. ? Ne sentons-nous pas une véritable commotion, lorsque, dans les temps favorables, nous tirons une simple bluette du *conducteur* ordinaire de la machine électrique ?

Caroline. Cette objection, j'en conviens, est meilleure que celle que vous avez proposée à Théodore ; elle ne me paroît pas cependant insoluble. Puisqu'il n'est point de comparaison à faire entre la commotion que nous sentons, lorsque, dans les temps favorables, nous tirons une bluette du *conducteur* de la machine électrique, et celle que nous éprouvons, lorsque nous déchargeons la bouteille de leyde, l'on ne doit admettre, pour la première, qu'un seul courant, et l'on est forcé d'en admettre deux, pour rendre raison de la seconde.

Le Maître. On transforme un *conducteur* ordinaire en une espèce de bouteille de leyde, en couvrant d'un verre fort épais l'extrémité la plus éloignée du globe. Les bluettes qu'on tire du *conducteur* ainsi transformé, sont plus vives ; la commotion qu'elles causent, plus forte ; mais cette commotion est bien inférieure à celle du coup fulminant. Pourquoi ? Parce que, dans le premier cas, on ne reçoit qu'un courant, et dans le second, on en reçoit deux.

Il est encore une expérience qu'on apporte contre l'existence des deux courans électriques ; il est nécessaire de l'examiner jusques dans ses moindres détails.

Chargez, à la manière ordinaire, la bouteille de leyde, et qu'un homme, placé sur le gâteau de résine, la décharge à la façon de ceux qui ne craignent pas de recevoir le coup fulminant, il en tirera une grosse bluette ; il éprouvera dans tout son corps une violente commotion, et il ne recevra aucun degré d'électricité.

S'il y avoit ici, *dit-on*, deux courans électriques, ces deux courans seroient entrés dans le corps de l'homme en question, et lui auroient communiqué au moins un degré sensible d'électricité.

Caroline. C'est parce qu'il reçoit dans son corps deux courans opposés, qu'il n'acquiert aucun degré d'électricité. Deux courans qui ont perdu toute leur force par le choc, ne sauroient électriser l'homme, placé sur le gâteau de résine, qui décharge la bouteille de leyde, de manière à recevoir tout l'effet de la plus violente commotion.

Théodore. Puisque là bouteille de leyde doit être encore le sujet de la leçon suivante, nous devrions reprendre l'arithmétique. Il me tarde de vous voir opérer sur un carré dont la racine ait trois chiffres. Il y a pour lors trois opérations à faire. Vous nous avez dit, à la fin de la quatorzième leçon, que la troisième opération se fait comme la seconde, avec la différence que l'on double les deux racines trouvées.

Le Maître. Je vais opérer sur le carré suivant ; c'est un carré parfait.

Premier exemple.

Carré parfait. 412164
           . . .

      36   Racine carrée 642.

      521
      124
      496

     2564
     1282
     2564

Comme il ne reste rien après la dernière opération, je conclus que 642 est la racine carrée de 412164. En effet, multipliez 642 par 642, vous aurez pour *produit* 412164.

Théodore. Je vois comment vous avez opéré ; je vais rendre raison de vos trois différentes opérations.

1°. 36 est le plus grand carré qui se trouve dans 41 ; vous avez mis 36 sous 41 , et vous avez mis 6 dans le *quotient* qui représente la racine carrée.

2°. Vous avez soutrait 36 de 41 ; vous avez eu 5 de reste.

3°. A côté de 5 , vous avez descendu 21 ; vous avez eu sur la même ligne 521 , et la première opération a été faite.

4°. Vous avez doublé la *racine carrée* 6 , et vous avez mis 12 sous 52.

5°. Comme 12 est 4 fois dans 52 , vous avez mis 4 à côté de 12 , et vous l'avez mis encore dans le *quotient* qui représente la racine carrée : vous avez donc eu 64 dans le *quotient*, et 124 sous 521.

6°. Vous avez multiplié 124 par 4 , et vous avez eu pour produit 496.

7°. Vous avez soutrait 496 de 521 , vous avez eu 25 de reste.

8°. A côté de 25 , vous avez descendu 64 , vous avez eu sur la même ligne 2564 , et la seconde opération a été faite.

9°. Vous avez doublé la racine carrée 64 , et vous avez mis 128 sous 256.

10°. Comme 128 est 2 fois dans 256 , vous avez mis 2 , non seulement à côté de 128 , mais encore dans le *quotient* qui représente la racine carrée.

11°. Vous avez multiplié 1282 par 2; et comme il n'est rien resté après la dernière opération, vous avez conclu que 642 est la racine carrée de 412164.

Le Maître. C'est ainsi, en effet, que j'ai opéré. S'il eût resté quelque chose après la troisième opération, ç'auroit été une preuve que le nombre proposé n'étoit pas un carré parfait.

Caroline. Proposez-moi un carré imparfait; j'en extrairai la racine la plus approchante; je voudrois que cette racine eût 4 chiffres.

Le Maître. Cherchez la racine la plus approchante du carré imparfait 5678923.

Caroline. Je vais opérer. Cette opération sera un peu longue. Avant de l'entreprendre, j'ai une question à vous faire.

Le Maître. Quelle est cette question?

Caroline. Dans le carré imparfait 5678923, je mettrai le premier *point* sous trois, le second sous 9, le troisième sous 7 et le quatrième sous 5; il ne correspondra qu'un seul chiffre au quatrième *point.*

Le Maître. Cela ne fait rien; vous chercherez le plus grand carré contenu dans le chiffre 5.

Caroline. Cela me suffit.

Second exemple.

Carré imparfait.   5678923

$$
\begin{array}{l}
4 \\
\hline
167 \\
43 \\
129 \\
\hline
3889 \\
468 \\
3744 \\
\hline
14523 \\
4763 \\
14289 \\
\hline
234
\end{array}
$$

Racine carrée approchante 2383.

Comme après la quatrième opération, il m'est resté 234, je conclus 2383 est la racine la plus approchante du carré imparfait proposé. En effet, le carré de 2383 est 5678689, auquel si vous ajoutez les 234 que j'ai eu de reste après la quatrième opération, vous aurez pour somme totale le carré imparfait proposé.

Il n'est pas nécessaire de vous rendre compte de mes opérations ; il me suffit de vous dire que pour faire la quatrième opération, j'ai doublé les trois racines 238, trouvées par les trois premières opérations.

Le Maître. Je vous apprendrai, à la fin de la leçon suivante, à extraire la racine carrée plus facilement que par la méthode que je viens de vous enseigner.

XVII. Leçon.

XVII. Leçon. (*)

La bouteille électrique soumise à un nouvel examen.

LE *Maître.* Je vous ai expliqué, dans la leçon précédente, le terrible phénomène de la commotion par deux courans électriques, dont l'un sort avec impétuosité de l'extrémité supérieure du fil d'archal, et entre dans le corps par la main qui a tiré la bluette ; l'autre sort avec autant de force par l'extrémité inférieure du même fil, traverse le verre, et entre dans le corps par la main qui tient la bouteille. Ces deux courans, vous ai-je dit, se choquent dans la poitrine, et ce choc violent cause cette secousse dangereuse que l'on ressent dans tout le corps. Ce qui m'a fait adopter la doctrine des deux courans, c'est que j'ai cru en sentir le choc dans ma poitrine, lorsque j'ai eu l'imprudence de répéter l'expérience de Leyde, après avoir chargé violémment et pendant long-temps la bouteille.

Je ne suis pas infiniment attaché à ces deux courans ; ils ne sont pas un corollaire nécessaire des principes fondamentaux que j'ai établis, pour expliquer les phénomènes électriques d'une manière conforme aux lois de la mécanique. Je dois donc vous mettre sous les yeux la manière

____

(*) C'est la 43e. Leçon du cours de *Physique à la portée de tout le monde.*

Tome II. R

dont explique le coup fulminant le célèbre Franklin. Je dois encore examiner la nature des difficultés qu'on propose contre cette explication. Voilà ce que j'appelle soumettre la bouteille électrique à un nouvel examen. Cela fait, il vous sera permis de choisir entre son explication et la mienne.

Théodore. La manière dont M. Franklin explique le coup fulminant, est-elle nécessairement dépendante de son système général sur l'électricité ?

Le Maître. Je le crois ainsi. Je crois même qu'il n'a fait son système que pour expliquer ce terrible phénomène.

Théodore. M. Franklin est donc descendu des principes aux expériences, au lieu de remonter aux principes par les expériences. Vous nous avez fait remarquer que cette méthode que Descartes n'a que trop souvent suivie, expose un Physicien à donner des explications quelquefois vraies, souvent ingénieuses, mais plus souvent idéales et romanesques. Quel est donc le système général de M. Franklin sur l'électricité ?

Le Maître. M. Franklin, habitant de Philadelphie dans la Colonie Angloise de Pensilvanie en Amérique, occupe parmi les Physiciens électrisans une place très-distinguée. Son ouvrage, fruit précieux d'un génie créateur, a pour titre : *Expériences et observations sur l'électricité, faites à Philadelphie, et traduites de l'anglais par M. d'Alibard.* C'est dans cet ouvrage qu'il expose son système général sur l'électricité. Le voici en peu de mots. (*

1º. La matière électrique est composée de particules extrêmement subtiles.

2º. La matière électrique diffère de la matière commune, en ce que les parties de celle-ci s'attirent mutuellement, et que les parties de celle-là se repoussent mutuellement.

3º. Quoique les particules de matière électrique se repoussent l'une l'autre, elles sont fortement attirées par toute autre matière.

4º. Quand une quantité de matière électrique est appliquée à une masse de matière commune d'une grosseur et d'une longueur sensible, qui n'a pas déjà acquis tout ce qu'elle peut en contenir; alors la matière électrique se répand également dans la substance de la matière commune, qui devient comme une espèce d'éponge par rapport à ce fluide.

5º. Dans la matière commune, il y a, généralement parlant, autant de matière électrique qu'elle peut en contenir dans sa substance. Si l'on en ajoute davantage, le surplus reste sur sa surface, et forme ce que nous appellons une atmosphère électrique; et l'on dit alors que le corps est électrisé.

6º. Toute sorte de matière commune n'attire pas, ni ne retient pas la matière électrique avec une égale force et une égale activité. Les corps originairement électriques, comme le verre, la résine, etc., l'attirent et la retiennent plus fortement, et en contiennent la plus grande quantité.

7º. Si l'on suppose une portion de matière commune entièrement dépourvue de matière électrique, et que l'on en approche une simple particule de cette dernière, elle sera attirée, entrera dans le corps, et prendra place dans le centre ou à l'endroit dans lequel l'attraction est égale de toutes parts ; s'il y entre un plus grand nombre de particules électriques, elles prendront leur place dans l'endroit où la balance est égale entre l'attraction de la matière commune et leur propre répulsion mutuelle.

8°. La forme de l'atmosphère électrique est celle du corps qu'elle environne.

9°. L'atmosphère des particules électriques qui environnent une sphère électrisée, n'est pas plus disposée à l'abandonner, ni plus aisément tirée d'un côté de la sphère, que de l'autre, parce qu'elle est également attirée de toutes parts. Mais ce cas n'est pas le même pour les corps d'une autre figure. Dans un cube elle est plus facilement tirée des angles, que des surfaces planes, et ainsi des angles d'un corps de toute autre figure ; et toujours plus facilement de l'angle le plus aigu. La raison qu'en apporte M. Franklin, c'est que les angles, dans ces sortes de corps, contiennent moins de matière que les autres parties.

10°. Les corps électrisés déchargent leur atmosphère sur les corps non-électrisés avec plus de facilité et à une plus grande distance de leurs angles et de leurs pointes, que de leurs côtés unis. Les pointes la déchargent aussi dans l'air, lorsque le corps a une trop grande atmosphère électrique, sans qu'il soit besoin d'approcher quelque corps non-électrique, pour recevoir ce qui est chassé.

11°. Les *pointes* ont sur-tout la propriété de *tirer* le fluide électrique qui se trouve dans un corps et aux environs d'un corps électrisé, à de plus grandes distances que ne le peuvent faire les corps émoussés. C'est-là ce que M. Franklin a constaté par les expériences les plus frappantes ; c'est-là ce qu'il appelle le *pouvoir des pointes*, pouvoir dont je vous parlerai dans mes leçons sur le *tonnerre* ; pouvoir que j'ai supposé réel dans la treizième leçon de ce volume, lorsque je vous ai mis sous les yeux les différens changemens que les Physiciens ont cru devoir faire à la machine électrique à globe de verre ; pouvoir enfin, dont l'expérience suivante prouve l'existence, de manière à ne pouvoir plus être révoquée en doute : elle est de M. Franklin, et je l'ai répétée non pas une, mais cent fois.

J'ai, dit-il, un *conducteur* fort large, composé de plusieurs feuilles minces de carton, ajusté en forme de tube, d'environ dix pieds de longueur et d'un pied de diamètre. Il est couvert de papier d'hollande, relevé en bosse et presque tout doré. Cette large surface métallique soutient une atmosphère électrique beaucoup plus grande, que n'en soutiendroit une verge de fer cinquante fois plus pesante. Il est suspendu par des fils de soie ; et lorsqu'il est chargé, il frappe à environ deux pouces de distance, un coup assez fort pour causer de la douleur aux articulations du doigt. Qu'un homme sur le plancher présente la pointe d'une aiguille à douze pouces de distance ; tandis que l'aiguille est ainsi présentée, le *conducteur* ne sauroit être chargé, la pointe tirant le feu aussi promptement qu'il est poussé par le globe électrique : chargez-le et présentez alors la pointe à la même distance ; il sera déchargé en un instant. Dans l'obscurité vous pourrez voir une lumière sur la pointe, lorsqu'on fait l'expérience ;

et si la personne qui tient la pointe, est sur le gâteau de résine, elle sera électrisée en recevant le feu à cette distance. C'est à cette belle expérience que nous devons l'invention des *paratonnerres*, machine admirable dont je vous entretiendrai dans une des leçons suivantes.

Lorsque j'ai voulu, *continue M. Franklin*, décharger le même *conducteur* électrisé avec un corps émoussé, tel qu'un morceau de fer arrondi et poli à l'extrémité, il m'a fallu l'approcher à la distance de trois pouces, avant de pouvoir faire l'opération. Tel est le système de M. Franklin sur l'électricité. Vous le méditerez demain, et vous me communiquerez après demain les remarques que vous aurez faites.

Théodore. Ce système a besoin en effet d'être examiné à tête reposée.

Le Maître. Que pensez-vous, Théodore, du système de M. Franklin sur l'électricité.

Théodore. Je pense comme vous, que c'est le fruit du génie, trop souvent dominé par l'imagination.

Le Maître. Ce sont là des généralités ; vous en direz autant dans la suite du système de Descartes. Entrez dans quelques détails.

Théodore. La seconde et la troisième proposition de M. Franklin me paroissent insoutenables. Si les parties qui composent la matière commune, s'attirent mutuellement, c'est-là une propriété inséparable de toute espèce de matière. Pourquoi en dépouiller la matière électrique ? Pourquoi lui en supposer une qui lui est directement opposée, celle de se repousser mutuellement ? Pourquoi soutenir qu'elle est fortement attirée par toute autre matière ? Je vous avoue que je n'entends rien à ce langage.

La quatrième et la cinquième proposition de M. Franklin me paroissent contradictoires. Il avance, dans la quatrième proposition, que souvent la matière commune n'a pas acquis autant de matière électrique qu'elle peut en contenir, et il soutient, dans la cinquième, que dans la matière commune il y a, généralement parlant, autant de matière électrique qu'elle peut en contenir dans sa substance. Voilà les principales remarques que j'ai faites sur le système de M. Franklin.

Le Maître. Elles sont justes. Quelles sont les votres, Caroline ?

Caroline. M. Franklin a découvert le *pouvoir des pointes.* Cette découverte me paroît infiniment précieuse. J'entrevois de loin tout ce que vous allez nous dire dans la suite sur les *paratonnerres.* Je voudrois bien que M. Franklin nous eût expliqué pourquoi les *pointes* sont si propres à désélectriser les corps. Qu'a-t-il dit sur cette matière ?

Le Maître. Il avoue ingenûment qu'il ne connoît que le fait et qu'il en ignore la cause. Le plus important pour nous, dit-il, n'est pas de savoir de quelle manière la nature exécute ses lois; il nous suffit de connoître les lois elles-mêmes. C'est un avantage réel de savoir qu'une porcelaine abandonnée en l'air, sans être soutenue, tombera et se brisera immanquablement ; mais de savoir *comment* elle tombe et *pourquoi* elle se brise, c'est une matière de pure spéculation. Ces connoissances sont agréables à la vérité, mais sans elles nous pouvons garantir notre porcelaine. Ainsi, dans le cas présent, il est très-utile pour le genre humain de connoître le *pouvoir des pointes*, quoique nous ne soyons pas en état d'en donner une explication précise et satisfaisante.

Je crois que pendant long-temps les sages Physiciens tiendront le même langage que M. Franklin. Si cependant je fais quelque heureuse conjecture sur cette matière, je vous la communiquerai dans ma leçon sur les *para-tonnerres*.

Caroline. Il me tarde de savoir comment M. Franklin explique le coup fulminant.

Le Maître. Il l'explique d'une manière très-ingénieuse. Avant de vous mettre sous les yeux son explication, je dois vous faire remarquer que la bouteille de Leyde se charge presqu'aussi bien par le côté que par le crochet. Pour la charger commodément par le côté, on la place sur un support de verre. On établit une communication du *conducteur* de la machine électrique au côté de cette bouteille, et une autre du crochet au réservoir commun par une chaîne de métal qui pend jusqu'au plancher. Dès que la bouteille est électrisée, on ôte cette dernière communication. On la prend d'une main par son crochet, et l'on sent une violente commotion, lorsque l'on approche un doigt de l'autre main du côté qui a été chargé.

Caroline. Vous nous avez appris, dans la leçon précédente, à charger la bouteille de Leyde par le crochet, je suis charmée de savoir comment elle se charge par le côté. Comment M. Frankin explique-t-il le coup fulminant ?

Le Maître. Pour expliquer les effets surprenans de la bouteille de Leyde, M. Franklin prétend que le verre contient autant de matière électrique qu'il en peut contenir, et qu'il en contient toujours la même quantité. Il ajoute que, lorsqu'on électrise la bouteille par le crochet, sa surface extérieure donne ce qu'elle a d'électricité à la surface intérieure; et que lorsqu'on l'électrise par le côté, c'est la surface intérieure qui donne ce qu'elle a d'électricité à la surface extérieure. Il conclut de là qu'électriser la bouteille, ce n'est pas lui communiquer plus d'électricité qu'elle en avoit auparavant, mais accumuler sur une surface ce qui étoit auparavant répandu sur toutes les deux. Il veut enfin que, décharger la bouteille, ce ne soit pas lui enlever une partie de son électricité, mais rétablir l'équilibre entre les deux surfaces, en obligeant l'une à rendre ce qu'elle avoit reçu de l'autre. C'est donc le rétablissement subit d'équilibre que M. Franklin regarde comme la cause physique de la commotion violente qu'on éprouve dans les deux bras, la poitrine, les entrailles et dans presque tout le corps.

Théodore. Pour nous faire adopter de parcilles assertions, il faut apporter en leur faveur des expériences décisives. M. Franklin en apporte-t-il ?

Le Maître. Il analysa d'abord la bouteille de Leyde, pour connoître où résidoit sa force. Il la plaça sur un support de verre, et il ôta le liége et le fil d'archal, qu'il avoit eu soin de ne pas trop enfoncer, avant que d'électriser la bouteille. Il prit ensuite la bouteille d'une main, et approchant un doigt de l'autre main auprès de l'orifice, une forte étincelle s'élança de l'eau, et la commotion qu'il reçut, fut des plus fortes et des plus complètes. Il conclut de cette expérience que la force électrique ne résidoit ni dans le fil d'archal, ni dans le liége.

Pour connoître si elle résidoit dans l'eau contenue dans la bouteille; il l'électrisa de nouveau; il la plaça sur un support de verre; il en ôta le liége et le fil d'archal; il versa toute l'eau dans une autre bouteille vide, non-électrisée, qu'il avoit aussi placée sur un support de verre; il prit dans une main cette seconde bouteille, et approchant un doigt de l'autre main auprès de l'orifice, il n'excita aucune étincelle, et il n'éprouva aucune commotion.

Pour bien se convaincre que la force électrique ne résidoit pas dans l'eau, il versa de l'eau fraîche non-électrisée dans la première bouteille qu'il avoit chargée; il la prit dans une main, et approchant un doigt de l'autre main auprès de l'orifice, il excita une bluette, et il reçut la commotion. Il se crut alors en droit de conclure que la force électrique résidoit uniquement dans le verre, et que dans cette expérience les corps électriques *par communication*, en contact avec la bouteille, sont au verre, ce que l'armure d'acier est à la pierre d'aimant.

Théodore. Ces expériences ne prouvent pas que l'explication que donne M. Franklin du coup fulminant, soit recevable. Mais ces expériences sont-elles bien avérées? Est-il bien sûr en particulier que l'eau contenue dans une bouteille électrisée et transvasée dans une bouteille non-électrisée, ne conserve aucune marque d'électricité?

Le Maître. Le contraire arrive, lorsqu'on fait ce transvasement avec les précautions requises.

M. l'Abbé Nollet l'a démontré dans sa cinquième lettre, *pag.* 86 *et suivantes.* Il fit cette belle expérience en présence d'un grand nombre de témoins, parmi lesquels se trouvoient plusieurs Franklinistes, M. *Delor* en particulier, qui en marqua sa surprise par un mouvement involontaire des bras que la commotion lui fit faire. M. Nollet avertit que, pour que l'expérience réussisse, il faut la faire avec une électricité passablement forte ; éviter les longueurs et tout ce qui peut ralentir ou éteindre la vertu électrique que l'eau emporte avec elle ; se servir, pour recevoir l'eau, d'un vase qui ne soit pas d'un verre fort épais, et sur-tout poser ce vase, non sur un corps électrique par lui-même, mais sur un corps électrique par communication.

Théodore. Quelle autre expérience apporte M. Franklin, en faveur de son système ?

Le Maître. Suspendez, dit-il, la bouteille de Leyde au *conducteur* de la machine électrique, elle ne se chargera pas, et les bluettes que vous en tirerez, ne seront pas plus fortes, que celles que vous tirez du *conducteur.* Voulez-vous la charger ? Empêchez la matière électrique de s'arrêter dans la partie extérieure de la bouteille ; et vous l'en empêcherez, en faisant communiquer, par une chaîne, cette partie extérieure avec le pavé : preuve convaincante que la partie intérieure de la bouteille de Leyde ne se charge qu'aux dépens de la partie extérieure.

Théodore. Cette conséquence est-elle bonne ? Je n'en vois pas la légitimité ?

Le Maître. Je regarde cette expérience comme destructive du système de M. Franklin. Car enfin, si, comme le prétend ce Physicien, la surface intérieure de la bouteille de Leyde ne se charge que parce qu'elle reçoit de la surface extérieure ce qu'elle a d'électricité, pourquoi est-on obligé de faire communiquer cette surface extérieure avec le réservoir commun, lorsqu'on veut charger la bouteille ? Ce n'est pas sans doute par la chaîne qui pend sur le pavé, que la surface extérieure de la bouteille donnera sa matière électrique à la surface intérieure ; elle s'en désaisiroit plutôt en faveur du réservoir commun. Je pense donc que, si le système de M. Franklin étoit vrai, on chargeroit beaucoup mieux la bouteille, en la suspendant purement et simplement au *conducteur*, qu'on ne la charge en la soutenant par la main, ou en faisant communiquer avec le pavé sa surface extérieure.

Caroline. Je regarde M. Franklin comme un homme de génie ; mais je renonce à la manière dont il explique le coup fulminant ; les deux courans électriques me suffisent pour rendre raison de ce terrible phénomène.

Le Maître. Vous avez raison. Système pour système, l'on doit donner la préférence à celui qui paroît le plus intelligible. D'ailleurs l'explication de M. Franklin porte sur une fausse supposition.

Caroline. Quelle est cette supposition ?

Le Maître. Le verre est-il perméable ou imperméable à la matière électrique ?

Caroline. Vous avez démontré, dans la leçon précédente, que le verre, sur-tout lorsqu'il est mince et que l'électricité est forte, est perméable à la matière électrique.

Le Maître. M. Franklin le suppose absolument imperméable. En effet, s'il l'eût cru perméable, il auroit dit sans doute que la surface extérieure de la bouteille de Leyde, donne, par les pores du verre, ce qu'elle a d'électricité à la surface intérieure ; il n'eût jamais pensé à la lui faire donner par le moyen du fil de métal dont le bouchon de liége est traversé.

Caroline. Cette preuve est démonstrative. Vous nous avez promis, à la fin de la leçon précédente, de nous apprendre à extraire assez facilement la racine carrée d'un carré quelconque parfait ou imparfait. Quelle est cette nouvelle méthode ?

Le Maître. Vous savez que $aa + 2\,ab + bb$ est le carré de $a + b$. Ce carré va me diriger dans mes opérations. Je vais opérer sous vos yeux ; je vous expliquerai ensuite ma méthode.

Exemple.

$$2025 = aa + 2\,ab + bb$$

$$16 = aa$$

$$425 = 2\,ab + bb$$
$$8 = 2\,a$$

$$40 = 2\,ab$$
$$25 = bb$$

$$425 = 2\,ab + bb$$

Quotient représentant la racine carrée.

$$a = 4$$

$$b = 5$$

racine carrée $= 45$

En effet multipliez 45 par 45 , vous aurez pour *produit* 2025. Voici maintenant la marche de mes opérations.

1°. Je fais le carré numérique 2025 $=$ au carré algébrique aa $+$ 2 ab $+$ bb.

2°. Puisque 16 est le plus grand carré contenu dans 20, je fais 16 $=$ aa. Je fais par conséquent a $= 4$, parce que a est aussi bien la racine carrée de aa, que 4 l'est de 16.

3°. Je soustrais 16 de 20, il me reste 4, à côté duquel je descend 25 ; j'ai donc 425 $= 2$ ab $+$ bb. Pour trouver la valeur de b, je dis :

4°. Puisque a $= 4$, j'aurai 2 a $= 8$. Je divise 42 par 8 ; et comme il y est contenu 5 fois , je conclus que b $= 5$ et que 45 est la racine carrée de 2025.

5°. Pour le prouver, j'exprime en chiffre la valeur de 2 ab $+$ bb, en me rappellant que a $= 4$ et b $= 5$.

6°. 2 ab $=$ 2 a $\times$ b $=$ 8 $\times$ 5 $= 40$; je mets 40 sous 42.

7°. bb $=$ b $\times$ b $=$ 5 $\times$ 5 $=$ 25 ; je mets 25 sous 25 ; j'additionne ces deux nombres ainsi arrangés, et j'ai pour somme totale 425 $=$ 2 ab $+$ bb : ce qui prouve que 45 est la racine carrée de 2025.

Caroline. Je comprends que cette méthode est fort commode pour les personnes qui savent l'algèbre. Pour nous qui sommes à peine initiés dans ce calcul, nous nous en tiendrons à celle que vous nous avez donnée dans les leçons précédentes.

Le Maître. Vous ferez mal; vous ne sauriez vous passer du cube algébrique, pour extraire la racine cubique d'un cube quelconque arithmétique proposé.

Théodore. Si le carré arithmétique proposé n'est pas parfait , cette méthode peut-elle servir ?

Le Maître. Vous le supposerez parfait. Ce sera la dernière opération qui vous apprendra si le carré proposé est parfait ou imparfait. N'y a-t-il point de *restant* ? Le carré est parfait. Y en a-t-il un ? Le carré est imparfait.

Théodore. Mais s'il y a trois opérations à faire , comment me servirai-je de la méthode algébrique ?

Le Maître. C'est-là ce que je vous apprendrai à la fin de la leçon suivante.

Théodore. Vous pourriez bien nous mettre maintenant sur les voies ; nous vous suivrions

plus facilement, lorsque dans la leçon suivante, vous opérerez sur un carré numérique
dont la racine carrée sera composée de trois
chiffres.

Le Maître. Vous ferez a $=$ aux deux racines
trouvées, et vous chercherez la seconde valeur de
b. Supposons que, par les deux premières opérations, vous ayez a $=$ 6 et b $=$ 4; vous ferez
dans la troisième opération a $=$ 64.

Théodore. S'il falloit opérer sur un carré numérique dont la racine carrée fût composée de
quatre chiffres, que faudroit-il faire?

Le Maître. Il faudroit faire a $=$ aux trois racines trouvées, et chercher ensuite la troisième
valeur de b. Supposons que par les trois premières opérations, vous ayez a $=$ 6, b $=$ 4
et b $=$ 5, vous ferez dans la quatrième opération a $=$ 645.

Théodore. Cela nous suffit. Nous allons opérer, Caroline et moi, sur des carrés numériques dont la racine carrée ne soit composée que
de deux chiffres; nous prendrons pour guide
le carré algébrique aa $+$ 2 a b $+$ bb. Nous serons par ce moyen en état d'opérer dans la suite
sur un carré quelconque numérique.

XVIII. Leçon.

XVIII. LEÇON(*).

De l'électricité positive et négative.

LE Maître. C'est M. Franklin qui le premier a distingué l'électricité en *positive* et *négative*. Ce n'est pas là ce qu'il a fait de mieux. Ou cette distinction ne signifie rien, ou l'on prétend désigner par-là deux sortes d'électricité, dont l'une est plus forte que l'autre; et dans ce cas la distinction étoit au moins inutile, pour ne pas dire insidieuse.

Théodore. Est-ce là en effet la pensée de M. Franklin? Regarde-t-il l'électricité négative comme une électricité beaucoup moins forte que l'électricité positive?

Le Maître. On ne sauroit le révoquer en doute. L'électricité négative, dit-il, n'est que la raréfaction qu'éprouve un corps dans le fluide électrique qu'il contient naturellement; et l'électricité positive est la condensation de ce même fluide dans un corps ou à ses surfaces : ce qui annonce deux sortes d'électricité, dont l'une est plus forte que l'autre. M. Franklin assure conséquemment que, tout le temps que la bouteille de Leyde est chargée, sa surface intérieure, lorsqu'elle a été chargée par le crochet, est électrisée *positivement*, et sa surface extérieure *négativement*. Le

---

(*) *C'est la quarante-quatrième leçon du cours de Physique à la portée de tout le monde.*

contraire arrive, suivant lui, lorsqu'on charge la bouteille par le côté.

Caroline. Je ne suis pas étonnée d'une pareille assertion. M. Franklin prétend que lorsqu'on électrise la bouteille de Leyde par le crochet, sa surface extérieure donne ce qu'elle a d'électricité à la surface intérieure ; et que lorsqu'on l'électrise par le côté, c'est la surface intérieure qui donne ce qu'elle a d'électricité à la surface extérieure. Je vous avoue cependant que j'aurois de la peine à me servir de l'expression *électricité négative.* Elle paroît plutôt désigner une négation d'électricité, qu'une électricité moins forte et moins intense.

Le Maître. Je ne puis que louer votre manière de penser. Ce qu'il y a de surprenant, c'est la preuve qu'apportent les Franklinistes de l'existence de l'électricité négative ; ils la regardent comme triomphante.

Caroline. Quelle est donc cette preuve ?

Le Maître. Prenez, *disent les Franklinistes,* deux pointes jointes ensemble par une espèce de charnière. (On donne à cet instrument le nom d'excitateur à deux pointes.) Présentez-en une au fil d'archal qui traverse le bouchon de la bouteille de Leyde, et l'autre à sa surface extérieure ; vous apercevrez dans l'obscurité une aigrette lumineuse au bout de celle-là, et un point lumineux au bout de celle-ci. On suppose que la bouteille a été chargée par le crochet. Donc il y a deux sortes d'électricité, l'une positive qui se manifeste par des aigrettes lumineuses, l'autre négative qui se manifeste par des points lumineux.

Caroline. Et les Franklinistes donnent à cette expérience le nom de preuve *triomphante* ! Il

faut avouer qu'ils triomphent à peu de frais.
Pour moi, j'avoue naturellement que cette expérience ne présente pas à mon esprit l'ombre même
de preuve suffisante. En effet, si, comme le prétend M. Franklin, l'électricité négative n'est
dans le fond qu'une moindre électricité, n'est-il
pas naturel que l'électricité la plus foible ne se
manifeste pas comme l'électricité la plus forte ?

Le Maître. Votre raisonnement est très-sensé.
Je serois tenté de croire que la surface extérieure
de la bouteille de Leyde, chargée par le crochet,
ne donne aucun point lumineux. Je croirois
plutôt que l'aigrette qui paroît au bout de la
pointe supérieure sort par la pointe inférieure,
en forme de point lumineux. Ce n'est ici au reste
qu'une pure conjecture; il vous est libre de l'a-
dopter ou de la rejeter.

Théodore. J'ai entendu parler d'une machine
qui manifestoit deux sortes d'électricité; l'une
positive et l'autre négative.

Le Maître. Elle a été inventée à Londres par
M. Nairne. C'est une machine de pure curiosité, dont on ne tirera jamais aucun avantage réel.

Théodore. N'importe; je voudrois la connoître.

Caroline. Je l'ai vue à Paris. Je puis vous en
faire la description.

Théodore. Vous me ferez plaisir; je n'en ai
aucune idée.

Caroline. Pour vous en former une idée nette,
représentez-vous un cylindre de cristal, qui tourne
sur deux pivots isolés. Placez à droite un conducteur de métal auquel est joint un coussinet
qui frotte le cylindre, à mesure qu'on fait tourner celui-ci. A gauche du cylindre de cristal,

placez un conducteur de métal, pareil au premier, mais à la place du coussinet, il est garni de pointes dans sa longueur. Les deux conducteurs sont montés sur un pied de cristal qui les isole.

Théodore. Comment, par le moyen de cette machine, peut-on avoir l'électricité tantôt positive, et tantôt négative ?

Caroline. Voici comment nous parloit le Maître de la Machine. Pour avoir l'électricité positive, Je place une chaîne qui, du conducteur qui frotte, tombe dans le réservoir commun. Le cylindre de cristal étant mis en mouvement, puise l'électricité du conducteur à coussinet, qui communique par une chaîne avec le pavé de la chambre ; le conducteur à pointes soutire cette électricité, et donne des marques d'une électricité positive.

J'écoutois cet homme comme un oracle. Maintenant que je suis un peu au fait de l'électricité, je vois qu'il ne savoit ce qu'il disoit. Comment en effet s'imaginer qu'un corps aussi électrique *par lui-même*, que l'est le cylindre de cristal, aille chercher la matière électrique dans un corps électrique *par communication*, tel qu'est un conducteur de métal ; c'est bien là vouloir renverser les idées le plus universellement reçues en Physique.

Théodore. Le coussinet électrise le cylindre de cristal ; le conducteur à pointes en tire la matière électrique, et donne des marques d'une électricité qu'il plaît aux Franklinistes d'appeler *positive.*

Comment votre Docteur se procuroit-il, par le moyen de sa machine, l'électricité qu'il appelle *négative* ?

Caroline. Il ôtoit la chaîne du conducteur à coussinet; il l'attachoit au conducteur à pointes, et il la laissoit communiquer avec le réservoir commun. Le cylindre de cristal, mis en mouvement, *disoit-il,* puise de même l'électricité du conducteur à coussinet; le conducteur à pointes la soutire; il la laisse perdre dans le réservoir commun, et il ne donne par conséquent aucune marque d'électricité. Mais le conducteur a coussinet ayant perdu son électricité naturelle, si vous en approchez le doigt, vous réparerez ses pertes en partie, et il vous donnera des marques d'électricité négative.

Théodore. Votre docteur étoit, à coup sûr, un très-mince Physicien. Ne voyoit-il pas que le conducteur à pointes ne soutiroit pas toute l'électricité du cylindre de cristal? Une très-petite partie se rendoit dans le conducteur à coussinet, parce qu'il étoit isolé. Etoit-il étonnant qu'il donnât des marques d'une foible électricité qu'il a plu aux Franklinistes d'appeler électricité *négative?*

Le Maître. Je vous ai écouté l'un et l'autre avec plaisir. Caroline nous a fait la description la plus exacte de la machine de M. Nairne, et Théodore en a très-bien expliqué les effets. Cette machine nous prouve que j'ai eu raison de vous dire, au commencement de cette leçon, que les termes, électricité *positive* et *négative,* ne signifioient rien, si par-là l'on ne prétendoit pas désigner deux sortes d'électricité dont l'une est plus forte que l'autre.

Quelques Physiciens ont prétendu que l'électricité négative étoit un remède souverain dans les maladies nerveuses; ils l'ont regardée comme

le plus puissant des anti-spasmodiques. M. Mauduyt, dont les travaux en Physique tendent tous
au bien de l'humanité, nous assure, dans le Mémoire qu'il a fait paroître sur la fin de l'année
1784, que quant à l'application de l'électricité
négative au traitement des maladies, il ne connoît encore aucun fait qui prouve l'utilité de
cette pratique. Il a tenté d'appliquer ce genre
d'électricité au traitement des maladies nerveuses ; il l'a administré à cinq malades ; il n'a produit aucun effet sur deux, et il a été nuisible à
trois. Vous verrez, dans mes leçons sur *l'électricité médicale*, combien grande est l'autorité
de M. Mauduyt, lorsqu'il prononce sur les effets
de l'électricité considérée comme *remède*. Il prétend que s'il existoit dans la nature une électricité
négative spécifiquement différente de l'électricité
positive, il n'est point de machine plus propre à
la produire, que celle dont il s'est servi.

Théodore. Faites-nous la description de cette
machine.

Le Maître. Je vous ai fait, dans la treizième
leçon de ce volume, la description de la machine
électrique à plateau ; vous vous formerez donc
facilement une idée de celle de M. Mauduyt ;
celle-ci ne diffère de celle-là, que par quelques
légers changements. En voici l'énumération.

Dans la machine électrique de M. Mauduyt,
les supports du plateau et des coussins, au lieu
d'être en bois, consistoient en deux colonnes de
verre forées, dans lesquelles étoit reçu et tour-
noit l'axe du plateau, et auxquelles on attachoit
les coussins par une virole de cuivre que l'on
assujettissoit et que l'on serroit par le moyen
d'une vis.

Le manche qui servoit à tourner le plateau, au lieu d'être de métal, étoit de verre, et la poignée étoit de bois, frit à l'huile de noix bouillante, et verni d'une couche de cire d'espagne, dissoute par l'esprit de vin. Dans l'électricité médicale, M. Mauduyt se servoit de la machine ordinaire à plateau.

Théodore. Avez-vous encore quelque chose à nous dire sur l'électricité négative ; nous sommes déterminés à ne jamais employer ce terme, lorsque nous parlerons de la machine électrique et de ses effets.

Le Maître. Il est des Physiciens qui appellent *positive* l'électricité du verre, et *négative* celle de la résine. Ils se fondent sur l'expérience si connue de deux globes d'égale force, l'un de résine, l'autre de verre, dont les deux électricités réunies dans le même conducteur se détruisent, et ils expliquent ce phénomène par la réunion des deux électricités *positive* et *négative*, dont l'effet, par la combinaison, doit nécessairement devenir nul. Voilà ce qui s'appelle expliquer les choses par des mots vides de sens, trop semblables aux qualités occultes de l'ancienne école.

Théodore. Comment donc expliquez-vous ce phénomène intéressant ?

Le Maître. Je ne suis pas éloigné de croire que l'électricité du verre est *acide*, et celle de la résine *alkaline*. Cela supposé, voici comment je raisonne. L'on ne peut pas réunir une électricité acide avec une électricité alkaline, sans qu'il y ait une véritable neutralisation. S'il y a une véritable neutralisation, le conducteur qui les a reçues, ne doit donner aucune marque d'électricité. J'aime mieux cependant les appeler électricité *vitrée* et électricité *résineuse*, que de les appeler *positive* et *négative*. L'électricité *négative* désigne une privation totale d'électricité.

Caroline. Cette explication est bien naturelle ; nous avons vu, dans les différentes leçons sur les gaz, quels sont les effets des neutralisations ; elles tendent toutes à énerver les actions des acides et des alkalis, lorsqu'ils agissoient solidairement. Je n'ai point de peine à croire que l'électricité vitrée est acide ; je voudrois qu'on me prouvât que l'électricité résineuse est alkaline.

Le Maître. Je fis la même réponse à Messieurs Ferry et Barbaroux, deux jeunes Physiciens de Marseille, dont je fais beaucoup de cas. Je n'adoptai l'explication que je viens de vous donner, que lorsqu'ils m'eurent prouvé que l'électricité résineuse est alkaline.

Caroline. Comment vous le prouvèrent-ils ?

Le Maître. Pourroit-elle n'être pas alkaline, *me dirent-ils* ? L'odeur qu'elle répand par ses émanations, ressemble assez à celle qui s'échappe d'un flacon d'alkali volatil fluor, qu'on auroit laissé débouché.

Caroline. Cette preuve me paroît très-bonne ; vous nous avez parlé de l'alkali volatil fluor dans la sixième leçon de ce volume.

Le Maître. Malgré la bonté de cette preuve, j'invite les Physiciens, amis de l'humanité, à accumuler expériences sur expériences, à l'effet de déterminer d'une manière incontestable laquelle des deux électricités est acide, et laquelle est alkaline. Si l'électricité *vitrée* est réellement acide, on ne l'administrera, comme remède, que dans les maladies où il y a abondance d'alkalis et pénurie d'acides ; et si l'électricité *résineuse* est alkaline, elle sera un excellent remède dans les maladies où il y a abondance d'acides et pénurie d'alkalis. Les jeunes Médecins ne sauroient trop s'adonner à l'étude de la Physique. Le plus grand de tous les Médecins seroit celui qui auroit assez étudié la science de la nature, pour déterminer si une maladie a pour cause l'abondance des acides et la pénurie des alkalis, ou l'abondance de ceux-ci et la pénurie de ceux-là. Il trouveroit par ce moyen peu de maladies incurables.

Caroline. L'électricite *vitrée* et l'électricité *résineuse* forment donc deux espèces différentes.

Le Maître. Je ne serois pas éloigné de le croire ; et le célèbre Dufay l'a affirmé en termes exprès ; cette assertion est même l'un des principes fondamentaux de son système général sur l'électricité.

Caroline. Mettez-nous au fait de ce système ; vous vous êtes engagé à nous donner un cours complet d'électricité.

Le Maître. Il ne vous plaira pas. N'en concluez pas cependant que M. Dufay soit un mauvais Physicien. Il fit son système en 1733, temps auquel l'électricité étoit à peine connue en France. On n'électrisoit que par le moyen du cylindre de verre ; on ne connoissoit pas les machines à globe, encore moins celles à plateau.

Caroline. N'importe, faites-nous connoître ce système ; dans les grands-hommes le génie paroît, même dans leurs écarts.

M. Dufay, après avoir supposé que la matière électrique est une matière ignée, et que les corps électrisés sont entourés d'une atmosphère plus ou moins étendue, suivant que l'électricité est plus ou moins forte, assure que cette atmosphère a un

mouvement de tourbillon autour des corps électrisés. Il étoit trop entêté du cartésianisme, pour
ne pas faire de ce mouvement comme l'ame de
son système.

Il assure ensuite que *l'électricité vitrée* est spécifiquement distinguée de *l'électricité résineuse*. Si
au tube de verre, rendu électrique, dit-il, vous
présentez un corps léger qui le soit devenu par le
contact ou par l'approche d'un corps résineux,
ce corps léger sera sûrement attiré par le tube;
et au contraire un corps léger qui aura contracté
par le verre l'électricité *vitrée*, sera repoussé par
ce même tube.

Il en sera de même si un corps résineux,
rendu électrique, est le corps auquel on présente
des matières légères qui auront contracté l'une
ou l'autre électricité; les corps légers qui auront
pris celle du verre, seront attirés; et ceux qui
auront pris celle de la résine, repoussés. Les
électricités de même espèce, paroissent ennemies;
et celles de différente espèce, amies; l'électricité
vitrée est donc spécifiquement différente de l'électricité *résineuse*. Tel est en deux mots le système
de M. Dufay.

Théodore. Je croirois sans peine que l'électricité *vitrée* est spécifiquement différente de l'électricité *résineuse*. Il paroît que celle-ci est alkaline,
et celle-là acide. Mais je ne pourrai jamais me
persuader que l'atmosphère électrique ait un mouvement de tourbillon. Si cela étoit, les corps
légers, plongés dans ces sortes d'atmosphères,
tourbillonneroient autour des corps électrisés : ce
qui n'arrive jamais.

Le Maître. C'est ainsi en effet qu'il faut attaquer
le système de M. Dufay sur l'électricité.

Caroline. Il prête encore à bien d'autres atta-
ques. Je n'expliquerois, dans ce système, aucun
des phénomènes électriques ; et nous les avons
tous expliqués facilement dans le vôtre.

Le Maître. Ne vous ai-je pas dit que vous ne
seriez pas contens du système de M. Dufay ?

Caroline. Vous nous ferez sans doute connoître ce Physicien. Vous ne lui auriez pas donné
le nom de *célèbre*, s'il n'avoit fait que son système sur l'électricité.

Le Maître. Charles-François de Cisternai Dufay
nâquit à Paris, le 14 septembre 1698. Après
s'être distingué aux siéges de Saint-Sébastien et de
Fontarabie, il céda à l'attrait qui l'attiroit à l'é-
tude des sciences les plus relevées. Il accepta une
place de Chimiste à l'Académie des Sciences de
Paris, et pour mieux remplir les paisibles devoirs
d'un Académicien, il se retira du tumulte des
armes. C'est peut-être le seul qui ait embrassé
tout ce qui fait l'objet de cette illustre compagnie.
Depuis l'année 1723, où il fut reçu à l'Académie,
jusqu'à sa mort, il n'a paru aucun volume des
Mémoires de l'Académie, où l'on ne parle de M.
Dufay avec distinction. Il est Géomètre dans son
Mémoire de 1727, où il donne plusieurs remarques sur les polygones inscrits et circonscrits ;
Astronome dans la description qu'il fit en 1725,
d'une machine propre à nous faire connoître
l'heure vraie du soleil tous les jours de l'année ;
Mécanicien dans la pompe qu'il inventa la même
année pour éteindre plus facilement les incendies ;
Anatomiste dans son Mémoire de 1729 sur plusieurs espèces de salamandres qui se trouvent aux
environs de Paris ; Chimiste dans le sel de chaux
qu'il a extrait, dans les différens phosphores qu'il

a trouvés, et dans le moyen qu'il a donné de purifier l'or ; Botaniste dans tout ce qu'il a fait au jardin royal, dont il a eu l'intendance les 7 à 8 dernières années de sa vie ; enfin, Physicien dans tous ses ouvrages, mais sur-tout dans ses trois Mémoires sur l'aimant et dans ses huit Mémoires sur l'électricité, quoiqu'il ait composé ces derniers selon un système dont vous connoissez les défauts. Ce fut principalement aux expériences électriques que M. Dufay s'adonna. Il en fit sans nombre et avec une délicatesse inouie. Il eut fait en Physique les plus grandes découvertes, si la mort ne l'eût pas enlevé à la fleur de son âge. Il mourut à Paris de la petite vérole, le 16 juillet 1739, à l'âge de 41 ans. M. de Fontenelle nous assure qu'il n'a point vu d'éloge funèbre, fait par le Public, plus net, plus exempt de restriction et de modifications, que le sien. Ses mœurs douces, sa gaieté toujours égale, et sa grande envie de servir et d'obliger, le lui attirèrent. Ces qualités rares, dit-il, n'étoient en lui mêlées de rien qui déplût, d'aucun air de vanité, d'aucun étalage de savoir, d'aucune malignité ni déclarée, ni enveloppée.

Caroline. Vous nous avez promis, à la fin de la leçon précédente, d'opérer par le moyen du carré aa $+$ 2 a b $+$ bb, sur un carré numérique dont la racine carrée soit composée de trois chiffres.

Le Maître. Je vais opérer sur le carré 4 12 16 4.

Premier exemple.

$$412164 = aa + 2\,ab + bb$$

$$36 = aa$$

$$521 = 2\,ab + bb$$

$$12 = 2\,a$$

$$48 = 2\,ab$$

$$16 = bb$$

$$496$$

$$2564 = 2\,ab + bb$$

$$128 = 2\,a$$

$$256 = 2\,ab$$

$$4 = bb$$

$$2564 = 2\,ab + bb$$

Quotient représentant la racine carrée.

$$a = 6$$
$$b = 4\,.$$
$$b = 2$$

racine carrée $= 642$

En effet, multipliez 642 par 642, vous aurez pour produit 412164 ; donc 642 est la racine carrée du carré proposé. Voici maintenant l'explication de mes différentes opérations.

1°. J'ai fait le carré numérique 412164 $=$ au carré algébrique aa $+$ 2 ab $+$ bb.

2°. Puisque 36 est le plus carré qui soit contenu dans 41, j'ai fait 36 $=$ aa, et par conséquent a $=$ 6, parce que a est aussi bien la racine carrée de aa, que 6 est la racine carrée de 36.

3°. J'ai soustrait 36 de 41, il m'a resté 5, à côté duquel j'ai descendu 21 ; j'ai donc eu 521 $=$ 2 ab $+$ bb.

4°. Pour trouver la valeur de b, je dis : puisque a $=$ 6, j'aurai 2 a $=$ 12 ; je divise 52 par 12, et comme il y est contenu 4 fois, je conclus que b $=$ 4.

5°. Puisque a $=$ 6 et b $=$ 4, j'aurai 2 ab $=$ 48 et bb $=$ 16 ; je mets 48 sous 52 et 16 sous 21.

6°. J'additionne ces nombres ainsi arrangés, et j'ai 496. Je soustrais 496 de 521, il me rese 25 à côté desquels je descend 64, et j'ai 2564 que je fais $=$ 2 ab $+$ bb.

7°. Pour trouver la seconde valeur de b, je fais a $=$ 64, valeur des deux racines trouvées. J'ai donc 2 a $=$ 128 ; que je place sous 256 ; et comme 128 se trouve 2 fois dans 256, je conclus que la seconde valeur de b est 2, et que 642 est la racine carrée du carré proposé.

8°. Pour le prouver, j'exprime en chiffres la valeur de 2 ab $+$ bb, en me rappelant que a $=$ 64 et b $=$ 2.

9°. 2 ab $=$ 2 a $\times$ b $=$ 128 $\times$ 2 $=$ 256 que je mets sous 256 du nombre 2564.

10°. bb $=$ b $\times$ b $=$ 2 $\times$ 2 $=$ 4 que je mets sous le 4 du nombre 2564.

11°. J'additionne ces deux nombres ainsi arrangés, et j'ai pour somme totale 2564 $=$ 2 ab $+$ bb; ce qui prouve que 642 est la racine carrée du carré proposé.

12°. S'il y eût eu un *restant* après cette troisième opération, vous auriez conclu que le carré proposé étoit imparfait, et que vous aviez extrait la racine carrée du plus grand carré parfait contenu dans ce carré imparfait.

Théodore. Nous vous avons suivi dans vos opérations. Mais je vous répéterai ici ce que vous dit Caroline, à la fin de la leçon précédente : nous nous servirons de cette seconde méthode, lorsque nous serons familiarisés avec le calcul algébrique ; nous n'en savons encore que les premières règles. En attendant nous emploierons votre première méthode dans l'extraction des racines carrées.

Le Maître. Il faut cependant vous familiariser

avec cette seconde méthode ; vous seriez hors d'état d'extraire la racine cubique, opération absolument nécessaire en Physique.

Théodore. Faites-moi donc opérer sur un carré numérique ; je voudrois que sa racine carrée fût composée de 4 chiffres.

Le Maître. Cherchez la racine carrée de 6250000.

Théodore. Je vais opérer.

Second Exemple.

$$6250000 = aa + 2\,ab + bb$$

$$4 \qquad = aa$$

$$225 \qquad = 2\,ab + bb$$
$$4 \qquad = 2\,a$$

$$20 \qquad = 2\,ab$$
$$25 \qquad = bb$$

$$225 \qquad = 2\,ab + bb$$

Théodore. Me voilà bien embarrassé, il ne me reste que des o pour la troisième et la quatrième opération ; que faut-il faire ?

Le Maître. Ce n'est pas sans dessein que j'ai choisi cet exemple. Vous mettrez après les deux racines trouvées autant de o qu'il y a de *points* souscrits sous les o. Vous aurez donc :

a = 2 ; b = 5 ; b = o ; b = o. Votre racine totale sera donc 2500. En effet 2500 × 2500 = 6250000.

XIX. Leçon,

XIX. Leçon(*).

De l'électromètre et de l'électrophore.

*L*E Maître. L'électromètre est un instrument de Physique propre à faire connoître le degré d'électricité d'un corps. La plus simple de tous les électromètres sans contredit est celui dont on a coutume de se servir : ce sont deux fils de chanvre qu'on suspend au *conducteur* de la machine électrique. Ces fils électrisés forment par leur écartement un angle plus ou moins grand, suivant que l'électricité du *conducteur* est plus ou moins forte. Je l'ai vu quelquefois tellement électrisé, que les fils perpendiculaires à l'horizon avant l'électrisation, lui devenoient presque parallèles.

Théodore. Mais comment mesurer exactement la valeur précise d'un angle formé par deux fils qui sont dans un mouvement presque continuel ? C'est bien ici où je pourrois m'écrier : *hoc opus, hic labor est.*

Le Maître. Si l'on cherche l'exactitude géométrique, l'on ne la trouvera jamais par le moyen des fils. Si l'on se contente de quelques *à peu près*, assez peu éloignés de la réalité, on les aura par le moyen d'une machine dont M. Ferry me communiqua le projet en 1783. Je l'invitai à l'exé-

____

(*) C'est la quarante-cinquième leçon du cours de Physique à la portée de tout le monde.

cuter, après lui avoir fait remarquer qu'il seroit toujours impossible d'obvier au mouvement presque continuel des deux fils qui forment l'angle dont il veut chercher géométriquement la mesure. Ce M. Ferry est le Physicien dont je vous ai parlé dans la leçon précédente.

Théodore. Quelle est cette machine ? Faites-nous en la description.

Le Maître. La pièce principale de la machine en question, est un plateau de verre ou de glace de douze pouces de hauteur sur dix de largeur. Sur une des surfaces de ce plateau l'on colle un papier fin huilé de huit pouces en carré. L'on prend auparavant la précaution de décrire sur ce papier un demi-cercle que l'on divise en deux parties égales par le moyen du rayon perpendiculaire à l'horizon, et que l'on divise ensuite exactement en degrés et en minutes. L'on fixe ce plateau de verre sur une espèce de pied de guéridon. L'on approche le plateau du *conducteur*, de manière que les fils puissent voltiger sur la surface opposée au papier huilé. L'on prend garde sur-tout que le point de suspension des fils réponde directement au centre du demi-cercle tracé sur le papier. La moindre négligence en ce dernier point conduiroit aux plus grandes erreurs.

Tout étant ainsi disposé, l'on met en mouvement la machine électrique. Les fils s'écartent ; et leur écartement se faisant sur la circonférence d'un demi-cercle gradué, détermine de combien de degrés, est l'angle formé au centre du demi-cercle.

Caroline. Y a-t-il quelqu'autre espèce d'électromètre ?

Le Maître. L'on connoît encore en Physique

l'électromètre *à étincelles.* Les uns mesurent l'intensité de l'électricité par le temps qui s'écoule entre le commencement de l'électrisation du *conducteur*, et l'instant où l'on fait éclater l'étincelle. Les autres la mesurent par la distance à laquelle part l'étincelle, après un nombre constant et déterminé de tours que l'on fait faire au globe ou au plateau.

Caroline. Je n'aime pas cette espèce d'électromètre. Comment peut-on se servir de la première *méthode?* Lorsque la machine électrique est bonne et que le temps est favorable, il ne s'écoule pas une *seconde de temps* entre le commencement l'électrisation du *conducteur* et l'apparition de l'étincelle.

La seconde méthode ne donne que des *à peu près* très-fautifs.

Le Maître. Elle les donne beaucoup moins fautifs dans l'électromètre *à étincelles*, corrigé par le digne ami de M. Ferry, M. Barbaroux dont je vous ai parlé dans la leçon précédente.

Caroline. En quoi consiste cette correction? J'ai grande idée de ces deux Physiciens, depuis qu'ils ont prouvé que l'électricité *résineuse* étoit alkaline.

Le Maître. M. Barbaroux part du principe généralement adopté, que plus un corps est chargé d'électricité, plus, toutes choses égales d'ailleurs, les étincelles qu'il lance, se produisent au loin. Ce principe supposé, il prit un tube de verre de 12 pouces de long et de 16 lignes de diamètre. Ce tube étoit ouvert à ses deux extrémités, et il étoit exactement calibré dans toute sa longueur. A l'une de ses extrémités il mastiqua une espèce de piston de séringue, terminé, du

côté qui entroit dans le tube, par une plaque
de métal extrêmement polie, et de l'autre côté,
par un crochet destiné à être appliqué au *conducteur*, et à recevoir le fluide électrique. A l'autre extrémité du même tube étoit un autre piston qui entroit à frottement. Ce piston, terminé
comme le premier par une plaque de métal exactement polie, parcouroit l'étendue du tube de
verre sur laquelle il avoit eu soin de tracer,
avec l'angle d'une lime, une espèce d'échelle,
divisée en parties égales, d'une ligne chacune.

Veut-on se servir de cet instrument ? L'on
applique le crochet du piston immobile au *conducteur* qu'on électrise constamment de la même
manière. L'on avance peu à peu le piston mobile, jusqu'à ce qu'on aperçoive une étincelle
partir de l'extrémité de celui-là, venir frapper
l'extrémité de celui-ci. On examine alors le nombre de divisions comprises entre les extrémités
des pistons, et le plus ou le moins de divisions
annonce le plus ou le moins d'électricité.

Caroline. Mais l'air contenu dans le tube ,
n'empêche-t-il pas le piston mobile d'avancer
vers le piston immobile ?

Le Maître. Avant de mastiquer le piston immobile, l'on a eu soin, par le moyen du piston
mobile, de faire sortir l'air contenu dans le tube ,
à peu près comme on le fait sortir du corps de
la séringue qu'on veut remplir d'eau.

Caroline. J'aime beaucoup cet électromètre. Dès
demain j'en ferai construire un en ma présence.
Je suis en état de diriger l'ouvrier.

Théodore. Je préfère l'électromètre *à fils* à l'é-
lectromètre *à étincelles*. Dès demain j'en cons-

truirai un selon la méthode de M. Ferry. Mettez-
nous maintenant au fait de l'électrophore.

Le Maître. L'électrophore est une machine de
Physique, inventée par M. *Volta*, Professeur de
Physique à Come. J'aurois pu vous en parler
dans la leçon précédente ; M. *Volta* ne l'a construite que pour prouver l'existence des deux électricités *positive* et *négative.*

Caroline. Ce sera sans doute ici une machine
de pure curiosité, comme celle de M. Nairne.

Le Maître. L'électrophore est une machine
beaucoup moins composée que celle de M. Nairne.
Sa simplicité en fait presque tout le prix ; car
d'ailleurs je vous déclare que c'est un appareil
assez inutile dans un cabinet de Physique, quelque cas que je fasse de son inventeur que je sais
être un très-bon Physicien,

Caroline. Faites-nous la description de l'électrophore ; vous nous avez promis de nous donner
un cours complet d'électricité.

Le Maître. L'électrophore est composé d'un
plan circulaire de métal, de cuivre, d'étain, de
fer blanc, etc., d'environ 12 pouces de diamètre. Le plan de métal est recouvert d'une couche
assez épaisse de poix fondue, mêlée avec de la
résine et de la cire ; dans ce mélange la résine
doit prédominer. On donne à cette couche le
nom de *plan résineux.*

Un second plan circulaire de même métal,
mais d'un diamètre plus court d'environ deux
pouces, forme le *chapeau* de l'électrophore ; il
doit dans tous ses points pouvoir être en contact
immédiat avec le *plan résineux*, vers lequel on
l'approche ou duquel on le retire par le moyen

T 3

de trois cordons de soie que j'appelle les *cordons de suspension du chapeau.*

Ajoutez à ces deux pièces une peau de lapin ou de lièvre, préparée par le pelletier, vous aurez un électrophore.

Caroline. Quelles expériences fait-on par le moyen de l'électrophore?

Le Maître. L'on n'en fait que deux que vous expliquerez très-facilement, sans avoir recours aux électricités *positive* et *négative.*

Caroline. Quelle est la première de ces deux expériences?

Le Maître. Frottez le *plan résineux* avec la peau de lièvre bien sèche; vous l'électriserez infailliblement. Appliquez le *chapeau* sur le plan résineux, de manière que le centre de l'un réponde exactement au centre de l'autre. Par le moyen du doigt *index* que vous mettrez sous l'électrophore, et du *pouce* que vous mettrez sur le *chapeau*, pressez celui-ci contre le *plan résineux.* Par le moyen des cordons de soie, élevez le *chapeau* à quelques pouces au-dessus de ce *plan*; et le tenant ainsi suspendu, approchez votre doigt; vous en tirerez une étincelle électrique, beaucoup moins vive, il est vrai, que celle que l'on tire du *conducteur* électrisé. Dans cette expérience l'électrophore doit être placé sur un corps électrisable *par communication.*

Caroline. Ce n'est pas sans doute cette expérience que M. *Volta* apporte en preuve de l'existence des électricités *positive* et *négative.* Dans cette occasion le *chapeau* est électrisé par le *plan résineux.* Est-il étonnant qu'à l'approche du doigt, il donne des marques d'électricité? Si les étincelles que l'on en tire, sont beaucoup moins vives que celles que l'on tire du *conducteur* électrisé, c'est que celui-ci est beaucoup plus électrisé par le globe ou par le plateau , que le *chapeau* ne l'est par le *plan résineux.*

Le Maître. Vous expliquerez, Théodore, l'expérience suivante ; M. *Volta* l'apporte en preuve de l'existence des deux électricités *positive* et *négative.*

Frottez avec la peau de lièvre le *plan résineux* ; mais avant de le couvrir de son *chapeau*, placez l'électrophore sur un corps électrique *par lui-même* ; opérez ensuite pour tout le reste comme dans l'expérience précédente. Munissez-vous de deux bouteilles de Leyde parfaitement égales. Chargez-en une par le moyen du *chapeau* suspendu, et l'autre par le moyen du *plan résineux.* Tenez une bouteille dans la main droite et l'autre dans la main gauche. Approchez le fil d'archal de l'une du fil d'archal de l'autre ; vous les déchargerez et vous éprouverez une commotion. M. *Volta* conclut de cette expérience que l'une de ces bouteilles a été électrisée *positivement* et l'autre *négativement.*

Théodore. Mauvaise conséquence que celle-là. L'une a été moins chargée que l'autre , et voilà pourquoi vous avez *décharge* et *commotion.*

Le Maître. Vous avez raison ; vous n'auriez ni l'une, ni l'autre, si les deux bouteilles eussent été également chargées au même *conducteur* électrisé.

Théodore. Je n'en suis pas plus surpris, que je le suis, lorsque je vois un homme placé sur le gateau de résine, ne tirer aucune bluette du *conducteur* avec lequel il communique par une chaîne de métal , et en tirer des personnes qui sont placées sur le pavé. Il faut avouer que ce n'est que dans votre système qu'on explique ce double phénomène ; vous nous l'avez démontré dans la leçon sur *l'étincelle électrique* : aussi l'adoptons-nous purement et simplement.

Le Maître. Pour que vous l'adoptiez avec connoissance de cause, et qu'on ne puisse pas vous accuser de jurer, comme l'on dit, *in verba Magistri*, je vais vous mettre en peu de mots sous les yeux quelques autres systèmes, ou plutôt quelques autres ébauches de systèmes qui ont paru sur l'électricité.

Caroline. Cela est nécessaire dans un cours complet d'électricité. Descartes, le grand Descartes n'a-t-il rien écrit sur cette matière ?

Le Maître. Du temps de Descartes, l'on ne connoissoit que l'électricité *résineuse.* Il soupçonna qu'il devoit y avoir une électricité *vitrée*, et il la découvrit en effet en frottant le verre. Alors il distingua dans le verre deux espèces de pores, les grands et les petits. Dans les grands, *disoit-il*, se trouvent les globules du second élément ou la lumière ; dans les seconds résident plusieurs corpuscules du premier élément, ou le feu élémentaire. Il prétend que ces corpuscules se meuvent plus difficilement dans l'air, que dans le verre où ils ont une espèce de mouvement circulaire, et que la résistance de l'air les fait revenir dans les corps d'où le frottement les avoit fait sortir. En un mot, suivant Descartes, la matière électrique n'est pas distinguée de la matière du premier élément ou du feu élémentaire, et les phénomènes électriques n'ont pour cause physique que *l'effluence* et *l'affluence*, non pas *simultanée*, mais *successive* de cette matière.

C'est ici la traduction littérale de ce qu'a écrit Descartes sur l'électricité dans la quatrième partie de son livre de principes, *art.* 185.

Caroline. Il faut avouer que Descartes a dit sur cette matière tout ce qu'on pouvoit dire dans un temps où l'on ne connoissoit que les *attractions* et les *répulsions* électriques. Nollet et Dufay avoient bien lu ses ouvrages. L'un en a tiré son *effluence* et son *affluence*, l'autre le mouvement de tourbillon qu'il donne à l'atmosphère des corps électrisés.

Le Maître. Le P. Fabri, contemporain de Descartes, ne connoissoit que l'électricité *résineuse.* L'ambre, la cire d'espagne, en un mot tous les corps résineux, *dit le P. Fabri,* contiennent avec beaucoup de particules ignées, un suc gras et gluant. Frottez-vous ces sortes de corps, vous agitez le feu dont ils sont comme pénétrés. Ce feu agité chasse, comme en forme de trait, des filamens de ce suc. Ces filamens n'abandonnent pas entièrement le corps électrisé; leur viscosité naturelle les y retient attachés par une de leurs extrémités. Atténués et tendus, ils se rompent pour l'ordinaire vers le milieu. C'est alors qu'un de leurs segmens se replie comme nécessairement vers le corps électrisé, et emporte avec lui tous les corps légers qu'il trouve sur son chemin, tels que sont le tabac en poudre, les pailles, les petites feuilles de métal, etc. Un second filament ou le même tendu une seconde fois, ramenera avec lui ces mêmes corps : donc tout corps électrisé doit tantôt attirer et tantôt repousser les corps légers qu'on lui présente. Ainsi pensoit sur l'électricité, il y a plus de 150 ans, un des plus grands Physiciens du siècle passé;

ainsi parle-t-il dans le quatrième tome de sa Phy-sique, *pag.* 212 et 213.

Théodore. Cette ébauche de système me donne une très-grande idée du P. Fabri. Vous nous avez déjà parlé de ce grand homme dans votre leçon sur la circulation du sang ; c'est la vingt-quatrième du premier volume.

Le Maître. Privat de Molières, dans les 24 dernières pages de sa quatorzième leçon, a posé un certain nombre de principes par le moyen desquels il prétend expliquer les phénomènes électriques. Voici les principaux.

1°. Par le frottement il se forme autour des corps électriques une atmosphère dont les couches concentriques sont d'autant plus denses, quelles sont plus voisines du corps électrique.

2°. Les particules de cette atmosphère sont de véritables molécules d'huile qui, étant sorties par les pores du corps qu'on a frotté, se sont extrêmement étendues dans les pores de l'air.

3°. A mesure que ces molécules d'huile sortent par les pores du corps électrisé, c'est une nécessité, tout étant plein, qu'il y en entre d'autres qui voltigent dans l'air pour remplir la place des précédentes.

4°. Lorsque les molécules d'huile viennent à se mêler avec d'autres molécules plus grossières, telles que peuvent être celles qui sortent du bout du doigt qu'on approche du corps électrisé, elles fermentent, et cette fermentation produit l'étincelle électrique.

Théodore. Je n'aime pas ces particules d'huile. A-t-il paru quelqu'autre système sur l'électricité ?

Le Maître. Il y a encore celui de M. Jallabert. Voici ses principales assertions.

1º. L'univers est rempli d'un fluide électrique, très-délié, très-élastique, qui n'est pas distingué du feu élémentaire.

2º. Le fluide électrique, pour se rendre sensible, s'unit aux particules les plus subtiles des corps mixtes d'où on le fait sortir ; la chaleur et le frottement sont les causes les plus ordinaires de cette émission.

3º. Le fluide électrique est naturellement très-dense dans les corps rares, et très-rare dans les corps denses ; si le verre, la résine, etc., sont exceptés de cette règle, c'est que l'art a rassemblé, dans ces sortes de corps, un grand nombre de particules ignées.

4º. Le fluide électrique forme, non un tourbillon, mais une simple atmosphère autour des corps qui se trouvent dans l'état actuel d'électricité.

5º. Les corps électriques *par eux-mêmes* sont des corps élastiques qui contiennent une grande quantité de fluide électrique. Les corps électriques *par communication* sont des corps dans lesquels le fluide électrique est très-rare, et dont les fibres sont trop serrées et trop engrenées, pour être ébranlées par le frottement.

6º. Un corps qu'on électrise, souffre des pertes qu'il répare par la matière électrique qu'il reçoit des couches d'air qui l'environnent. Tels sont les systèmes généraux sur l'électricité, qu'on a formés jusqu'à présent. Choisissez celui qui vous conviendra le mieux.

Théodore. Il n'y a pas à hésiter ; nous choisissons le vôtre purement et simplement, tels que vous nous l'avez exposé dans vos premières leçons sur l'électricité. C'est le seul système dans lequel on explique facilement et raisonnablement tous les phénomènes électriques. De tous les Physiciens dont vous venez de nous parler, nous ne connoissons que Descartes. Faites-nous connoître le P. Fabri, Jallabert et Privat de Molières.

Le Maître. Honoré Fabri naquit à Virieux, petite ville du diocèse de Bellay, en l'année 1607. Il entra au noviciat des Jésuites à Avignon en 1626. Les succès qu'il eut dans l'étude des belles-lettres, lui servirent à présenter les matières les plus abstraites de la Physique et des Mathématiques avec toute la clarté et toute l'élégance que l'on ne trouve que chez les meilleurs Auteurs latins. Il comprit, comme Descartes dont il étoit contemporain, qu'une Physique sans géométrie étoit un corps sans ame ; aussi la plupart de ses ouvrages sont-ils physico-mathématiques. Le plus estimé de tous, c'est une Philosophie en 7 volumes in-4°., dont 6 appartiennent à la Physique. C'est dans son Traité de l'homme, *pag.* 204, qu'il prouve avoir enseigné la circulation du sang, avant que le livre de Guillaume Harvey eût pu tomber entre ses mains. Il en est des ouvrages du P. Fabri, comme de ceux de Descartes ; je ne conseillerois pas à un commençant de les lire ; mais un Physicien y trouvera un fonds de richesses inépuisable. Ce grand homme mourut à Rome le 9 mars 1688, à l'âge de 81 ans.

Jean Jallabert, célèbre Professeur de Physique expérimentale à Génève, des sociétés royales de Londres et de Montpellier, et de l'institut de Bologne, a occupé pendant sa vie une place très-distinguée parmi les Physiciens électrisans. Il s'est servi avec le plus grand succès de la machine électrique pour la guérison des

paralytiques ; aussi jouera-t-il un rôle très-inté-
ressant dans mes leçons sur *l'électricité médicale.*
Nous avons de M. Jallabert un très-bon ouvrage
intitulé : *expériences sur l'électricité avec quelques
conjectures sur la cause de ses effets.* Je viens de
vous rendre compte de ces conjectures. Il donna
ce petit ouvrage au public dès l'année 1749, temps
auquel cette matière étoit encore toute neuve. Il
mourut à Génève en l'année 1767.

Joseph Privat de Molières, Prêtre, Professeur
de Physique au collége royal, membre de l'A-
cadémie des sciences de Paris et de la société de
Londres, nâquit à Tarascon en l'année 1677.
Ami et Elève du fameux Malebranche, il se
déclara défenseur des grands tourbillons, composés de petits tourbillons, et il en fit comme le
fondement et la base des vingt leçons de Physique qu'il donna au public en 4 volumes *in-12.*
L'Auteur paroît, dans toutes, grand Mécanicien,
mais sur-tout dans celles qui ne supposent aucun
système, telles que sont ses leçons sur les lois
générales du mouvement, et sur celles qui s'obser-
vent dans le choc des corps élastiques et non-
élastiques. On ne peut pas présenter ces lois avec
plus de clarté, plus de méthode et plus de précision, qu'il l'a fait.

Pour ce qui regarde les leçons fondées sur
le système de Descartes, corrigé par Malebranche, système que je vous exposerai en son temps,
il s'en faut bien qu'elles soient de la solidité des
premières. L'on y décèle toujours l'homme de
génie, l'écrivain séduisant, le savant mathématicien ; mais tout homme impartial trouvera qu'ou-
tre l'air de roman qui y règne, l'auteur donne
le nom de *démonstration* à ce qui n'est fondé
pour l'ordinaire que sur des hypothèses arbitraires.

M. Privat de Molières convaincu de la nécessité qu'il y a d'être mathématicien, pour pouvoir faire quelques progrès dans la saine Physique, a encore donné au public quelques petits ouvrages, dont l'un contient les élémens de l'arithmétique et de l'algèbre, et l'autre les élémens de géométrie. Ils sont écrits d'une manière très-claire et très-intelligible. Il mourut à Paris au mois de mai 1742 dans les plus grands sentimens de religion.

Théodore. Ce que vous nous avez dit à la fin de la leçon précédente, nous a engagé à extraire la racine carrée d'un carré quelconque numérique, par le moyen du carré algébrique $aa + 2ab + bb$. Vous pouvez nous proposer les problèmes que vous jugerez à propos ; nous sommes en état de les résoudre.

Le Maître. Quelle est, Théodore, la racine carrée de 4265 ?

Théodore. Je n'ai que deux opérations à faire, pour la trouver.

Premier exemple.

$$4265 = aa + 2ab + bb$$
$$36 = aa$$
$$665 = 2ab + bb$$
$$12 = 2a$$
$$60 = 2ab$$
$$25 = bb$$
$$625 = 2ab + bb$$
$$\text{Restant} = 40$$

Quotient représentant la racine carrée.

$$a = 6$$
$$b = 5$$

Racine carrée approchante $= 65$.

Le Maître. Vous avez très-bien opéré ; expliquez vos opérations.

Théodore. Puisque j'ai eu 40 de reste, après la seconde opération, je conclus que 4265 n'est pas un carré parfait, et que 65 est la racine carrée du plus grand carré contenu dans 4265. En effet, $65 \times 65 = 4225$. Ajoutez à ce nombre les 40 qu'on a eu de reste après la seconde opération, vous aurez $4265 =$ au nombre proposé. Voici donc comment j'ai opéré.

1°. J'ai fait $4265 =$ au carré algébrique $aa + 2 ab + bb$.

2°. Puisque 36 est le plus grand carré contenu dans 42, j'ai fait $36 = aa$ et $a = 6$, parce que a est aussi bien la racine carrée de aa, que 6 est la racine carrée de 36.

3°. J'ai soustrait 36 de 42, il m'a resté 6 à côté duquel j'ai descendu 65 ; j'ai donc eu $665 = 2 ab + bb$.

4°. Pour trouver la valeur de b, j'ai dit : puisque $a = 6$, j'aurai $2 a = 12$; j'ai divisé 66 par 12, j'ai eu pour quotient 5 valeur de b.

5°. Puisque $a = 6$ et $b = 5$, j'ai eu $2 ab = 60$ et $bb = 25$; j'ai mis 60 sous 66 et 25 sous 65.

6°. J'ai additionné ces nombres ainsi arrangés, et j'ai eu 625 = 2 ab + bb. J'ai soustrait 625 de 665 ; et comme il a resté 40, j'ai conclu que 4265 n'est pas un carré parfait, et que 65 est la racine carrée du plus grand carré contenu dans 4265.

Le Maître. Vous avez très-bien raisonné et très-bien opéré. Cherchez, Caroline, la racine carrée de 1764.

Caroline. Je vais opérer et raisonner comme Théodore.

Second Exemple.

$$1764 = aa + 2\,ab + bb$$
$$16 \;\;\, = aa$$
$$\overline{}$$
$$164 \;\;\, = 2\,ab + bb$$
$$8 \;\;\;\, = 2\,a$$
$$\overline{}$$
$$16 \;\;\, = 2\,ab$$
$$4 \;\;\;\, = bb$$
$$\overline{}$$
$$164 \;\;\, = 2\,ab + bb$$

Quotient représentant la racine carrée.
$$a = 4$$
$$b = 2$$

Racine carrée = 42

En effet multipliez 42 par 42, vous aurez pour produit 1764 ; donc 42 est la racine carrée de 1764.

Il n'est pas nécessaire que je rende compte de mes opérations ; j'ai raisonné et j'ai opéré comme Théodore.

XX. LEÇON.

XX. Leçon (*).

De l'électricité médicale, considérée d'abord en général, et ensuite comme remède dans les paralysies et les hémiplégies.

LE *Maître.* La machine électrique n'est pas une machine de pure curiosité; elle ne nous apprend pas seulement que la matière électrique se trouve plus ou moins abondamment dans tous les corps; qu'elle est répandue dans toute l'atmosphère terrestre et peut-être dans tous les espaces célestes; qu'elle est comme l'ame de la nature; elle nous apprend encore que l'électricité est un excellent remède à des maux très-douloureux, tels que sont les paralysies, les hémiplégies, les maladies des yeux, les douleurs sciatiques et rhumatismales, la surdité, les engelures, etc. Nous ne parlerons dans cette leçon que des effets de l'électricité dans les paralysies et les hémiplégies, après que je vous aurai mis sous les yeux les différentes manières d'électriser les malades.

Caroline. Que ces leçons vont être intéressantes! Qu'elles sont dignes d'un Physicien, ami de l'humanité! Dites-nous d'abord ce que vous entendez par *hémiplégie,* nous n'avons aucune idée de cette maladie.

Le Maître. C'est la paralysie qui tient la moitié

(*) *C'est la 46e. Leçon du cours de Physique à la portée de tout le monde.*

Tome II.	V

du corps ; c'est la plus ordinaire de toutes les paralysies, lorsqu'on n'a pas été foudroyé par un accident d'apoplexie.

Théodore. Je ferai tant d'expériences électriques, que je deviendrai Physicien électrisant. Quel bonheur pour moi, si je pouvois guérir, ou du moins soulager dans ses maux quelqu'un de mes semblables ! Apprenez-nous quelles sont les différentes matières d'électriser les malades ; ne nous laissez rien ignorer sur cette importante matière.

Le Maître. On électrise les malades d'abord par *bain*, ensuite par *étincelles*, et enfin par *commotion*.

Caroline. Nous savons électriser par *étincelles* et par *commotion* ; mais nous ne saurions pas électriser par *bain*. Comment se fait cette opération ?

Le Maître. On prépare un *isoloir*. Pour l'avoir excellent, on en fait les supports d'un bois bien sec qu'on peint à l'huile, ou qu'on enduit en dessous, tantôt d'un mélange de résine, de cire, de poix à parties égales, tantôt d'un vernis à la cire d'espagne.

Les pieds du support sont des colonnes de verre, ou des bouteilles bien fortes qu'on nettoie, qu'on dessèche en dedans, et qu'on bouche ensuite avec soin, après les avoir remplies du mélange dont je viens de vous parler. On les attache aux supports par le moyen d'un mastic composé de corps électriques par eux-mêmes.

On place sur *l'isoloir* tantôt des siéges et tantôt un banc, pour faire asseoir les malades. Le banc ne doit avoir ni angles, ni aspérités, et il doit être peint comme *l'isoloir* lui-même.

Les malades étant assis, on leur fait tenir à

chacun à la main une chaîne de métal qui communique avec le *conducteur* électrisé. Dans cet état les malades se trouvent dans une espèce de bain électrique, puisque l'atmosphère électrique les environne, à peu près comme l'eau environne un homme qui prend un bain ordinaire.

C'est toujours par *bain* que commence le traitement électrique. Les huit premiers jours, la séance n'est guère que d'un quart d'heure. Les huit jours suivans, elle est d'une heure. Après quinze jours, elle dure deux à trois heures; on peut en prendre deux par jour de cette espèce, en ayant cependant toujours égard à l'âge, aux forces, au tempérament du malade, et à l'intensité de la maladie.

Théodore. Quelle précaution demande l'électrisation par *bain* ?

Le Maître. Elle n'en demande point d'autre, que celle d'essuyer à chaque fois les supports, de faire prendre des chaussures bien sèches aux malades qui viennent à pied, et sur-tout de prendre bien garde que les pointes des épingles que portent les femmes ne soient pas saillantes.

Théodore. C'est-à-dire, que pendant près d'un mois les malades ne prennent que l'électrisation par *bain.*

Le Maître. Il n'en est pas ainsi. Après 5 à 6 jours, l'on joint à l'électrisation par *bain* celle qui se fait par *étincelles.* L'on n'en tire d'abord des membres malades que pendant 5 à 6 minutes ; ensuite pendant 10 à 12 ; enfin pendant 25 à 30, matin et soir. Les membres que la pudeur empêche de mettre à nud, sont couverts d'un vêtement de toile qui colle exactement sur la peau. Aux électrisations par *bain* et à *étincelles,* succède l'électrisation par *commotion*, rarement *totale*, presque toujours *partielle*.

Théodore. Vous nous avez appris dans les 16°. et 17°. leçons de ce volume, comment on donne la commotion *totale*; apprenez-nous maintenant comment on donne aux malades la commotion *partielle*.

Le Maître. La commotion *partielle* n'est pas à beaucoup près aussi dangereuse que la commotion *totale*, parce qu'elle n'est reçue que dans la partie malade, lorsqu'elle est donnée par un Physicien adroit et accoutumé à faire des expériences en ce genre. Voici la manière la plus simple de l'administrer.

Prenez une bouteille de Leyde, au fond de laquelle soit attachée une petite chaîne de métal.

Attachez l'extrémité de la chaîne en contact d'une partie quelconque du corps de la personne qui doit être électrisée.

Touchez ensuite avec le bouton du fil d'archal de la bouteille un autre point quelconque du corps de la même personne, elle recevra à l'instant la commotion; mais elle ne la ressentira que dans l'endroit intercepté entre l'extrémité de la chaîne, et le bouton du fil d'archal de la bouteille de Leyde.

Théodore. Je vous ai compris. Si je veux, par exemple, que la commotion ne soit reçue que dans un bras paralytique, je mets l'extrémité de la chaîne en contact avec le haut de ce bras; j'approche ensuite le bouton du fil d'archal de la bouteille de l'extrémité de l'un des doigts de la main; la commotion passera nécessairement dans toute l'étendue du bras.

Le Maître. Vos vœux seront accomplis. Vous

serez bientôt, Théodore, un très-bon Physicien électrisant ; la commotion *partielle* est peut-être la plus délicate et la plus difficile de toutes les expériences électriques.

Théodore. Appliquons ce que vous venez de nous dire à la guérison des paralysies.

Le Maître. M. Jallabert dont je vous ai fait l'éloge dans la leçon précédente, a été le premier qui se soit servi de l'électricité comme *remède.* La cure du nommé *Nogués*, Maître Serrurier de Genève, âgé de 52 ans, et d'une complexion assez délicate, a fait époque en Physique. *Nogués* étoit paralytique du bras droit. Le poignet étoit fléchi vers le côté interne des deux os de l'avant-bras. Il étoit pendant et sans mouvement ; le pouce, le doigt index, l'auriculaire étoient comme collés les uns aux autres et fléchis vers la paume de la main. Il restoit au médius et à l'annulaire un foible mouvement. Le malade baissoit et levoit le bras, mais avec peine, et l'avant bras ne pouvoit ni se fléchir, ni s'étendre. Il boîtoit aussi du côté droit, et il ne marchoit qu'à l'aide d'une canne.

M. Jallabert électrisa *Nogués* avec toutes les précautions imaginables, depuis le 26 décembre 1747 jusqu'à la fin de février 1748, presque chaque jour ; l'opération duroit environ une heure et demie ; il ne lui épargna pas la commotion, même avec l'eau bouillante ; et le succès fut tel, qu'on vit *Nogués* empoigner une boule de 5 à 6 pouces de diamètre, et la jeter à plusieurs pas de distance, en étendant son bras auparavant paralytique. Il éleva aussi, par le moyen d'une poulie, un poids de 18 livres. Enfin on l'a vu prendre un bâton fort gros et une barre de fer, et lever l'un et l'autre en les tenant par le bout.

Théodore. Quels sont les effets de la commotion donnée avec une bouteille remplie d'eau bouillante ?

Le Maître. Ils sont terribles ; ne répétez jamais une pareille expérience. M. Jallabert, pour éviter à *Nogués* le contact d'un vase froid dans l'expérience de la commotion, la lui fit éprouver avec l'eau bouillante. Des éclats de lumière très-vifs parurent d'eux-mêmes, avant que *Nogués* approchât la main du vase ; ils devinrent encore plus vifs et plus nombreux, quand il y appliqua la main ; et au moment qu'il tira l'étincelle, le feu dont le vase se remplit, parut tout-a-coup d'une vivacité inexprimable. La secousse fut prodigieuse ; et au même instant un morceau orbiculaire de deux lignes et demie de diamètre fut lancé contre le mur qui étoit à 5 pieds de distance. Le morceau en fut emporté sans fêlure au vase.

Nogués, jusques-là empressé à s'offrir à la commotion, effrayé et tremblant, se jeta sur un siége. Il assura qu'un coup violent l'avoit frappé en diverses parties du corps, et qu'il lui en restoit une vive douleur dans les bras et dans les reins.

Je l'exhortai, *dit M. Jallabert*, à aller se mettre au lit. L'étonnante vivacité d'un feu, qu'on ne peut mieux comparer qu'à celui de la foudre ; le phénomène inouï d'un éclat de verre causé par l'action de l'électricité ; la terrible commotion qu'avoit ressentie la personne qui tira l'étincelle, tout cela avoit imprimé aux spectateurs une terreur qui ne permit, ni à eux ni à moi-même, d'en exposer aucune à une seconde épreuve.

Caroline. Pourquoi M. Jallabert ne se contenta-t-il pas de donner à Nogués la commotion *partielle*? C'étoit bien le cas, il n'avoit qu'un bras paralytique.

Le Maître. Du temps de M. Jallabert, on ne connoissoit que la commotion *totale.*

Caroline. Explique-t-on en Physique les effets de l'électricité sur les membres paralytiques?

Le Maître. On les explique au mieux.

Caroline. Faites-nous part de cette explication; nous écouterons avec plus d'intérêt les faits que vous nous raconterez, analogues au traitement et à la guérison de *Nogués.*

Le Maître. Un membre est paralytique, lorsque le fluide nerveux, si connu sous le nom *d'esprits vitaux*, ne coule pas librement dans les conduits que la nature lui a préparés. Cette interruption de cours a pour cause ordinaire quelque obstruction, c'est-à-dire, quelque humeur coagulée qui bouche l'origine de certains nerfs. Rien n'est plus propre à dissiper ces obstructions, que les épreuves électriques, et surtout l'épreuve de la commotion. Pour peu qu'on réfléchisse sur cette terrible expérience, l'on sera convaincu qu'il n'est rien de plus subtil, de plus vif et de plus capable de dégager les nerfs, que la matière électrique.

Mon avis ne peut pas être d'un grand poids, lorsqu'il s'agit de remède et de maladie. Je pense cependant que les vomitifs, les eaux minérales, les frictions, les sternutatoires, et tous les remèdes que la coutume a fait ordonner jusqu'à présent en grande cérémonie, sont plus dispendieux et moins efficaces, que nos secousses électriques.

V 4

Caroline. Votre explication est bien naturelle: Vous nous avez assez parlé des *nerfs* et des *esprits vitaux* dans les leçons du premier volume, qui ont pour objet les sens extérieurs et intérieurs, pour que nous soyons en état d'en comprendre toute la solidité. Nous l'appliquerons à la guérison des autres paralytiques dont vous allez sans doute nous faire l'histoire intéressante.

Le Maître. La plupart des Physiciens électrisans, à l'exemple de M. Jallabert, entreprirent de guérir les paralysies par le moyen de la machine électrique. M. de Sauvages a eu de très-grands succès en ce genre.

Le nommé Garouste, porteur de chaise, âgé de 70 ans, paralytique depuis 10 ans de la moitié du corps, presque privé de la vue, et d'une foiblesse de reins qui le mettoit hors d'état de se lever sans l'aide de quelqu'un, se fit électriser à Montpellier par M. de Sauvages, le 29, le 30 et le 31 janvier; le 1, le 4, le 6, le 7, le 10, le 13, le 14, le 15, le 16, le 17, le 18, le 19, le 23 et le 27 février 1749. Le 31 janvier Garouste fut en état de lire un livre d'un très-petit caractère, et il marcha sans bâton. Le 4 février, il marcha encore plus librement, et il coula de ses yeux beaucoup de larmes. Le 19 du même mois, sa vue se fortifia, et la douleur qu'il ressentoit auparavant dans les reins se dissipa entièrement; enfin, le 27 février, Garouste jouit d'une santé parfaite.

Théodore. Je me rappelle ici fort à propos l'histoire que me fit, ces jours derniers, à Montpellier un nommé Pierre Lafoux, âgé maintenant de 66 ans. Je paroissois étonné qu'à son âge, il fût si robuste. Vous le serez bien davantage,

me dit-il, lorsque vous saurez mon histoire.
Dans ma plus tendre enfance, je fus attaqué d'une
paralysie qui me tenoit la moitié du corps. M.
de Sauvages m'électrisa, presque tous les jours,
depuis le 8 mars jusqu'au 3 mai 1749. J'étois
pour lors âgé de 15 ans. Le 17 mars, mon bras
paralytique avoit repris des forces et de l'embon-
point. Le 18, je levai de terre une chaise. Le
20, je frappai des coups de marteau. Le 25,
j'étendis librement le pouce de la main malade,
courbé auparavant et caché sous les autres doigts,
et je portai de cette main jusqu'à ma maison, un
sceau plein d'eau. Le 9 avril, je marchai librement. Enfin, le 3 mai, je fus parfaitement guéri,
et depuis lors je n'ai eu aucune espèce, je ne dis
pas de maladie, mais même d'incommodité.

Le Maître. Ces deux paralytiques n'ont pas
été les seuls à qui la machine électrique a rendu
la santé sous les yeux de M. de Sauvages. Ce
célèbre Professeur de la première école de Médecine, écrivant à M. Bruhier, Médecin à Genève, fait mention de trois autres paralytiques à
qui l'électrisation a fait des biens infinis. Cette
lettre termine l'ouvrage de M. Jallabert, dont
je vous ai rendu compte dans la leçon précédente. Ces cures et plusieurs autres dont j'aurai
occasion de vous parler, ont été faites entre les
années 1747 et 1760.

Depuis 1760 jusqu'en 1777, l'on abandonna,
pour ainsi dire, en France l'électricité médicale.
Tous les vrais Physiciens en gémissoient. Quiconque s'intéresse au bien de l'humanité, désiroit qu'un grand Médecin procurât à cette branche de la Physique expérimentale tout l'éclat
dont elle est susceptible. Nos vœux furent exaucés.

M. *Mauduyt* s'est consacré, depuis l'année 1777, à l'électricité médicale, et ses glorieux travaux ont été couronnés des succès les plus sûrs et les plus brillans. Les cures qu'il a faites, sont consignées dans les Mémoires de la société royale de Médecine de Paris. Les récits de M. *Mauduyt* portent tous avec eux l'empreinte de la plus exacte vérité. Ses heureux succès, il les rapporte sans emphase, et ses mauvais sans dépit. Il prend les précautions les plus sages et les plus prudentes, pour ne pas administrer l'électricité, comme remède, à tort et à travers. Se présente-t-il un malade ? il exige une consultation de Médecins, et il ne les soumet à l'électricité, que d'après l'avis de ses confrères.

Caroline. Telle est en effet la manière d'agir de M. *Mauduyt*. Je l'ai vu opérer plusieurs fois, et toujours avec un nouveau plaisir. Je suis même en état de vous dire, si vous le jugez à propos, comment il se comporte avant et pendant le traitement des malades.

Le Maître. Vous nous ferez plaisir ; on ne peut pas révoquer en doute la narration d'un témoin oculaire.

Caroline. Avant de commencer le traitement, M. *Mauduyt* rédige un précis historique de la maladie qu'il va entreprendre de combattre, et des remèdes qu'on a fait jusqu'alors. Il décrit ensuite l'état actuel du malade ; et après avoir lu lentement aux assistans ce qu'il vient d'écrire, il les oblige à le signer.

A la suite de ce précis historique se trouve un journal sur lequel M. *Mauduyt* écrit, jour par jour, les changemens arrivés en bien et en mal, et les faits passés d'un jour à l'autre pendant l'absence du malade.

Chaque journal, portant une étiquette sur laquelle est écrit le nom de celui qu'il concerne, reste, pendant tout le temps du traitement, exposé sur une table dans la pièce où l'on reçoit les malades. Cette pièce est constamment ouverte, pendant les heures du traitement, aux Médecins, aux Chirurgiens et aux Physiciens. Chacun d'eux peut, comme il le juge à propos, prendre les journaux, les lire, interroger les malades, examiner leur état devant M. Mauduyt ou en son absence.

En commençant la journée, M. *Mauduyt* interroge les malades, et il écrit, d'après leurs réponses, les articles qui sont consignés dans les journaux; il prie ensuite ceux de ses confrères qui sont présens, de signer les articles qu'il vient de rédiger. Aucun article n'est regardé comme arrêté, que lorsqu'il a été lu à celui qu'il concerne. Ces journaux ainsi rédigés, sont déposés, après le traitement, au secrétariat de la société royale de Médecine de Paris.

Théodore. C'est ainsi qu'on se comporte, lorsqu'on ne veut pas en imposer au public et qu'on veut être bienfaiteur de l'humanité. M. Mauduyt a-t-il guéri beaucoup de paralytiques par le moyen de la machine électrique ?

Le Maître. Du mois de juillet 1777 au même mois 1779, M. *Mauduyt* soumit à l'électricité 51 paralytiques dont il forme trois classes. La première, composée de 14 malades, comprend ceux qui ont suivi le traitement aussi long-temps qu'il le leur a conseillé.

La seconde, composée de 28 paralytiques, renferme ceux qui n'ont pas suivi le traitement aussi long-temps qu'ils l'auroient dû.

La troisième, composée de 9 malades, comprend ceux qui se sont retirés peu de temps après
s'être présentés.

Théodore. Sans doute que les 14 paralytiques
qui forment la première classe, ont tous été
guéris par l'électricité; ils ont suivi le traitement
aussi long-temps qu'on le leur a conseillé.

Le Maître. Point du tout. De ces 14 paralytiques, un seul a été parfaitement guéri; neuf
ont obtenu un soulagement considérable; quatre
n'en ont éprouvé aucun. Parmi les neuf qui furent soulagés, trois avoient une profession ma-
nuelle, qu'ils furent en état de reprendre.

Théodore. Quel fut le succès de la machine
électrique, vis-à-vis les 28 paralytiques qui forment la seconde classe?

Le Maître. 21 paralytiques éprouvèrent un
soulagement marqué; les sept autres n'en retirèrent aucun avantage.

Caroline. Ce fut leur faute; ils auroient dû
suivre le traitement aussi long-temps qu'on le
leur avoit prescrit; les 21 paralytiques auroient été entièrement guéris, et les sept autres
auroient peut-être éprouvé un soulagement marqué. Qu'arriva-t-il aux neuf paralytiques qui
forment la troisième classe? Rien sans doute; ils
se retirèrent peu de temps après s'être présentés.

Le Maître. La tentative fut totalement inutile
sur cinq de ces malades; elle eut des effets assez
marqués sur les quatre autres, et en particulier
sur une petite fille, âgée de trois ans quatre mois,
hémiplégique depuis deux ans.

Caroline. Il est donc décidé que l'électrisation
est un excellent remède dans les paralysies et les
hémiplégies. MM. Jallabert, de Sauvages et

Mauduyt doivent être regardés comme les bienfaiteurs de l'humanité. Vous nous avez fait, dans la leçon précédente, l'éloge de M. Jallabert ; faites-nous, dans celle-ci, celui de M. de Sauvages. Nous ne sommes pas dans le cas de vous demander l'éloge de M. Mauduyt ; je le vis la semaine dernière ; il jouit de la meilleure santé.

Le Maître. François Boissier de Sauvages, Conseiller, Médecin du Roi, et l'un des plus célèbres Professeurs en Médecine qu'ait jamais eu l'université de Montpellier, nâquit à Alais, le 12 mai 1706. Son mérite étoit si généralement reconnu, qu'après avoir été couronné dans plusieurs Académies de l'Europe, presque toutes lui ouvrirent leur sein. Il tenoit, en effet, comme associé ou comme membre, aux Académies de Paris, de Montpellier, de Londres, d'Upsal, de Berlin, de Florence, de Bologne, de Stockholm, de Suède et à celle des curieux de la Nature. Vous ne vous attendez pas sans doute que je vous rende compte des ouvrages qu'il a donnés au public en qualité de Médecin ; ma profession m'en dispense ; à peine m'est-il permis de vous faire remarquer que, dans sa *Nosologie*, il a divisé les maladies en dix classes qui comprennent 295 genres, sous lesquels viennent se ranger comme naturellement environ trois mille espèces de maladies jusqu'ici observées ; et dans ces trois mille espèces, que de millions et de milliards de maladies individuelles ! Je vous ferai encore remarquer qu'il règne dans tous les ouvrages de cet Auteur un ordre et une méthode véritablement géométrique. Aussi paroît-il faire peu de cas des Médecins qui n'ont aucune teinture de géométrie ; et après leur avoir démontré dans sa *Nosologie*, (*pag.* 11 et 12 *du vol.* 1 *de l'é-dition in-8°.*) qu'il est dans les Mathématiques une foule de traités dont il leur est impossible de se passer, il les exhorte à ne pas se déchaîner contre les Médecins géomètres, de peur, *leur dit-il*, que le public éclairé ne vous applique la fable du renard qui, honteux de s'être coupé la queue, auroit voulu engager ses compagnons à faire la même sottise que lui.

M. de Sauvages paroît sur-tout grand Physicien et grand Mathématicien dans la traduction françoise qu'il donna, en 1744, de l'*Hémasta-tique* composée en anglois par M. Etienne Halle. Cet ouvrage avoit besoin des belles notes et des savans calculs dont le traducteur l'a enrichi; et c'est bien à cette occasion qu'on pourroit assurer que l'accessoire vaut mieux que le principal.

Il est encore un opuscule où M. de Sauvages étala toutes les richesses de la Physique; c'est sa dissertation couronnée, où il recherche *comment l'air, suivant ses différentes qualités, agit sur le corps humain.* Il considère d'abord comment l'air en masse, ou sans avoir égard aux molécules qui le composent, agit sur nous par sa totalité : il examine ensuite les changemens que peuvent faire sur nous les molécules qui entrent dans sa composition. Il est fâcheux qu'il n'ait donné à l'atmosphère terrestre que vingt lieues de hauteur perpendiculaire; je vous ai démontré, dans la quatrième leçon du premier volume, *pag.* 55 et *suivantes*, qu'elle en a au moins trois cens. Il est encore plus fâcheux qu'il ait mal calculé les forces *vives*; je vous apprendrai dans la suite combien faux est le principe d'où il est parti. Je ne vous parle pas de ses succès dans *l'électricité médicale* ; je viens de vous les mettre sous les yeux. Ce grand homme mourut à Montpellier, le 19 février 1767, âgé de 60 ans et 9 mois, dans les sentimens les plus chrétiens et les plus édifians. Il avoit fait une étude particulière des preuves du christianisme, et il avoit coutume de dire qu'elles sont dans leur genre aussi concluantes que les démons-trations géométriques les plus rigoureuses.

Théodore. Nous sommes en état de vous sui-vre dans les opérations que vous allez faire pour extraire la racine cubique d'un cube quelconque proposé. Nous savons que le cube est le *produit* du carré par sa racine. 1000 est le cube de 10, parce que $10 \times 10 = 100$, *carré* de 10, et $10 \times 100 = 1000$, *cube* de 10. De même aaa est le cube de a, parce que $a \times a = aa$, *carré* de a, et $a \times aa = aaa$, *cube* de a.

Nous connoissons encore les cubes des dix premiers nombres ; nous aurons toujours sous les yeux le tableau suivant.

Racines cubiques.

1. 2. 3. 4.   5.   6.   7.   8.   9.   10.

Cubes.

1. 8. 27. 64. 125. 216. 343. 512. 729. 1000.

Le Maître. Ce sont là de grandes avances, j'en conviens. Cependant, comme l'extraction de la racine cubique est une opération très-difficile,

formons auparavant quelques cubes arithmétiques
et algébriques. Cherchez, Théodore, le cube de 18.

Théodore. Je vais d'abord multiplier 18 par
18, j'aurai pour *produit* son carré, lequel multiplié par 18 me donnera pour produit le cube
de 18.

Premier exemple.

$$18 \times 18 = 324, \text{ carré de } 18.$$

$$18 \times 324 = 5832, \text{ cube de } 18.$$

Le Maître. Puisque le cube de a + b doit
nous servir de guide dans l'extraction des racines
cubiques. Cherchez, Caroline, le cube de a + b.

Caroline. Je vais multiplier a + b par a + b,
j'aurai pour *produit* son carré, lequel multiplié
par a + b, me donnera pour produit le cube
de a + b.

Second Exemple.

$$a + b \times a + b = aa + 2\,a\,b + bb;$$
carré de a + b.

$$a + b \times aa + 2\,a\,b + bb = aaa + 3$$
$aa\,b + 3\,a\,bb + bbb,$ *cube* de a + b.

XXI. Leçon.

XXI. LEÇON (*).

De l'électricité considérée comme remède dans les maladies des yeux.

*L*E *Maître.* Je prétends vous prouver dans cette leçon, par les expériences les plus constatées, que l'électricité est un excellent remède dans les maladies des yeux connues sous le nom d'ophtalmies, fistule lacrymale, goutte sereine et même cataracte.

Caroline. Avec quelle attention nous allons vous écouter! Avec quelle espèce de respect regarderons-nous dans la suite les Physiciens électrisans! Le sens de la vue est le seul dont vous ne nous ayez pas parlé dans le volume précédent. Nous avons goûté les raisons qui vous ont engagé à faire une pareille omission. Il me paroît cependant que vous ne sauriez vous dispenser de nous faire maintenant une description, telle quelle, des différentes parties dont l'œil est composé.

Le Maître. La chose est en effet absolument nécessaire. Je la ferai le plus briévement qu'il me sera possible. Ma leçon physique et géométrique sur *l'œil*, doit précéder ce grand nombre de leçons que je dois vous faire sur l'optique, la catoptrique et la dioptrique.

(*) C'est la quarante-septième leçon du *Cours de Physique à la portée de tout le monde.*

On distingue dans l'œil des tuniques et des humeurs. Ces tuniques sont la *cornée*, *l'uvée*, la *rétine*, etc. La *cornée* est une tunique ou membrane extérieure qui couvre le *devant* de l'œil, on peut la toucher avec le doigt. Sa figure est très-convexe, et le nom qu'elle porte, lui vient sans doute de la ressemblance qu'elle a avec de la corne transparente. La partie de la *cornée* qui s'enfonce dans le globe de l'œil, prend le nom de *sclérotique*; elle est trop épaisse, pour être diaphane.

Sous la cornée se trouve *l'uvée*. Opaque de sa nature, elle a au milieu une petite ouverture circulaire nommée la *prunelle*. La partie de *l'uvée* qui s'enfonce dans le globe de l'œil, a le nom de *choroïde*; elle est très-noire et très-opaque.

Au fond de l'œil se trouve la *rétine*, qui n'est qu'une expansion du nerf optique, des plus déliés fibres duquel elle est composée, elle s'étend sur toute la *choroïde*, et le nom qu'on lui a donné, nous apprend qu'elle est faite en forme de filet.

L'on distingue encore dans l'œil trois humeurs différentes, l'humeur *aqueuse*, l'humeur *cristalline*, et l'humeur *vitrée*.

L'humeur *aqueuse*, semblable à une eau assez fluide et assez limpide, occupe la partie antérieure de l'œil, c'est-à-dire, l'espace qu'il y a entre la *cornée* et le *cristallin*.

L'humeur *vitrée*, quoique diaphane, a cependant quelque consistance; destinée à rafraîchir la *rétine*, elle occupe la partie postérieure de l'œil.

Enfin l'humeur *cristalline*, renfermée dans une membrane que l'on nomme *l'arachnoïde*, se trouve entre l'humeur *aqueuse* et l'humeur *vitrée*. Elle est diaphane, et sa figure est lenticulaire.

Ces trois humeurs n'ont pas la même densité. L'humeur *aqueuse* est moins dense que l'humeur *cristalline*, et celle-ci est plus dense que l'humeur *vitrée*.

Les paupières sont revêtues intérieurement d'une membrane qui va se terminer au bord de la cornée; elle est aussi attachée au bord du globe de l'œil; on la regarde comme une suite du *péricrane*, membrane qui couvre immédiatement le crane. Cette membrane, commune au globe et aux paupières, est connue sous le nom de *conjonctive*.

Voilà tout ce que je puis vous dire aujourd'hui sur l'œil. Ces connoissances enfantines vous suffiront pour me suivre facilement, lorsque je fixerai le siége des maladies qu'on peut guérir ou du moins soulager par le moyen de l'électricité.

Théodore. C'est par l'ophtalmie que vous devez commencer. Quelle est cette maladie? où en est le siége?

Le Maître. L'ophtalmie, considérée en général, est une inflammation ou rougeur de la *conjonctive*, quelquefois avec chaleur ardente et écoulement de larmes, quelquefois sans l'un et sans l'autre. Il arrive aussi que cette inflammation s'étend sur toutes les parties du globe de l'œil et sur celles qui l'environnent. M. *de St. Yves*, Chirurgien de St. Come, dans son excellent traité sur les maladies des yeux, compte jusqu'à 14 espèces d'ophtalmies. Il avoue, il est vrai, que de ces 14 espèces, il n'y en a que six qui soient dangereuses; les autres ne le sont pas; elles se guérissent par les remèdes les plus simples.

Théodore. Les ophtalmies auxquelles je suis sujet, n'annoncent bien sûrement aucun danger. Je prends quelque repos; je me lave souvent les yeux avec un linge que je trempe dans l'eau fraîche sur laquelle j'ai jeté quelques gouttes d'eau de vie, mon ophtalmie ne manque jamais de disparoître. Quelles sont les ophtalmies dangereuses ? C'est dans ces maladies sans doute qu'il faut employer l'électricité.

Le Maître. Il y a six espèces d'ophtalmies dangereuses. Je vais vous en faire l'énumération.

1°. L'ophtalmie humide. C'est celle qui est occasionnée par une abondance de lymphe lacrymale qui, passant continuellement sur le globe de l'œil, l'irrite par son acrimonie, l'enflamme aussi bien que la partie intérieure des paupières qui en deviennent enflammées. Cette maladie est accompagnée de douleurs dans l'œil avec élancement, sur-tout lorsque le malade veut voir le jour.

2°. L'ophtalmie érésipélateuse; c'est celle qui vient d'une érésipèle, qui rougit la *conjonctive*, enfle les paupières, et cause de grandes douleurs à l'œil et dans la tête.

3°. L'ophtalmie appelée *chémosis.* Dans cette maladie la *conjonctive* devient si considérablement enflée, que son épaisseur égale celle d'un travers de doigt. Cette inflammation est accompagnée de très-grandes douleurs dans la tête et dans l'œil, de pesanteur au-dessus de l'orbite, d'insomnie, de fièvre, de battement, etc.

4°. L'ophtalmie causée par la débauche. Elle a les mêmes apparences que la précédente, avec la différence que dans celle-ci la *conjonctive* enflée paroît dure et charnue. Elle commence par une abondance de matière blanchâtre, tirant sur le jaune, qui suinte continuellement par l'œil.

5°. L'ophtalmie de la *choroïde.* C'est une maladie dans laquelle les parties intérieures du globe de l'œil sont enflammées, savoir, la *choroïde* conjointement avec *l'uvée.* Dans cette maladie, la *conjonctive* n'est que légèrement enflammée. Il y a un larmoiement et de la difficulté à supporter la lumière, joints à des douleurs vers le sommet de la tête et les tempes ; la prunelle se trouve rétrécie.

6°. L'ophtalmie causée par des coups reçus à l'œil, est différente selon la force du coup, et suivant la figure de la chose qui a frappé l'œil.

L'expérience nous apprend que l'électricité est un excellent remède pour ces six espèces d'ophtalmies.

Caroline. Nous ne connoissons que trois manières d'électriser les paralytiques, par *bain*, par *étincelles* et par *commotion.* Est-ce ainsi qu'on électrise les malades dans le cas d'ophtalmie ?

Le Maître. Non ; on les électrise par *pointes.*

Caroline. Nous ne connoissons pas cette quatrième manière d'électriser les malades. Apprenez-nous comment se fait l'électrisation par *pointes.*

Le Maître. On place le malade sur *l'isoloir* dont je vous ai parlé dans la leçon précédente, ou, à défaut *d'isoloir*, sur un gateau de résine, sans le faire communiquer avec le *conducteur* électrisé.

Le Physicien électrisant, communiquant avec ce *conducteur* par une chaîne de métal, tient à la main une pointe de métal ou de bois tendre, et la présente à l'œil malade à un pouce de distance.

Une personne quelconque, placée sur le pavé,

tient derrière la tête du malade, à un pouce de distance, dans le point opposé à celui où répond la pointe du Physicien électrisant, une pareille pointe de métal. Le fluide électrique, dans cette opération, a nécessairement son cours de la première pointe de métal à l'œil, et de l'œil à travers le cerveau, à la seconde pointe de métal qui le transmet au réservoir commun.

L'effet sensible de cette expérience sur l'œil malade, est un vent des plus doux et des plus agréables. Lorsque les deux yeux sont malades, le Physicien électrisant passe successivement de l'un à l'autre.

Caroline. Il nous tarde que vous nous apportiez quelque guérison en preuve de la bonté de ce remède.

Le Maître. Une demoiselle âgée de 16 ans, d'une forte constitution, attaquée depuis 18 mois d'une ophtalmie qu'on avoit combattue sans succès par beaucoup de remèdes, s'adressa à M. *Mauduyt* dont vous connoissez les succès par ma leçon précédente. Celui-ci constata d'abord, suivant sa coutume, l'état de la malade. Les paupières étoient gonflées, lourdes, la malade ne pouvoit les entr'ouvrir le matin, que quelques heures après s'être levée : elle ne distinguoit pas alors les objets. Sa vue s'éclaircissoit sur la fin de la matinée, elle entr'ouvroit les yeux, et voyoit assez pour se conduire le reste du jour, et retomboit dans l'état précédent le lendemain. Les yeux étoient rouges, ternes et les membranes en assez mauvais état.

M. *Mauduyt* l'électrisa par *pointes*. L'effet sensible sur l'œil fut un vent doux et si agréable à la malade, qu'à peine l'avoit-elle senti sur un œil, qu'elle désiroit qu'on passât à l'autre, pour y éprouver le même bien-être. C'étoit le matin qu'elle étoit électrisée. A peine étoit-elle montée sur *l'isoloir*, qu'elle ouvroit assez aisément ses paupières, pesantes et incapables de mouvement, l'instant d'auparavant; elle distinguoit les objets, comme elle avoit coutume de le faire, les autres jours, trois ou quatre heures plus tard, et plusieurs fois elle les distingua plus nettement. Cependant le souffle électrique augmentoit la rougeur des yeux et faisoit abondamment couler les larmes; mais ces effets étoient dissipés fort peu de temps après la fin de l'électrisation, au lieu que la légéreté acquise des paupières et la netteté plus grande de la vision se conservoient ordinairement jusqu'à la fin de la journée.

Quant au gonflement des paupières, il fut sensiblement diminué; le globe de l'œil plus net, parut moins opaque, et sa membrane moins infiltrée.

Ces effets furent le fruit de 15 séances prises négligemment, et en laissant sans motif des intervalles de deux, quelquefois de trois jours entre chacune.

Malgré ces heureux succès, la malade, intimidée par des craintes chimériques, qu'on lui suggéra sur les effets de l'électricité, abandonna le traitement.

Théodore. Elle eut tort. Rien ne me paroît plus capable de dissiper le gonflement des paupières, que le fluide électrique. Il broye, il atténue, il divise le sang et la lymphe, épaissis et arrêtés dans ces parties éloignées du cœur. Avez-vous quelqu'autre expérience à apporter en faveur de l'électricité, considérée comme remède dans les ophtalmies

Le Maître. En voici une bien décisive. Un homme âgé de 36 ans, d'une constitution robuste, devint aveugle en fort peu de temps par l'effet d'une violente ophtalmie. Tous les remèdes furent sans effet.

Deux mois après cet accident, le malade ne pouvoit ouvrir les yeux : si on soulevoit ses paupières, en les plaçant en face du jour, il ne voyoit qu'un globe de feu; et il souffroit de très-vives douleurs d'une tempe à l'autre; il en sentoit aussi quelquefois derrière la tête.

M. *Partington* eut recours à l'électricité. Dès le troisième jour l'inflammation fut sensiblement diminuée, et elle fut entièrement dissipée au bout de quinze. Cependant la prunelle étoit contractée. On continua l'électricité par *pointes* pendant cinq semaines tous les jours; la prunelle se dilata graduellement; les douleurs cessèrent et le malade fut guéri. Ces deux faits sont rapportés dans l'histoire de la société royale de Paris, pour les années 1780 et 1781.

Théodore. Il me tarde que nous en venions à la *goutte sereine.* Vous nous avez mis au fait de cette affreuse maladie dans la leçon onzième du premier volume, *pag.* 167 et suivantes. Nous savons que le *serein* n'en est pas la cause ; que c'est la paralysie *totale* ou *partielle* des nerfs visuels connus sous le nom de *nerfs optiques.* La Médecine a déclaré depuis long-temps que la *goutte sereine* est un mal incurable. Les Physiciens, *nous avez-vous dit,* ont appelé de cet arrêt, et par le moyen de l'électricité, ils se sont rendus maîtres de cette terrible maladie. Je n'en suis pas surpris; vous nous avez démontré, dans la leçon précédente, que l'électricité a opéré des espèces de prodiges dans les paralysies et les hémiplégies. Comment électrise-t-on les malades atteints de la *goutte sereine?*

Le Maître. D'abord on électrise le malade par *pointes*, comme dans le cas de *l'ophtalmie.* Après l'avoir ainsi électrisé pendant quelques jours, on le soumet aux commotions légères ; on peut en donner 5 à 6 de suite, mais on les donne de la partie postérieure et inférieure de la tête, au front, très-peu au-dessus de l'œil.

Théodore. Nous sommes au fait des commotions *partielles*, vous nous en avez parlé dans la leçon précédente. Quelles ont été les cures opérées par ce moyen ?

Le Maître. M. *Hay*, célèbre Chirurgien, a souvent guéri par l'électricité la *goutte sereine* ; il a fait la plupart de ces cures à l'hôpital d'Edimbourg.

Westleius en a guéri par ce moyen une dont la date étoit de 14 ans.

M. *Floyer*, fameux Chirurgien, dans une lettre au Docteur *Bent*, cite deux cas dans lesquels il a guéri la goutte sereine par l'électricité.

Mais la cure la plus décisive, celle qu'on ne sauroit révoquer en doute, a été faite par M. *de Saussure*, Professeur de Physique à Genève. La nommée *Noier* étoit attaquée d'une *goutte sereine.* M. *de Saussure* l'électrisa pendant long-temps, cinq fois par jour, une demi-heure à chaque fois, en faisant passer, à chaque séance, 15 à 20 commotions du globe de chaque œil à la nuque du cou. La nommée Noier recouvra et conserva la vue, puisque, huit ans après, elle reconnut de loin M. *de Saussure* qui passoit par son village, et qu'elle lui fit voir un tablier qu'elle ourloit dans le moment. Tous ces faits sont rapportés par M. *Mauduyt*, qui avoue ingénuement qu'il n'a pas été heureux dans le traitement des malades attaqués de la *goutte sereine*. Il n'attribue ses mauvais succès qu'à l'ignorance où il étoit des nouveaux procédés des Physiciens électrisans, et il convient que l'électricité est peut-être l'unique remède capable de guérir une pareille maladie.

Caroline. Avant de vous demander si l'électricité est un remède capable de guérir les fistules lacrymales, faites-nous la description de cette maladie.

Le Maître. Les cartilages des paupières, par leur union, forment nécessairement deux angles. L'union de ces cartilages du côté du nez, se nomme le grand angle; celle du côté des tempes se nomme le petit angle.

Au-dessus de l'œil, assez près du petit angle, est située une glande qu'on nomme *lacrymale*. Elle filtre une eau qui sert à humecter le globe de l'œil, et qui se rend dans une cavité qu'on nomme *sac lacrymal*. C'est de cette cavité que la compression des muscles, occasionnée par la douleur, la joie, le rire, etc., fait sortir une humeur que nous appellons *larmes*. Cela supposé, écoutons M. *de St. Yves*.

La fistule lacrymale, *dit-il*, est une ulcération du sac lacrymal, accompagnée quelquefois de celle de la peau qui le recouvre ou de l'altération des os qui l'environnent, et souvent sans que la peau et les os voisins en soient altérés. De là la division des fistules lacrymales en *ouver-*

tes et *borgnes.* Dans la première espèce la peau est ulcérée; dans la seconde elle ne l'est pas.

Dans cette maladie, il survient de temps en temps une inflammation au grand angle, qui se communique quelquefois à tout l'œil. Cette inflammation arrive, lorsque l'humeur qui cause la fistule, devenant plus âcre et plus maligne, irrite l'œil, en regorgeant par les *points lacrymaux.*

Ces fistules jettent plus de matière en certains temps, qu'en certains autres. Ces accidens varient, selon que le sang se trouve plus ou moins vicié.

Caroline. Peut-on guérir cette maladie par le moyen de l'électricité ?

Le Maître. Cette maladie a été jusqu'à présent peu traitée par les Physiciens électrisans, et je pense que l'électricité peut plutôt soulager les malades qui en sont attaqués, que les guérir. Cependant MM. *Cavallo* et *Wilkinson* sont d'un sentiment contraire. Le premier assure que l'électricité, administrée par une personne très-exercée, a guéri une fistule lacrymale, sans que la suppression de l'écoulement ait produit aucun mal dans la suite. Le traitement consista à électriser d'abord le malade par *pointes,* et à tirer ensuite de petites étincelles de la partie affectée, une fois par jour pendant 3 ou 4 minutes.

M. *Wilkinson* dit que M. *Lovett* a guéri une fistule lacrymale par le même traitement électrique. La manière laconique dont ces Messieurs parlent de ces cures, prouve qu'ils ne font pas plus de fond que moi sur l'électricité pour la guérison parfaite de cette espèce de maladie. Ce seroit déjà un grand point de soulager assez le malade, pour lui faire éviter une opération chirurgicale très-douloureuse, que les chirurgiens les plus adroits et les plus expérimentés sont seuls en état de faire avec succès. Je pense que l'électrisation par *pointes* et par *étincelles* doit avoir un pareil effet.

Théodore. Il en sera sans doute de même de la *cataracte*. L'on dit que c'est une membrane qui se forme dans l'humeur aqueuse, et qui vient boucher la prunelle.

Le Maître. On le disoit autrefois ; mais on est bien revenu de cette erreur. La cataracte est une altération du cristallin, lequel de transparent qu'il est naturellement, devient opaque, ce qui empêche les rayons de lumière d'arriver jusqu'à la rétine, et d'y peindre les objets qui les ont envoyés ou qui les ont réfléchis.

Cette maladie n'a pas encore été soumise au traitement électrique, et je ne crois qu'il faille l'y soumettre, lorsque la cataracte est formée. L'on n'a alors d'autre parti à prendre, que celui de se mettre entre les mains d'un habile oculiste, qui, après les préparations accoutumées, opère suivant les règles de l'art.

Mais je soutiens que l'électrisation, celle surtout qui se fait par *bain* et par *pointes*, est un remède infaillible, lorsque la cataracte est dans ses premiers commencemens. Je ne suis ni Chirurgien, ni Médecin, mais je suis Physicien, et voici comment je parlerai à quiconque attaquera mon assertion.

N'est-il pas vrai, *lui dirai-je*, que l'humeur cristalline, placée entre l'humeur aqueuse et l'humeur vitrée, est un corps à demi-fluide ?

N'est-il pas vrai que la cataracte est un épaississement du cristallin, et que cet épaississement

le dépouille de la demi-fluidité qu'il a naturellement ?

N'est-il pas vrai que la matière électrique est
un vrai feu ?

N'est-il pas vrai enfin que plus un corps fluide
ou à demi-fluide contient du feu électrique, plus
sa fluidité augmente ? Je l'ai démontré dans la
15°. leçon de ce volume, *pag.* 234, par l'expérience de deux vases remplis d'eau. Vous avez
vu que l'eau électrisée coule beaucoup plus vîte,
que l'eau non-électrisée. Donc le fluide électrique
introduit dans un cristallin, menacé de cataracte,
empêchera son épaississement et lui conservera
sa demi-fluidité. Personne, je le sais, n'a encore
eu cette idée. Je souhaite, pour le bien de l'humanité, que les maîtres de l'art en soient les
panégyristes.

Caroline. Quiconque est au fait de l'électricité, l'adoptera sûrement. Y a-t-il encore quelqu'autre maladie des yeux que l'on puisse guérir
par l'électrisation ?

Le Maître. Quelquefois la paupière supérieure
devient paralytique, et cela en deux manières ;
dans l'une, elle reste toujours abaissée, sans
pouvoir se relever ; dans l'autre, elle demeure
toujours relevée, sans pouvoir s'abaisser. C'est
ici une paralysie particulière de ses muscles.
Dans le premier cas, c'est le *releveur* qui est attaqué ; dans le second, c'est *l'orbiculaire* ou *l'a-
baisseur.*

Caroline. Il est évident qu'il faut employer
dans cette maladie, comme dans les hémiplégies,
l'électricité par *bain,* par *étincelles* et sur-tout
par *commotions partielles.* Nous ne vous deman-
dons aucune explication, la leçon précédente ne

nous laisse rien à désirer sur cette matière. Reprenons l'arithmétique. Il me tarde de vous voir extraire la racine cubique d'un cube numérique, en prenant pour guide le cube de $a + b$.

Le Maître. Je vais extraire en votre présence la racine cubique du cube numérique 300763.

Exemple.

$$300763 = aaa + 3\,aab + 3\,abb + bbb$$

$$216 \quad = aaa$$

$$84763 = 3\,aab + 3\,abb + bbb$$
$$108 \quad = 3\,aa$$

$$756 \quad = 3\,aab$$
$$882 \quad = 3\,abb$$
$$343 \quad = bbb$$

$$84763 = 3\,aab + 3\,abb + bbb$$

Quotient représentant la racine cubique.

$$a = 6$$
$$b = 7$$
$$\sqrt[3]{} = 67$$

Théodore. Je vous ai suivi dans vos opérations, je me crois en état de les expliquer.

Le Maître. Vous me ferez plaisir.

Théodore. 1°. Vous avez fait le cube numérique 300763 $=$ au cube algébrique aaa $+$ 3 aab $+$ 3 abb $+$ bbb.

2°. Vous avez souscrit des *points* de 3 en 3 chiffres, à commencer par celui qui est à votre droite ; et comme vous n'avez pu souscrire que deux *points* , vous avez conclu que la racine cubique du cube proposé n'avoit que deux chiffres, et que par conséquent vous n'aviez que deux opérations à faire.

3°. Comme le nombre 300 n'est pas un cube parfait, vous avez pris le plus grand cube qui se trouve dans ce nombre ; c'est 216 aaa.

4°. Vous avez mis 216 sous 300, et vous avez marqué dans le *quotient* la racine cubique de 216, c'est-à-dire , 6.

5°. Vous avez soustrait 216 de 300 ; vous avez eu pour *restant* 84 à côté desquels vous avez descendu 763 , et la première opération a été faite.

6°. Vous avez fait 84763 $=$ 3 aab $+$ 3 abb $+$ bbb.

7°. Pour trouver la valeur numérique de b , vous avez dit : puisque a $=$ 6, vous aurez 3 aa $=$ 3 × 36 $=$ 108 ; vous avez divisé 847 par 108, et comme 108 est 7 fois dans 847 , vous avez conclu que b $=$ 7, et que 67 est la racine cubique de 300763.

8°. Pour le prouver vous avez cherché la valeur numérique de 3 aab; c'est 756 que vous avez mis sous 847.

9°. Vous avez cherché la valeur numérique de 3 abb, c'est 882 que vous avez placé sous 476.

10°. Vous avez cherché la valeur numérique du cube de b, c'est 343 que vous avez placé 763.

11°. Vous avez additionné ces nombres ainsi arrangés; vous avez eu pour somme totale 84763 — 3 aab + 3 abb + bbb; et comme vous n'avez eu aucun *restant*, vous avez conclu que 300763 est un cube parfait, dont 67 est la racine cubique.

En effet $67 \times 67 = 4489$, *carré de* 67, et $67 \times 4489 = 300763$, *cube de* 67.

Le Maître. Je n'aurois pas mieux expliqué mes opérations, que vous venez de le faire. Je vous prédis que vous ferez de grands progrès dans le calcul algébrique. Nous ne nous reverrons que dans quelques jours. Occupez-vous à extraire le plus de racines cubiques que vous pourrez; ce sont-là des opérations avec lesquelles un Physicien ne sauroit trop se familiariser.

Théodore. Vous serez content de nous; nous n'aurons pas besoin de votre secours pour extraire la racine cubique d'un cube quelconque proposé.

XXII. Leçon.

XXII. Leçon (*).

De l'électricité considérée comme remède dans les douleurs sciatiques, rhumatismales et goutteuses, les vertiges, la surdité et les engelures.

LE *Maître.* Ce n'est pas seulement dans les paralysies totales et partielles, et dans ce grand nombre de maladies qui affectent le sens de la vue; c'est encore dans les douleurs sciatiques, rhumatismales et goutteuses, les vertiges, la surdité et les engelures, qu'il faut employer l'électricité comme remède. Si, par ce moyen, les malades n'obtiennent pas une guérison parfaite, je puis leur promettre le plus grand soulagement. Constatons les faits, avant de les expliquer.

Au mois de janvier 1747, un Dominicain attaqué d'une sciatique qui lui causoit des douleurs très-aiguës, fut électrisé 4 fois par M. *Vératti*, Professeur de l'université et de l'institut de Bologne. La quatrième opération appaisa entièrement la douleur, et le malade jouit dans la suite d'une parfaite santé.

Caroline. Voilà une guérison bien subite. Comment M. Vératti électrisa-t-il son malade?

Le Maître. Il ne le dit pas. Si j'entreprenois jamais une pareille cure, j'électriserois mon malade par *bain*, par *étincelles* et par *commotion*

(*) C'est la 48e. Leçon du cours de Physique à la portée de tout le monde.

partielles. La sciatique est une espèce de goutte qui vient à la jointure des cuisses ; elle a pour cause une humeur âcre qui fait souffrir au malade les douleurs les plus aiguës. Rien n'est plus propre que le feu électrique à mettre en mouvement et à dissiper les humeurs, de quelque nature qu'elles soient : la machine électrique doit donc être d'un grand secours dans les douleurs sciatiques.

Il en est de même des douleurs rhumatismales ; elles ne diffèrent des premières, que par le siège qu'elles occupent dans le corps humain. J'électriserois les malades qui en sont atteints, par *bain*, par *étincelles* et par *commotions partielles.* M. *Mauduyt* a eu de grands succès dans ces sortes de maladies.

Caroline. Faites-nous en part. Je m'interesse trop au bien de l'humanité, pour ne pas écouter avec un plaisir infini ces sortes d'histoires.

Le Maître. M. *Mauduyt* a attaqué, par le moyen de l'électricité, les douleurs rhumatismales. De huit malades qui en étoient tourmentés, deux ont été parfaitement guéris et cinq ont été soulagés. La cure de M. Gobert, joaillier, est celle qui ne laisse aucun doute sur l'efficacité de ce remède.

M. Gobert, âgé de 49 ans, et tourmenté pendant 17 jours par un violent rhumatisme au bras droit, se rendit chez M. *Mauduyt*. Les douleurs avoient totalement privé le malade du sommeil pendant les 4 ou 5 dernières nuits ; et le malade étoit obligé de se faire habiller et déshabiller.

M. *Gobert* fut électrisé, pour la première fois ; le 23 mars 1779, une demi-heure par *bain* sans recevoir aucune commotion, et sans qu'on lui tirât aucune étincelle.

Dès le lendemain le bras fut moins gêné, et le 26 le malade porta sa main sur sa tête, s'habilla et se déshabilla ; l'enflure à la main disparut ; les douleurs furent moins vives à la main et au poignet.

Le 30 mars, le malade fut en état de reprendre son travail auquel il se livra en effet jusqu'au 7 avril. Mais comme les douleurs se renouvellèrent, il revint, le 8 et le 9 à l'électrisation. Ces deux séances firent diminuer les douleurs; et le malade revint à son travail. Le 27, retour des douleurs et électrisation qui les appaisa; le 3 et le 4 mai; même retour et même électrisation qui les fit disparoître.

Théodore. Je me trompe sans doute; mais je suis persuadé que les douleurs ne seroient pas revenues, si M. *Mauduyt* eût ajouté à l'électricité par *bain*, les électrisations par *étincelles* et par *commotions partielles.*

Le Maître. Je ne crois pas que vous vous trompiez. Je pense comme vous , sur-tout lorsqu'il s'agit d'un rhumatisme goutteux. C'est toujours la même humeur qui produit la sciatique, le rhumatisme et la goutte.

Bouclon, cordonnier , attaqué depuis neuf mois d'un rhumatisme goutteux, esseya l'électricité, le 13 septembre 1778. Il marchoit avec lenteur, et la marche excitoit des douleurs dans les deux genoux; le bras gauche étoit très-gêné dans ses mouvemens; il ne s'élevoit pas au-dessus de la ligne horizontale; le coude et l'épaule du côté gauche éprouvoient des douleurs habituelles; il y avoit un gonflement, et le malade étoit hors d'état d'exercer sa profession. Il fut électrisé depuis le 13 septembre 1778 jusqu'au 20 janvier 1779 ; mais il ne vint que deux jours en janvier. C'est peut-être le malade qui ait éprouvé le soulagement le plus prompt et le plus suivi. La marche devint plus facile ; les douleurs et le gonflement des parties qui en étoient affectées, diminuèrent par degrés ; le bras gauche devint plus libre, et le 30 octobre 1778, le malade esseya, pour la première fois, de travailler, et il travailla deux heures.

Le 10 novembre, il survint au malade une douleur sous la plante du pied, qui rendit la marche plus pénible, quoiqu'il n'y eût point de gonflement. Cette douleur persévéra jusqu'au 24 du même mois, et passa quelques jours après dans les doigts du même pied. Le tout se dissipa peu à peu, et le 20 janvier *Bouclon* travailla de son métier, du matin au soir, ainsi qu'il le déclara à la société de Médecine, à laquelle M. *Mauduyt* le présenta. Il ne lui resta que de légères douleurs, lorsqu'il faisoit quelque mouvement brusque.

Théodore. J'ai vu à Montpellier le nommé Guillaume Julian, gipier ; il est maintenant très-avancé en âge. Il me racontoit ces jours derniers, qu'à l'âge de 30 ans, il fut attaqué de vertiges opiniâtres qui le faisoient marcher d'un pas chancelant et qui lui obscurcissoient la vue. Il se fit électriser par M. de Sauvages, en l'année 1749. Après l'avoir été trois fois, Julian n'eut plus de vertiges, et il reprit ses occupations ordinaires.

Caroline. Je n'en suis pas étonnée. Le même feu qui dissipe les humeurs sciatiques, rhumatismales et goutteuses, et les obstructions qui rendent les membres paralytiques, dut dissiper avec encore plus de facilité les vapeurs qui obscurcissoient la vue de Julian, et qui le faisoient marcher d'un pas chancelant.

Mais, vous le savez, je suis sujette aux engelures ; prouvez-moi que l'électricité les fait disparoître.

Le Maître. Le fameux *Nogués* dont je vous ai fait l'histoire intéressante dans la 20e. leçon de ce volume, depuis l'année 1733 où il eut son accident, jusqu'en l'année 1747 où il commença à se faire électriser, n'avoit passé aucun hiver sans avoir des engelures à sa main malade ; mais depuis son électrisation, il n'en eut aucune atteinte ; l'enflure même qu'il avoit à ses doigts paralytiques, se dissipa, après quelques secousses souffertes et quelques étincelles tirées ?

Caroline. D'où viennent les engelures ?

Le Maître. Les engelures ont pour cause le sang et la lymphe, épaissis et arrêtés dans des parties fort éloignées du cœur.

Caroline. Je comprends que l'électricité doit être un remède souverain dans ces sortes d'incommodités. Le sang et la lymphe doivent être atténués, broyés et divisés par les frémissemens vifs et prompts, excités dans toutes les fibres musculaires et tendineuses des doigts.

Le Maître. Ajoutez que ces mêmes frémissemens, en contribuant à la circulation du sang et des autres humeurs, font sortir, par la transpiration, les parties qui obstruent les pores de la peau, et par-là même dissipent les engelures.

Je crois cependant que l'électrisation par *bain* et par *étincelles* suffisent pour les faire disparoître ;

il me paroît inutile d'avoir recours aux commotions, même partielles.

Théodore. Il nous reste à examiner les effets
de l'électricité sur les sourds.

Le Maître. M. *Mauduyt* ne la regarde pas
comme un remède spécifique contre cette cruelle
incommodité. Cependant de dix sourds qu'il a
soumis au traitement électrique, six ont été plus
ou moins soulagés et un septième l'a été beaucoup. Ce septième est le nommé *Bourdet.*

Bourdet, garçon poëlier, âgé de 41 ans, se
présenta pour se faire électriser, le 31 mai 1779.
Il étoit sourd, depuis 12 ans, de l'oreille gauche et depuis 3 de la droite. Ces accidens lui
étoient arrivés, le premier, à la suite de la petite
vérole, le second à la suite d'une fièvre maligne.
Il falloit élever très-haut la voix pour qu'il entendit; il se plaignoit d'un bourdonnement continuel dans les oreilles, et il comparoît ce
bruit à celui que feroit un soufflet de forges.

Du 31 mai au second de juillet, *Bourdet* prit
24 séances. Dès le neuvième jour, le bourdonnement diminua, et il fallut beaucoup moins élever
la voix pour se faire entendre.

A la fin de juin, les bourdonnemens devinrent fort rares et fort légers.

Le 2 de juillet, dernier jour du traitement,
Bourdet entendit, à quatre pieds de distance, et
il répondit à ceux qui lui parloient, sans élever
la voix. Obligé de vaquer à son travail pour
subsister, il abandonna un remède qui, suivant toutes les apparences, lui eût procuré une
parfaite guérison.

Théodore. Que pensez-vous des effets de l'électricité sur les sourds ?

Le Maître. Je pense que , lorsque la surdité vient d'une espèce de paralysie des nerfs auditifs, elle est beaucoup plus difficile à guérir par l'électricité que la goutte sereine ; elle est par conséquent un mal comme sans remède.

Théodore. J'en vois la raison ; vous nous avez mis parfaitement au fait de l'oreille extérieure et intérieure dans la 16e. leçon du premier volume, *pag.* 244 et *suivantes.*

Le Maître. Vous êtes entré dans ma pensée. Parlez, nous vous écouterons volontiers.

Théodore. Les nerfs auditifs tapissent l'intérieur du *labyrinthe.* Si vous les supposez paralysés, il sera bien difficile, pour ne pas dire impossible, d'exercer une action capable de chasser la cause qui les a rendu tels. Le *labyrinthe* est séparé de l'oreille extérieure et intérieure par la *conque*, le *conduit auditif*, la *caisse du tympan*, le *vestibule* et les *trois canaux semi-circulaires.* De plus, l'oreille extérieure est séparée de la *caisse du tympan* par une membrane transparente, tendue à peu près comme la peau d'un tambour ; et celle-ci est séparée de l'entrée du *labyrinthe* par deux membranes transparentes qui ferment exactement la *fenêtre ovale* et la *fenêtre ronde.* Comment l'électricité pourroit-elle avoir une action assez forte, pour chasser l'humeur qui a mis de pareils nerfs dans l'état de paralysie? Mais la surdité peut avoir d'autre cause. Peut-on alors la guérir par l'électricité?

Le Maître. La surdité a souvent pour cause le relâchement de quelqu'une des trois membranes dont vous venez de nous parler , ou quelque humeur placée dans le *conduit auditif*, ou dans la *caisse du tympan.* C'est alors qu'il faut l'atta-

quer par l'électricité ; le remède me paroît infaillible.

Théodore. Comment faut-il électriser ces sortes
de malades ?

Le Maître. Par *bain*, par *étincelles* et sur-tout
par *pointes.* Vous électriserez l'oreille par *pointes*,
comme je vous ai appris, dans la leçon précédente, à électriser l'œil dans les *ophtalmies* dangereuses ; je suis comme assuré du succès.

Tant de cures opérées par les Physiciens électrisans, me prouvent qu'on n'exagera rien dans
l'université de Prague en Bohême, en l'année
1751, lorsqu'on soutint, dans une thèse de Médecine, que les Médecins ne sauroient trop conseiller l'électricité ; qu'elle augmentoit la transpiration naturelle des animaux ; qu'elle n'étoit pas
distinguée du fluide nerveux ; que c'étoit le meilleur des remèdes que l'on pût apporter dans les
cas d'hémiplégie. Le répondant apporta en preuve
de cette dernière assertion, la guérison parfaite
de quatre paralytiques, opérée par l'électricité. Il
y ajouta le soulagement d'un rhumatisme très-
douloureux, et le rétablissement des forces d'un
goutteux privé de l'usage de ses membres (1).

Lorsque vous serez au fait de la machine
pneumatique, je pourrai vous dire deux mots

---

(1) Les principales positions de cette fameuse thèse
sont les suivantes.

Electricitas in arte medica est adhibenda.

Electricitas auget naturalem animalium transpirationem.

Fluidum nerveum, fluidum electricum dici potest.

*Hemiplegiæ causa proxima est immeabilitas fluidi nervei
per nervos.*

*Hemiplegia, præ reliquis morbis, est electrisatione
curanda.*

sur les effets de l'électricité dans le vide. Cette omission n'empêche pas que vous n'ayez actuellement un cours complet d'électricité. Les expériences électriques, faites dans le vide, sont plutôt agréables, qu'utiles.

Caroline. Il me paroît que, dans un cours d'électricité, vous auriez dû nous parler des *purgations électriques*; l'on assure qu'elles sont à la mode en Italie. Des remèdes appropriés à chaque maladie, et renfermés dans les globes ou dans les tubes de verre, ne manquent pas, *dit-on*, de passer au dehors, dès que le frottement a dilaté les pores du vaisseau, et la vertu électrique servant de véhicule à ces exhalaisons médicales, les fait pénétrer dans le corps du malade, et les porte infailliblement au siége du mal; les purgatifs passent de même dans les entrailles, lorsqu'on se fait électriser en les tenant dans sa main, et par-là on s'épargne le dégoût qu'on a naturellement pour toutes ces potions désagréables qu'on appelle *médecines*.

Le Maître. Voilà en effet ce qu'on a débité avec emphase, et voilà ce qu'on ne dit plus depuis long-temps. Tout ceci dans le fond est un pur charlatanisme. J'en ai pour garant M. l'Abbé Nollet, qui fit exprès le voyage d'Italie pour examiner si les faits que vous venez de raconter, étoient vrais ou faux.

Caroline. J'en suis au désespoir. L'on est obligé de me purger de temps en temps. On se garde bien de me le dire la veille; je ne dormirois pas de toute la nuit. Quel plaisir pour moi, si, tenant dans les mains les drogues que l'on fait entrer dans ces vilaines potions, j'éprouvois, par le moyen de l'électricité, tous les effets des purgatifs ordinaires!

Théodore. Ne parlez plus ainsi, Caroline, on vous prendroit pour un enfant. Pour moi, lorsque la chose est nécessaire, je prends un verre de médecine, à peu près comme je prends un verre d'eau. Racontez-nous le voyage de M. l'Abbé Nollet en Italie, ne fût-ce que pour empêcher Caroline de parler dans la suite des purgations électriques.

Un séjour de deux mois et demi que je fis dans le Piémont, *dit M. l'Abbé Nollet*, me mit à portée de voir souvent M. Bianchi, célèbre Médecin de Turin, qu'on peut regarder comme le premier auteur des purgations électriques. J'obtins fort aisément de sa politesse et de sa complaisance, la grâce que je lui demandai, de répéter avec lui-même toutes les expériences dont il m'avoit fait part dans ses lettres et dans ses mémoires.........

Mais, le croira-t-on? ce résultat se réduit à dire que de trente personnes ou environ de différens sexes, de différens âges et de différens tempéramens, que nous avons essayé de purger électriquement en diverses fois, sous les yeux et la direction de M. Bianchi, et avec les drogues qu'il nous avoit choisies lui-même, à son grand étonnement et au mien, personne ne le fut, si l'on en excepte un garçon de cuisine qui nous avoua depuis, qu'il avoit pris des bouillons de chicorée pour une incommodité qu'il avoit alors, et un autre jeune domestique, dont le témoignage nous devint plus que suspect, par les extravagances dont il voulut l'enjoliver......

Lorsque je me trouvai à Bologne, je ne manquai pas de voir M. Vératti...... L'extrême politesse avec laquelle il me reçut, me donna lieu de lui exposer avec confiance les doutes que j'avois sur la transmission des odeurs.....

M. Vératti me répondit qu'il avoit fait plusieurs épreuves, par le résultat desquelles il lui sembloit que l'odeur de la térébenthine et celle du benjoin s'étoient transmises du dedans au dehors d'un vaisseau cylindrique de verre, semblable à celui qu'il me montra, et qui ce jour-là ne nous fit rien sentir, quoique nous le frotassions fortement avec la main.

Sur ce que je lui représentai que ce vaisseau n'étant bouché que par des couvercles de bois assez minces, qu'on pouvoit ôter au besoin pour faire entrer ou sortir les matières odorantes, il pourroit être arrivé que ces odeurs poussées par la chaleur, eussent passé par les pores du bois, il me répondit que cela étoit possible.....

Je n'ai rien appris dans les autres villes d'Italie, qui n'ait encore beaucoup augmenté mes doutes sur les phénomènes de l'électricité que j'avois entrepris de vérifier dans le cours de mon voyage. Le P. de la Torre, Professeur de Philosophie à Naples ; M. de la Garde, Directeur de la monnoie à Florence, est fort occupé de ces sortes de recherches ; M. Guadagny, Professeur de Physique expérimentale à Pise ; M. le Docteur Cornelio à Plaisance ; M. le Marquis Maffei à Vérone ; le P. Garo à Turin ; tous, avec des machines bien montées et bien assorties, avec la plus grande envie de réussir, ont essayé maintes fois de transmettre les odeurs et l'action des drogues enfermées soigneusement dans des vaisseaux cylindriques ou sphériques de verre, en les électrisant ; tous ont essayé de purger nombre de personnes ;

et selon le témoignage qu'ils m'en ont rendu, jamais ils n'en sont venus à bout......

Je suis donc comme certain maintenant, *continue M. l'Abbé Nollet*, de ce que je commençois à croire, lorsque je fis imprimer mes recherches sur les causes particulières des phénomènes électriques; je suis, dis-je, comme certain que M. Pivati a été trompé par quelque circonstance à laquelle il n'aura pas fait attention. Ce qui me le fait croire encore plus, c'est qu'il m'a avoué lui-même que cette transfusion des odeurs et des drogues à travers des vaisseaux cylindriques, ne s'est manifestée à lui qu'une fois ou deux immédiatement, je veux dire, par une diminution sensible du volume et par des émanations qu'on pouvoit reconnoître par l'odorat. *Essai sur l'électricité des corps, seconde édition, pag. 210 et suivantes.*

Théodore. Si vous l'aviez prévu, Caroline, vous n'auriez pas demandé avec tant d'empressement de vous mettre au fait des purgations électriques. Prenez votre parti, l'on vous purgera dans la suite, comme on l'a fait jusques à aujourd'hui.

Le Maître. Reprenons l'arithmétique. Opérez, Théodore, sur le cube numérique 12812904. Vous aurez trois opérations à faire; et par conséquent vous regarderez les racines trouvées par les deux premières opérations, comme ne faisant qu'une seule racine.

Théodore. Je vais opérer. Je me retire quelque temps dans votre cabinet, pour être moins distrait.

Premier exemple.

$$12812904 = aaa + 3\,aab + 3\,abb + bbb$$

$$8 = aaa$$

$$4812 = 3\,aab + 3\,abb + bbb$$

$$12 = 3\,aa$$

$$36 = 3\,aab$$

$$54 = 3\,abb$$

$$27 = bbb$$

$$4167 = 3\,aab + 3\,abb + bbb$$

$$645904 = 3\,aab + 3\,abb + bbb$$

$$1587 = 3\,aa$$

$$6348 = 3\,aab$$

$$1104 = 3\,abb$$

$$64 = bbb$$

$$645904 = 3\,aab + 3\,abb + bbb$$

Quotient représentant la racine cubique.

$$a = 2;\ b = 3;\ b = 4$$

Racine cubique $= 234$

En effet 234 × 234 = 54756, *carré* de 234;
et 234 × 54756 = 12812904, *cube* de 234.

Je ne vous rends pas compte de mes deux premières opérations; ce seroit un temps perdu. Voici comment j'ai fait la troisième opération.

1°. Après la soustraction, j'ai eu de reste 645 à côté desquels j'ai descendu 904, j'ai donc eu 645904 = 3 aab + 3 abb + bbb.

2°. Puisque a = 23, j'ai eu 3 aa = 1587.

3°. J'ai divisé 6459 par 1587; j'ai eu pour *quotient* 4, seconde valeur de b, et j'ai conclu que 234 est la racine cubique du cube proposé. En effet j'ai cherché la valeur numérique de 3 aab + 3 abb + bbb, en supposant a = 23 et b = 4, et j'ai trouvé dans cette supposition 3 aab = 6348; 3 abb = 1104; bbb = 64. J'ai arrangé ces trois nombres à la manière ordinaire, et j'ai eu par addition 645904 = 3 aab + 3 abb + bbb, ce qui m'a fait conclure que le cube proposé est un cube parfait.

Caroline. Je sais que si vous aviez eu un *restant* après la troisième opération, le cube proposé auroit été un cube imparfait. Mais pourquoi dans votre seconde opération n'avez vous pas fait a = 4? N'est-il pas évident que 12 est contenu 4 fois dans 48? Cependant vous avez fait a = 3.

Théodore. J'avois fait d'abord a = 4; mais en exprimant en *nombres* la valeur de 3 aab + 3 abb -+- bbb, et en arrangeant ces nombres à la manière ordinaire, j'avois eu une trop grosse somme. J'ai donc refait ma seconde opération, et j'ai fait a = 3.

Le Maître. Cherchez, Caroline, la racine cubique de 9667.

Caroline. C'est l'affaire de quelques momens ; il n'y a que deux opérations à faire.

Second Exemple.

$$9667 = aaa + 3\,aab + 3\,abb + bbb$$

$$8 \quad = aaa$$

$$1667 = 3\,aab \qquad 3\,abb + bbb$$

$$12 \quad = 3\,aa$$

$$12 \quad = 3\,aab$$
$$6 \quad = 3\,abb$$
$$1 \quad = bbb$$

$$1261 = 3\,aab + 3\,abb + bbb$$

Restant 406

Quotient représentant la racine cubique.

$$a = 2 \text{ et } b = 1$$

Racine cubique = 21

C'est ici un cube imparfait dont la plus grande racine cubique est 21. En effet 21 × 21 = 441, *carré* de 21, et 21 × 441 = 9261, *cube* de 21. Ajoutez à 9261 les 406 que j'ai eu de reste après la seconde opération, vous aurez le cube imparfait proposé; donc 21 est la plus grande racine cubique contenue dans 9667.

Le Maître. Cherchez enfin, Caroline, la racine cubique de 8000000.

Caroline. Je vais opérer.

Troisième exemple.

$$8000000 = aaa + 3\,aab + 3\,abb + bbb$$

$$8 \quad\quad = aaa$$

$$\overline{}$$

$$0$$

8 est le cube de 2, puisque 2 × 2 = 4, *carré* de 2, et 2 × 4 = 8, *cube* de 2; donc a = 2.

Comme il ne me reste que des o pour les deux opérations qu'il y a encore a faire, parce qu'il y a encore deux *points* souscrits, je conclus que 200 est la racine cubique de 8000000. En effet 200 × 200 = 40000, *carré* de 200; et 200 × 40000 = 8000000, *cube* de 200.

XXIII. Leçon.

XXIII. LEÇON (*).

Des météores ignées.

LE Maître. Les météores considerés en général, sont des phénomènes qui se forment nécessairement, et qui paroissent toujours dans l'atmosphère terrestre. On les divise en trois classes. La première renferme les météores *aqueux*,
les nues, les brouillards, la neige, la pluie, la
grêle, la rosée et le serein. Les météores *aériens*,
les vents, les tempêtes et les ouragans forment
la seconde classe. Enfin l'on fait entrer dans la
troisième classe les éclairs, la foudre, le tonnerre, etc. Je vous ai parlé des météores *aqueux*
dans les leçons 8, 9, 10 et 11, et des météores
aériens dans les leçons 12, 13, 14 et 15 du premier volume ; il me reste à vous parler, dans les
leçons suivantes, des météores *ignées*.

Caroline. Pourquoi avez-vous séparé les météores *ignées* des météores *aqueux* et des météores
aériens ?

Le Maître. Il m'a été impossible de faire autrement. Il y a, je ne dis pas *analogie*, mais *identité*
entre la matière électrique que nous rendons
sensible par le moyen de nos machines, et la
matière électrique qui produit le tonnerre. Celle-

(*) *C'est la quarante-neuvième leçon du Cours de Physique à la portée de tout le monde.*

ci se nomme *électricité naturelle* et celle-là *électricité artificielle.*

Caroline. Si cela est, nous serons bientôt au fait du tonnerre, nous avons eu un cours complet d'électricité artificielle. Prouvez-nous cette identité; ce préambule me paroît nécessaire.

Le Maître. Je ferai plus, je vous la démontrerai par les expériences les plus sensibles. C'est ici maintenant une affaire décidée; vous n'entendrez aucun Physicien parler différemment.

Caroline. Faites-nous part de ces expériences.

Le Maître. Lorsqu'on dresse sur les toits d'un édifice assez élevé une tige de fer terminée en pointe et isolée sur un support de résine ou de verre, et que l'on attend que le nuage qui porte le tonnerre, ait passé par dessus, la tige de fer s'électrise parfaitement et donne des bluettes très-sensibles. Cette expérience, dont M. *Franklin* avoit prédit l'effet, avant même que personne l'eût tentée, nous fut annoncée par la gazette de France du 27 mai 1752. On la nomme l'expérience de *Marly-la-ville.*

Caroline. Apparemment qu'elle fut faite pour la première fois dans cette ville. Détaillez-nous en toutes les circonstances.

Le Maître. Pour décider si les nuages qui contiennent la foudre, sont électrisés ou non, j'ai examiné, *dit M. Franklin*, de proposer une expérience à tenter en un lieu convenable à cet effet. Sur le sommet d'une haute tour ou d'un clocher, placez une espèce de guérite assez grande pour contenir un homme et un tabouret électrique. Ce tabouret consiste en une planche quarrée plus ou moins grande, soutenue par des supports de verre.

Du milieu du tabouret élevez une verge de fer qui passe, en se courbant, hors de la porte de la guérite, et de là se relève perpendiculairement à la hauteur de 20 ou 30 pieds, et se termine en une pointe fort aiguë. Si le tabouret électrique est propre et sec, un homme qui y sera placé et qui communiquera avec la verge de fer, peut être électrisé et donner des étincelles, lorsque les nuages qui portent le tonnerre, seront un peu bas et passeront par-dessus la guérite.

S'il y avoit quelque danger à craindre pour l'homme (quoique je sois persuadé qu'il n'y en a aucun), qu'il se place sur le plancher de la guérite, et que de temps en temps il tire des étincelles de la barre de fer. *Ouvrage de M. Franklin sur l'électricité, traduit de l'anglois, tom. 2, pag. 45 et suivantes.*

En conséquence de cette prédiction qui invite à faire, quoiqu'en dise M. Franklin, la plus dangereuse de toutes les expériences électriques, M. d'Alibard dressa l'appareil dont je viens de vous faire la description, au milieu d'une belle plaine de Marly-la-ville, dont le sol est fort élevé. La tige de fer dont il se servit, étoit ronde : elle avoit un pouce de diamètre, quarante pieds de longueur, et elle étoit fort pointue par son extrémité supérieure. Il la fit brunir, pour la préserver de la rouille. Le bout inférieur de la barre étoit solidement appuyé sur le milieu du tabouret électrique, où il avoit fait creuser un trou pour la recevoir.

Le 10 de mai 1752, à 2 heures 20 minutes après midi, le tonnerre gronda directement sur Marly ; le coup fut assez fort. M. le Prieur, en l'absence de M. d'Alibard, courut, à travers un torrent de grêle, à l'endroit où l'on avoit dressé la guérite. Il approcha le fil d'archal de la barre de fer. Il en sortit une petite colonne de feu bleuâtre sentant le soufre, qui vint frapper avec une extrême vivacité le tenon du fil d'archal, et occasionna un bruit semblable à celui qu'on feroit en frappant sur la barre avec une clef. L'expérience fut répétée avec le même succès au moins 6 fois dans l'espace d'environ quatre minutes, en présence de plusieurs personnes. M. le Prieur de Marly étoit si occupé, dans le moment de l'expérience, de ce qu'il voyoit, qu'ayant été frappé au bras au-dessus du coude, il ne se plaignit pas du mal que lui avoit fait le coup dans le moment qu'il le reçut ; mais comme la douleur continuoit, de retour chez lui, il découvrit son bras, et l'on aperçut une meurtrissure, semblable à celle qu'auroit faite un coup de fil d'archal, s'il en eût été frappé à nud. Les spectateurs sentoient une odeur de soufre d'autant plus forte qu'ils étoient plus près du Prieur.

Ce fait mémorable qui sert d'époque dans l'histoire de l'électricité, fut répété par presque tous les Physiciens électrisans. Ils firent presque tous dresser des appareils plus ou moins semblables à celui de Marly-la-ville ; et il est maintenant bien décidé que la matière du tonnerre est précisément et absolument la même que celle de l'électricité.

Théodore. L'expérience de Marly-la-ville fait encore plus d'honneur à M. Franklin, que l'expérience de Leyde n'en a fait à M. Muschembroek. Celle-ci n'a été, dans le fond, que l'effet du hazard ; vous nous l'avez fait remarquer dans la 16e. leçon de ce volume. Celle-là au contraire a été le fruit d'un génie créateur, né pour enrichir la Physique des plus belles découvertes. A l'exemple des Physiciens électrisans , dressâtes-vous quelque appareil semblable à celui de Marly-la-ville ?

Le Maître. Je m'en gardai bien ; je prédis même que ces sortes d'appareils causeroient bientôt la mort à quelque Physicien ; et par malheur ma prédiction ne se vérifia que trop tôt.

Théodore. Racontez-nous cette histoire tragique ; j'étois tenté de faire dresser une guérite électrique.

Le Maître. M. *Richmann* , Physicien de Pétersbourg , voulut répéter l'expérience de Franklin. Il choisit une chambre au dernier étage de sa maison, qui n'avoit d'autre plancher que le toit de l'édifice. Il fit à ce plancher un trou circulaire, proportionné au tuyau de verre dont il le garnit. Il fit passer par ce tuyau une tige de fer, dont l'extrémité supérieure , terminée en pointe, s'élevoit de quelques pieds au-dessus du toît, et dont l'extrémité inférieure étoit fixée dans la résine. Il fit dorer la partie extérieure de la tige de fer, pour prévenir la rouille qui n'auroit pas manqué de s'y mettre ; et pour empêcher que le tuyau de verre ne reçût la pluie, il le garnit d'un pavillon de fer blanc.

Ces précautions une fois prises, M. *Richmann* établit une communication, par des fils d'archal, entre la tige qu'il avoit dressée et le *conducteur* électrique qu'il avoit dans sa chambre, *conducteur* qu'il avoit isolé le plus parfaitement qu'il étoit possible.

Le 6 du mois d'août 1753 , un de ces nuages

qui portent dans leur sein des tonnerres affreux, se trouva directement sur la maison de M. *Richmann*, dans le temps que notre Physicien examinoit les effets de l'électricité naturelle, et tiroit de son *conducteur* les plus fortes étincelles. La tige de fer soutira toute l'électricité du nuage, et la matière du tonnerre se rendit par les fils de fer dans le *conducteur* isolé, d'où elle sortit sous la forme d'un globe de feu. Ce globe se porta au-front de l'infortuné *Richmann*, qui ne se trouvoit qu'à un pied de distance de ce *conducteur*, et il l'étendit mort sur la place.

Théodore. Je ne suis plus tenté de faire bâtir une guérite électrique ; M. le Prieur de Marly en fut quitte à bon marché. Ce qui m'étonne, c'est que M. Franklin ait avancé qu'un homme, placé sur le tabouret électrique, pouvoit sans danger communiquer par une chaîne de fer avec la barre électrisée par le tonnerre.

Le Maître. M. Franklin ne connoissoit cette funeste expérience que dans la théorie. Les grands génies sont sujets à de grands écarts. Je suis persuadé qu'il changea de langage, lorsqu'il apprit la mort de *Richmann*. Ce fut alors sans doute qu'il transforma son appareil en *para-tonnerre*, découverte admirable dont je vous entretiendrai dans la 25e. leçon de ce volume.

Théodore. J'ai entendu dire à des panégyristes de M. l'Abbé Nollet que ce grand Physicien avoit assuré, avant M. Franklin, que la matière du tonnerre est une véritable matière électrique.

Le Maître. C'est moi qui l'ai dit le premier dans mon *électricité soumise à un nouvel examen*. Voici comment je parle à mon ami dans cet ouvrage, *pag.* 151 *et suivantes*.

Personne, Monsieur, ne doit être plus porté que vous à soutenir que la matière du tonnerre est précisément et absolument la même que celle de l'électricité. Long-temps avant que M. Franklin nous fît part de ses conjectures sur les causes du tonnerre, vous vous déterminâtes à traiter tout ce qui a rapport à ce terrible météore dans vos leçons de Physique expérimentale. Après avoir expliqué ce point de Physique avec cette élégance, cette clarté et cette aménité qui vous sont propres, et tandis que nous ne pensions qu'à donner à vos explications les justes éloges qu'elles méritent, vous parûtes tout-à-coup comme mécontent de vous-même : vous nous avertîtes qu'on pourroit vous reprocher d'avoir jeté plus d'incertitude que d'instruction dans l'esprit de vos lecteurs ; et vous nous invitâtes à chercher une véritable analogie entre le tonnerre et l'électricité. Ce trait de génie vous caratérise trop, pour ne pas m'empresser de vous le remettre sous les yeux. Voici comment vous parlez au tome 4 de vos leçons de Physique, *pag.* 314 et 315, imprimé en l'année 1748.

(Si quelqu'un, par exemple, entreprenoit de prouver, par une comparaison bien suivie des phénomènes, que le tonnerre est entre les mains de la nature, ce que l'électricité est entre les nôtres; que ces merveilles dont nous disposons maintenant à notre gré, sont de petites imitations de ces grands effets qui nous effrayent, et que tout dépend du même mécanisme : si l'on faisoit voir qu'une nuée préparée par l'action des vents, par la chaleur, par le mélange des exhalaisons, etc, est vis-à-vis d'un objet terrestre, ce qu'est le corps électrisé en présence et à une certaine proximité de celui qui ne l'est pas; j'avoue, que cette idée, si elle étoit bien soutenue, me plairoit beaucoup; et pour la soutenir, combien de raisons spécieuses ne se présentent pas à un homme qui est au fait de l'électricité ! l'universalité de la matière électrique, la promptitude de son action, son inflammabilité et son activité à enflammer d'autres matières; la propriété qu'elle a de frapper les corps extérieurement et intérieurement jusques dans leurs moindres parties; l'exemple singulier que nous avons de cet effet dans l'expérience de Leyde; l'idée qu'on peut légitimement s'en faire, en supposant un plus grand degré de vertu électrique, etc; tous ces points d'analogie que je médite depuis quelque temps, commencent à me faire croire qu'on pourroit, en prenant l'électricité pour modèle, se former touchant le tonnerre et les éclairs, des idées plus saines et plus vraisemblables que tout ce qu'on a imaginé jusqu'à présent.)

Théodore. M. l'Abbé Nollet a donc fait dans la suite un système sur le tonnerre; il avoit de beaux matériaux en main.

Le Maître. Il ne l'a pas fait. J'en ai été sincèrement fâché; je lui en ai fait même des reproches dans mon *électricité soumise à un nouvel examen.* Voici comment je lui parle pag. 153 et 154.

Je ne vous cacherai pas, Monsieur, qu'après ce magnifique début, et sur-tout après le succès de l'expérience de Marly-la-ville, je m'attendois à trouver dans quelqu'un de vos ouvrages l'exposition d'un nouveau système sur les causes du tonnerre, auquel vous avez donné le nom d'électricité naturelle. J'ai été bien surpris, lorsque, dix-huit ans après, vous avez dit au commencement de votre vingtième leçon, que vous ne parleriez que par occasion de cette espèce d'électricité et seulement quand vous y seriez invité par des phénomènes qui pourroient y avoir quelque rapport. Vous ne nous avez que trop tenu parole, et tout ce que vous avancez de plus positif sur cette matière, c'est que vous vous imaginez (*Tome 6 des leçons de Physique, pag.* 235), que l'électricité naturelle peut s'exciter dans notre atmosphère par le frottement de deux courans d'air qui glissent l'un sur l'autre avec des directions opposées, ce qui arrive ordinairement dans les temps orageux; et que cette vertu se communiquant aux nuages, les met en état d'étinceller et de fulminer contre les objets terrestres, quand ils en sont à une certaine proximité.

Théodore. Il faut avouer que M. l'Abbé Nollet s'est arrêté en bien beau chemin.

Le Maître. Je n'en suis pas étonné. Il n'auroit pas pu faire un système raisonnable sur le tonnerre, sans avouer que son système général sur les causes physiques des phénomènes électriques étoit au moins insuffisant. Vous connoissez ce système; je vous l'ai exposé dans la 14e. leçon de ce volume, *pag.* 211 *et suivantes.* Comment auroit-il pu expliquer les principaux phénomènes de *l'électricité naturelle* par sa simultanéité *d'effluence* et *d'affluence*? Car c'est-là tout son système.

Théodore Et vous les expliquez dans votre système sur le tonnerre; car je ne doute pas que vous n'en ayez fait un.

Le Maître. N'en doutez pas; vous le saisirez

même très-facilement ; il est analogue à mon système général sur l'électricité que je vous ai exposé dans la 13°. leçon de ce volume, *pag.* 200 *et suivantes.*

Théodore. Qu'il nous tarde que vous nous le mettiez sous les yeux ?

Le Maître. Le voici en peu de mots. 1°. La matière propre ; et, s'il m'est permis de parler ainsi, l'*ame* du tonnerre, n'est autre chose que le feu électrique. Vous en avez une preuve bien convaincante dans l'expérience de Marly-la-ville.

2°. Le feu électrique est répandu dans toute l'atmosphère terrestre ; et il ne se rend jamais plus sensible, que lorsqu'il se joint à des parties inflammables qu'il trouve rassemblées et bien préparées. Il est en cela même semblable au feu élémentaire qui ne produit jamais un plus grand embrasement, que lorsqu'il agit sur un bois bien sec et bien disposé.

3°. Il s'élève du sein de la terre dans la région où se forme le tonnerre, une grande quantité d'exhalaisons nitreuses, huileuses, sulphureuses, bitumineuses, etc. ; ce sont ces exhalaisons que je regarde comme les alimens du feu électrique. Que de pareilles exhalaisons s'élèvent du sein de la terre dans la région où se forme le tonnerre, je ne crois pas que l'on puisse le révoquer en doute : les tonnerres ne sont jamais plus fréquents, que dans les pays où la terre produit beaucoup d'exhalaisons de cette espèce ; et dans les endroits où le tonnerre est tombé, l'on sent toujours une odeur de soufre et de bitume.

4°. Les nuages sont des corps en partie électrisables *par frottement*, et en partie électrisables *par communication.* En effet les nuages contiennent des particules *aqueuses* et des particules *sulphureuses*, *bitumineuses*, etc. Celles-ci s'électrisent par *frottement*, et celles-là par *communication*.

Vous me demanderez sans doute par quel mécanisme les particules sulphureuses, bitumineuses, etc., reçoivent les frottemens nécessaires, pour passer de l'état de *non-électricité* à celui *d'électricité*. J'avoue qu'on ne peut faire là-dessus que des conjectures plus ou moins probables. Voici quelles sont les miennes.

Il arrive très-souvent que des particules sulphureuses, bitumineuses, etc., sont élévées par l'action du soleil dans l'atmosphère terrestre, dans un temps où règnent des vents contraires. Ces vents portent ces particules, encore chaudes, les unes contre les autres, et ces différents chocs produisent le même effet que produit le frottement sur un globe ou sur un plateau de verre.

5°. Parmi les nuages, les uns sont *totalement* électriques, les autres ne sont électriques qu'à *demi*, les autres enfin n'ont aucune espèce d'électricité actuelle. Les premiers contiennent des particules sulphureuses, bitumineuses, etc., qui se trouvent dans l'état actuel d'électricité. Les seconds sont peu éloignés des premiers. Les troisièmes en sont très-éloignés.

6°. Les nuages *totalement* électriques sont entourés d'une atmosphère électrique *dense*; les nuages *à demi*-électriques sont entourés d'une atmosphère électrique *rare*; et les nuages qui n'ont aucune espèce d'électricité, sont privés de toute atmosphère électrique.

7°. L'atmosphère électrique *rare* ne vient aux

nuages *à demi*-électriques, que parce qu'ils se trouvent dans le voisinage des nuages *totalement* électriques.

8°. Les nuages *totalement* électriques sont ceux qui portent le tonnerre dans leur sein. Et comme un nuage n'est *totalement* électrique, que parce contient beaucoup de particules sulphureuses, bitumineuses, etc., qui sont dans l'état actuel d'électricité, c'est-à-dire, lorsqu'il contient des particules qui se sont élevées dans l'atmosphère terrestre, dans un temps où des vents contraires règnoient, n'avons-nous pas raison de conclure qu'il y a plus de nuages sans tonnerre, qu'il n'y en a qui renferment ce terrible météore dans leur sein ?

Voilà le système que les expériences de M. Franklin m'ont donné occasion de faire sur les causes physiques du tonnerre. Je comprends qu'il ne sera pas du goût de ceux qui rejettent mon système général sur l'électricité ; mais je comprends aussi que s'il a quelque degré de bonté, il rendra par-là même probable tout ce que je vous ai dit dans mes différentes leçons sur l'électricité, et sur-tout dans les 13°., 14°. et 15.° leçons de ce volume. Relisez ces trois leçons, méditez demain sur *l'ensemble* de mon système ; vous serez en état après demain d'expliquer, sans mon secours, la plupart des effets du tonnerre.

Caroline. Nous vous obéirons à la lettre ; je prévois déjà que nos explications n'auront rien de forcé, rien même qui ne soit naturel. Continuons l'arithmétique ; nous savons extraire les racines carrées et cubiques d'un carré, d'un cube quelconque numérique proposé. Que nous apprendrez-vous maintenant ?

Le Maître. Les fractions se rencontrent, pour ainsi dire à, chaque pas, dans tous les livres de Physique. Il est nécessaire que vous sachiez opérer sur les nombres fractionnaires comme vous savez opérer sur les nombres entiers. C'est-là ce que je vous apprendrai dans les quatre dernières leçons de ce volume. Commençons.

Caroline. Qu'est-ce qu'une fraction ?

Le Maître. On appelle *fraction* deux chiffres l'un sur l'autre, séparés par une ligne horizontale; ces deux chiffres signifient une ou plusieurs parties de *l'unité*. Le chiffre supérieur s'appelle *numérateur* et l'inférieur dénominateur. Ainsi $\frac{1}{4}$ signifie un quart. Elle a le chiffre 1 pour *numérateur* et le chiffre 4 pour *dénominateur*. La première opération qu'on fait sur les fractions est celle de les réduire à une même dénomination, sans rien changer à leur valeur réelle. L'on me dit, par exemple, de réduire à une même dénomination les fractions A et B.

A	B	C	D
$\frac{2}{3}$	$\frac{3}{4}$	$\frac{8}{12}$	$\frac{9}{12}$

Pour réduire les fractions A et B à une même dénomination, sans changer leur valeur réelle, je multiplie les deux termes de la fraction A par le dénominateur de la fraction B, et j'ai la fraction C. Je multiplie ensuite les deux termes de la fraction B par le dénominateur de la fraction A, et j'ai la fraction D. Les fractions C et D ont le même dénominateur, et elle ont la même valeur réelle que les fractions A et B. En effet 8 est les deux tiers de 12, comme 2 est les deux tiers de 3. De même 9 est les trois quarts de 12, comme 3 est les trois quarts de 4.

Faut-il additionner les fractions A et B, voici comment j'opère.

$$A \quad B \quad C \quad D \quad E$$
$$\frac{2}{3} \cdot \quad \frac{3}{4} \quad \frac{8}{12} \quad \frac{9}{12} \quad \frac{17}{12}$$

Pour additionner les fractions A et B, je les réduits d'abord à une même dénomination, et j'ai les fractions C et D. J'additionne ensuite les deux numérateurs des fractions C et D, sans changer leur dénominateur, et j'ai la fraction E qui me donne la valeur des fractions A et B additionnées ensemble.

Caroline. Mais la fraction E n'est pas une fraction, puisqu'elle vaut plus que l'unité.

Le Maître. La fraction E est une fraction improprement dite ; elle vaut en effet $1 + \frac{5}{12}$. Je n'en suis pas surpris ; les fractions A et B additionnées valent plus que *l'unité*.

Caroline. Apprenez-nous maintenant à soustraire la fraction A de la fraction B.

Le Maître. Voici comment j'opère.

$$\begin{array}{ccccc} \text{A} & \text{B} & \text{C} & \text{D} & \text{E} \\[4pt] \dfrac{2}{3} & \dfrac{1}{4} & \dfrac{8}{12} & \dfrac{9}{12} & \dfrac{1}{12} \end{array}$$

Pour soustraire la fraction A de la fraction B, je les réduits d'abord à une même dénomination, et j'ai les fractions C et D. J'ôte ensuite le numérateur de la fraction C du numérateur de la fraction D, et j'ai la fraction E, c'est-à-dire, que si j'ôte $\frac{2}{3}$ de $\frac{1}{4}$, il me restera $\frac{1}{12}$.

Théodore. Nous vous avons suivi. Apprenez-nous maintenant à multiplier les fractions A et B.

Le Maître. La chose est très-facile.

$$\begin{array}{ccc} \text{A} & \text{B} & \text{C} \\[4pt] \dfrac{2}{3} & \dfrac{3}{4} & \dfrac{6}{12} \end{array}$$

Pour avoir la fraction C qui représente le *produit* de la fraction A par la fraction B, je multiplie les numérateurs l'un par l'autre et les dénominateurs l'un par l'autre.

Théodore. Cette opération me paroît fausse. Le *produit* est plus grand que le *multiplicateur* et le *multiplicande* pris chacun solitairement ; et ici il est moindre. Car enfin $\frac{6}{12} = \frac{1}{2}$. Or $\frac{1}{2}$ est moindre que $\frac{2}{3}$ et que $\frac{1}{4}$. Supposons que *l'unité* vaille un sou ; vous aurez $\frac{2}{3} = 8$ deniers, et $\frac{3}{4} = 9$ deniers. Multipliez 9 deniers par 8 deniers, vous aurez 72 deniers. Pourquoi, par votre opération, n'avez vous que $\frac{6}{12} = \frac{1}{2} =$ 6 deniers?

Le Maître. Par la multiplication toutes les
mesures sont élevées au *carré*. Vous avez pour
produit, j'en conviens, $\frac{6}{12} = \frac{1}{2}$. Mais c'est la
moitié d'un sou *carré*. Or un sou *carré* vaut 144
deniers dont la moitié vaut 72 deniers.

Théodore. Apprenez-nous enfin à diviser les
fractions A et B, l'une par l'autre.

Le Maître. Jetez les yeux sur l'exemple suivant.
Il s'agit de diviser $\frac{1}{4}$ par $\frac{2}{3}$.

A	B	C
Diviseur	Dividende	Quotient
$\frac{2}{3}$	$\frac{2}{4}$	$\frac{9}{8}$

Pour diviser la fraction B par la fraction A,
j'ai multiplié le numérateur de la fraction B par
le dénominateur de la fraction A, et j'ai eu le numérateur du *quotient* C. J'ai ensuite multiplié le
dénominateur de la fraction B par le numérateur de la fraction A, et j'ai eu le dénominateur du *quotient* C.

XXIV. Leçon.

XXIV. Leçon (*).

Des effets du tonnerre.

Le Maître. Me suis-je fait illusion à moi-même, lorsque je vous ai dit que mon système sur le tonnerre vous fourniroit des explications qui n'auroient rien de forcé, rien même qui ne fût très-naturel ?

Caroline. Nous avons médité sur votre système général d'électricité, et sur votre système particulier sur les causes physiques du tonnerre ; nous avons relu avec attention les leçons 13, 14 et 15 de ce volume ; nous sommes en état de vous répondre ; vous pouvez nous interroger.

Le Maître. Comment expliquez-vous, Caroline, la production des éclairs qui ont coutume de précéder le tonnerre ?

Caroline. Je les explique comme vous avez expliqué l'étincelle électrique ; leur explication se présente comme d'elle-même. Un homme non-isolé, *nous avez-vous dit,* approche-t-il le bout du doigt d'un corps quelconque fortement électrisé, par exemple, du *conducteur* de la machine ? alors l'atmosphère dense de celui-ci, par la loi de l'équilibre entre deux liquides homogènes, se porte vers l'atmosphère rare de celui-là, à peu près comme l'air extérieur se porte

(*) C'est la 50e. Leçon du cours de *Physique* à la portée de tout le monde.

vers l'air contenu dans une chambre dans laquelle on vient d'allumer du feu. Ces deux atmosphères, composées de parties inflammables, se mêlent avec impétuosité, se choquent avec force, et par-là même s'enflamment nécessairement. Voilà ce qui se passe en petit dans l'électricité artificielle, et voici ce qui se passe en grand dans l'électricité naturelle.

Les éclairs consistent en plusieurs grosses bluettes que donne le nuage électrisé. Est-il possible que les vents contraires portent un nuage *à-demi* électrique contre un nuage *totalement* électrique, sans que l'atmosphère dense de celui-ci envoye de sa matière à l'atmosphère rare de celui-là ? Et est-il possible que cela arrive, sans qu'il y ait mélange, choc et inflammation d'un nombre innombrable de particules inflammables ? J'ai donc eu raison de dire que, dans votre système, la formation des éclairs se présente comme d'elle-même.

Le Maître. Expliquez, Théodore, d'où vient le bruit qui accompagne le tonnerre.

Théodore. Je ferai comme Caroline ; elle a comparé l'étincelle électrique avec les éclairs ; je comparerai le petit bruit qui l'accompagne avec ce bruit épouvantable toujours inséparable du tonnerre.

D'où vient donc le petit bruit dont l'étincelle électrique est toujours accompagnée ? Ne voyez-vous pas, *nous avez-vous dit*, que l'air placé entre l'atmosphère dense et l'atmosphère rare est chassé par le mélange et dilaté par l'inflammation. Cet air, en vertu de son élasticité, reprend son premier état ; et c'est en le reprenant, qu'il cause le petit bruit dont l'étincelle électrique est

toujours accompagnée. Cela supposé, voici com‑
ment je raisonne.

Si un peu d'air chassé par l'étincelle électrique,
cause un bruit sensible, quel bruit épouventable
ne doit pas causer cette grande quantité d'air
chassée, lors de la formation des éclairs ? Il
doit y avoir autant de différence entre ces deux
bruits, qu'il y en a entre l'éclair et l'étincelle
électrique.

Le Maître. Je n'ai pas aussi bien expliqué,
dans mon Dictionnaire de Physique, ces deux
premiers phénomènes que vous venez de le faire.
Continuons. Quand est-ce, *Caroline*, que le
nuage qui porte le tonnerre, éclate en foudres et
en carreaux ?

Caroline. Supposez les vents contraires assez
forts pour lancer avec violence le nuage *à demi*-
électrique contre le nuage *totalement* électrique ;
l'un et l'autre se briseront en des millions de
pièces ; et tandis que le premier donnera la pluie
la plus abondante, le soufre et le bitume enflam‑
més sortiront avec impétuosité du sein du se‑
cond, et causeront les plus grands ravages sur la
terre.

Mais ce qu'on appelle *pierre de tonnerre* a-t-il
quelque réalité ?

Le Maître. La pierre du tonnerre n'a jamais
existé que dans l'imagination des Poëtes qui,
pour donner plus de force à leurs vers, ont re‑
présenté Jupiter lançant ses foudres et ses car‑
reaux sur la tête des mortels. L'air est trop léger
pour pouvoir soutenir un corps aussi pesant
que la pierre. Expliquez, *Théodore*, pourquoi
nous avons quelquefois des éclairs sans tonnerre,
et quelquefois des tonnerres sans éclairs.

Théodore. Tout cela s'explique très-facilement dans votre système. Le choc d'un nuage *à demi-* électrique contre un nuage *totalement* électrique, n'est-il pas assez fort pour briser l'un et l'autre en des millions de parties ? Nous avons alors nécessairement des éclairs sans tonnerres.

Deux nuages *totalement* et *également* électriques sont-ils portés avec violence l'un contre l'autre par des vents contraires, nous avons le tonnerre, et nous ne devons avoir aucun éclair. Et comment pourrions-nous en avoir ? Ces deux nuages n'ont-ils pas un égal degré d'électricité ? Ne sont-ils pas entourés d'atmosphères d'une égale densité ? Est-ce qu'un homme, placé sur le gatteau de résine, tire des bluettes du *conducteur*, lorsqu'il communique avec lui par une chaîne de métal ? Le phénomène est le même.

Le Maître. Vous avez raison ; je crois même que ce n'est que dans mon système qu'on peut expliquer un pareil effet. Remarquez cependant que, lorsqu'il se trouve entre notre œil et les nuages brisés, quelqu'autre nuage capable d'absorber la lumière que donnent les bluettes électriques, l'on dit alors que nous avons des tonnerres sans éclairs. L'on feroit mieux de dire que nous avons des tonnerres dont les éclairs ne parviennent pas jusqu'à nous.

Caroline. Est-il vrai que le son des cloches est capable de détourner le nuage qui porte la foudre ?

Le Maître. Cela est tantôt vrai et tantôt faux. Ce nuage est-il encore éloigné ? le son des cloches agitant l'air, l'empêchera d'approcher de l'endroit où l'on sonne ; mais se trouve-t-il par malheurs ou sur le clocher ou près du clocher ?

alors l'agitation de l'air ne servira qu'à dispo-
ser le nuage électrique à s'ouvrir, et la foudre
tombera sur la tête du sonneur peu physicien.

Nous lisons dans l'histoire de l'Académie des
sciences, *année* 1719, *pag.* 21, que dans la basse
Bretagne, le 15 avril 1718, à 4 heures du matin,
il fit trois coups de tonnerre qui tombèrent sur
24 églises situées entre Landerneau et St. Paul
de Léon : c'étoient précisément les églises où l'on
sonnoit pour écarter la foudre. Celles où l'on
ne sonna pas, furent épargnées.

Théodore. L'on attribue à certains tonnerres
des effets incroyables. Ce sont sans doute des
histoires qu'il faut regarder comme des contes faits
à plaisir.

Le Maître. Quels sont ces effets ?

Théodore. L'on assure que certains tonnerres ont fondu la lame d'une épée, sans endommager le fourreau, et que certains autres ont
brûlé le fourreau, sans dissoudre l'épée.

Le Maître. Ces faits sont vrais.

Théodore. Comment les expliquez-vous dans
votre système ?

Le Maître. Très-facilement. Mon système sur
le tonnerre nous dévoile tout ce qu'il y a de
plus caché dans ce mécanisme. Le feu électrique
est-il joint à des exhalaisons fort légères ? il n'a-
gira que contre les corps qui n'auront pas des
pores assez ouverts pour lui donner passage ;
il fondra donc la lame d'une épée, sans en endommager le fourreau.

Le feu électrique au contraire a-t-il pour
aliment une exhalaison plus grossière ? son action
ne se portera que contre les corps dont les pores
sont assez grands et assez évasés ; elle sera nulle

vis-à-vis ceux dont les pores sont resserrés ; ce sera donc le fourreau qui dans cette occasion sera le seul endommagé.

Théodore. Nous ne vous demanderons pas s'il est possible de savoir à quelle distance se trouve le nuage qui contient le tonnerre ; nous savons que la chose est très-facile, lorsqu'on connoît la vitesse du son et qu'on la compare avec celle de la lumière. Vous nous avez mis assez au fait de tout ce qui a rapport à cette importante matière dans la 18e. leçon du premier volume, *pag.* 282 et *suivantes*, pour avancer sans crainte ce qui suit :

Le bruit suit-il immédiatement l'éclair ? le nuage électrique est très-proche.

Comptez-vous une *seconde* de temps, ou un battement de pouls entre l'éclair et le bruit ? le nuage électrique est à 173 toises.

En comptez-vous deux ? il est à 346.

En comptez-vous quatre, il est à 692 toises, etc.

Explique-t-on bien, dans les autres systèmes sur le tonnerre, les effets de ce terrible météore ?

Le Maître. Vous en jugerez vous-même ; je vais vous les mettre sous les yeux. Je commence pour celui de M. Franklin.

M. Franklin propose son nouveau système sur les causes du tonnerre dans les 42 premières pages du tome 2 de son ouvrage. En voici les points principaux ; vous verrez par-là combien grande est la différence qui se trouve entre son système et le mien sur le même sujet.

1°. L'océan est un composé d'eau, corps non-électrique, et de sel, corps originairement électrique.

2°. Les nuages formés des eaux de la mer sont fortement électrisés, et ils retiennent le feu électrique, jusqu'à ce qu'ils aient occasion de le communiquer.

3°. Les tempêtes qui règnent sur la mer et qui portent les particules d'eau les unes contre les autres, causent des espèces de frottement qui rendent les eaux de la mer, et par conséquent les nuages qui en sont formés, des corps actuellement électriques.

4°. Le soleil fournit ou semble fournir le feu commun à toutes les vapeurs qui s'élèvent tant de la terre, que de la mer.

5°. Les vapeurs qui ont en elles du feu électrique et du feu commun, sont mieux soutenues que celles qui n'ont que du feu commun. Car, lorsque les vapeurs s'élèvent dans la région la plus froide au-dessus de la terre, le froid, s'il diminue le feu commun, ne diminue pas le feu électrique.

6°. De là les nuages formés par des vapeurs élevées des eaux fraîches de la terre, des végétaux, de la terre humide, etc., déposent leur eau, et plus vîte et plus aisément, n'ayant que peu de feu électrique pour repousser les molécules et les tenir séparées, de sorte que la plus grande partie de l'eau élevée de la terre, est abandonnée et retombe sur la terre.

7°. Les nuages formés par les vapeurs élevées de la mer, ayant les deux feux, et sur-tout une grande quantité de feux électriques, soutiennent fortement leur eau, s'élèvent à une grande distance, et étant agités par les vents contraires, peuvent l'amener au milieu du plus vaste continent.

Aa 4

8°. Si ces nuages sont poussés par des vents contre des montagnes, ces montagnes étant moins électrisées, les attirent, et dans le contact emportent leur feu électrique; et comme elles sont froides, elles emportent aussi leur feu commun : de là les molécules pressent vers les montagnes, et se pressent l'une l'autre. Si l'air est peu chargé, le nuage tombe seulement en rosée sur le sommet et sur les côtes des montagnes ; il forme des fontaines et descend dans les vallées en petits ruisseaux, qui par leur réunion font les grands courans et les rivières. S'il est fort chargé, le feu électrique sort tout-à-la-fois d'un nuage entier, et en l'abandonnant il brille comme un éclair et craque avec violence : les particules d'eau se réunissent d'abord faute de ce feu, et tombent en grosses ondées.

9°. Lorsque le sommet des montagnes attire ainsi les nuages, et tire le feu électrique du premier nuage qui l'aborde, celui qui suit, lorsqu'il approche du premier nuage actuellement dépouillé de son feu, lui lance le sien et commence à déposer son eau propre. Le premier nuage lançant de nouveau ce feu dans les montagnes, le troisième nuage approchant, et tous les autres arrivant successivement, agissent de la même manière. De là les déluges de pluie, les tonnerres, les éclairs, etc.

10. Quoiqu'un pays soit uni et sans montagnes qui interceptent les nuages électrisés, il y a cependant encore des moyens pour les obliger à déposer leurs eaux; car, si un nuage électrisé venant de la mer, rencontre dans l'air un nuage élevé de la terre, et par conséquent non-électrisé, le premier lancera son feu dans le dernier....

La commotion donnée à l'air contribuera à précipiter l'eau, non seulement de ces deux nuages, mais des autres qui les avoisinent. De là les chûtes de pluie soudaines immédiatement après la lumière des éclairs.

11°. Lorsqu'un grand nombre de nuages de mer rencontre une quantité de nuages de terre, les étincelles électriques paroissent s'élancer de différens côtés; et comme les nuages sont agités et mêlés par les vents, ou rapprochés par la force de l'attraction électrique, ils continuent à donner et à recevoir étincelles sur étincelles, jusqu'à ce que le feu électrique soit également répandu dans tous.

12°. Quand les nuages électriques passent sur un pays, les sommets des montagnes et des arbres, les tours élevées, les pyramides, les mats des vaisseaux, les cheminées, etc., comme autant d'éminences et de pointes, attirent le feu électrique, et le nuage entier s'y décharge.

13°. La connoissance du pouvoir des pointes pourroit être de quelque avantage aux hommes pour préserver les maisons, les églises, les vaisseaux, etc., des coups de la foudre, en nous engageant à fixer perpendiculairement sur les parties les plus élevées de ces édifices, des verges faites en forme d'aiguilles et dorées pour prévenir la rouille; et du pied de ces verges un fil d'archal abaissé vers l'extérieur du bâtiment dans la terre, ou autour d'un des haubans d'un vaisseau, ou sur le bord jusqu'à ce qu'il touche l'eau. Ces verges de fer ne tireroient-elles pas probablement le feu électrique en silence hors du nuage, avant qu'il vint assez près pour frapper; et par ce moyen ne pourrions-nous pas être préservés de tant de désastres soudains et effroyables ?

14°. On doit entendre fort peu de tonnerres en mer, lorsque l'on est fort éloigné de la terre. Voilà les points principaux du système de M. Franklin sur les causes du tonnerre.

Théodore. Nous sommes trop contens du vôtre, pour adopter celui-ci. M. Franklin l'a calqué sur son système général d'électricité dont vous nous avez fait connoître tous les défauts dans la 17e. leçon de ce volume.

Caroline. Il faut avouer que M. Franklin a des ressources infinies dans l'esprit pour faire valoir ses principes. Ce qu'il a dit sur les *paratonnerres* m'a fait un plaisir infini. Ils seront la matière de la leçon suivante. Qu'il me tarde que vous nous la fassiez! Avez-vous encore quelqu'autre système à nous exposer ?

Le Maître. J'ai encore à vous exposer celui de Descartes. Il a été suivi jusqu'à Franklin et il méritoit de l'être. Il en a fait le sujet de son septième discours de son traité sur les *météores*.

Les orages que les éclairs, les tonnerres et la foudre accompagnent, *dit Descartes*, sont causés par la chûte subite d'une nue sur l'autre et par l'inflammation des exhalaisons sulphureuses, nitreuses, bitumineuses, qui se trouvent, ou entre les deux nues ou dans les deux nues qui se sont choquées. Cette idée lui vint sur le sommet des alpes, au mois de mai 1625. Il raconte lui-même que de gros tas de neige, qui tombent les uns sur les autres, faisoient un bruit si terrible, qu'on le confondoit quelquefois dans les vallées voisines avec le bruit du tonnerre.

Il tâche ensuite d'expliquer les principaux effets

de ce dangereux météore. S'il a précédé, *dit-il*, de grandes chaleurs et que le temps ait été sec, il y aura nécessairement dans l'atmosphère une grande quantité d'exhalaisons très-subtiles, très-disposées à s'enflammer. Alors quelque petite que soit la nue supérieure, quelque lentement qu'elle descende, et quelque peu d'air qu'elle chasse, il paroîtra nécessairement une flamme légère qui se dissipera à l'instant, et l'on aura des éclairs sans tonnerre.

S'il n'y a pas dans l'air des exhalaisons propres à s'enflammer, et que la nue supérieure descende avec impétuosité, il y aura des tonnerres sans éclairs.

L'exhalaison sulphureuse et bitumineuse pourra être si subtile et si pénétrante, elle pourra tellement participer de la nature des sels volatils, que, ne faisant aucun effort contre les corps qui céderont, elle dissoudra, brisera tous ceux qui lui feront quelque résistance. Combien de fois la foudre n'a-t-elle pas rompu les os, sans endommager la chair ? Combien de fois n'a-t-elle pas fondu l'épée, sans toucher au fourreau ? C'est alors une espèce d'eau forte qui dissout les métaux les plus durs et qui n'a point d'action sur la cire ; c'est un vent violent qui déracine un gros chêne et qui épargne un foible roseau. L'exhalaison a des effets contraires, lorsqu'elle est composée de parties crasses et compactes. Tel est le système de Descartes sur le tonnerre.

Caroline. L'on a raison de regarder Descartes comme le plus grand Physicien que la France ait eu. Avez-vous encore quelque chose à nous dire sur ce terrible météore.

Le Maître. J'ai encore à vous faire part de

quelques observations constatées dans l'histoire de la Physique.

Au sommet des Alpes et des Pyrénées on jouit souvent du ciel le plus serein, tandis qu'on voit sous ses pieds des orages épouvantables qui ravagent les campagnes ; et sur ces hauteurs l'on a à craindre, non pas la foudre qui peut y tomber, mais celle qui peut y monter.

Caroline. Tous les tonnerres qui grondent sur nos têtes, ne tombent donc pas sur la terre.

Le Maître. De cent tonnerres dont le bruit nous épouvante, quatre-vingt-dix-neuf au moins éclatent dans les airs. Vous en voyez sans doute la raison.

Caroline. Je vous avoue que non.

Le Maître. Les nues supérieures sont moins denses que les nues inférieures.

Caroline. J'y suis. Les nues supérieures opposent moins de résistance que les nues inférieures. Le tonnerre doit donc plus souvent éclater dans les airs, que tomber sur la terre. Je ne craindrai plus tant le tonnerre. Reprenons les fractions.

Le Maître. Aux fractions numériques succèdent naturellement les fractions algébriques. Ce sont deux lettres séparées, l'une de l'autre, par une ligne horizontale. La lettre supérieure s'appelle *numérateur*, et l'inférieure *dénominateur*. Dans la fraction $\frac{a}{b}$ a est le numérateur et b le dénominateur. On opère sur les fractions algébriques comme sur les fractions numériques.

Théodore. Cela nous suffit ; nous n'avons pas besoin de votre secours. Je vais additionner et soustraire les fractions $\frac{a}{b}$, $\frac{c}{d}$, après les avoir réduites auparavant à une même dénomination.

$$
\begin{array}{cccc}
1 & 2 & 3 & 4 \\
\dfrac{a}{b} & \dfrac{c}{d} & \dfrac{ad}{bd} & \dfrac{bc}{bd}
\end{array}
$$

Pour réduire les fractions 1 et 2 à une même dénomination, j'ai multiplié la fraction 1 par le dénominateur de la fraction 2, et j'ai eu la fraction 3. J'ai ensuite multiplié la fraction 2 par le dénominateur de la fraction 1, et j'ai eu la fraction 4. Les fractions 3 et 4 ont évidemment la même valeur que les fractions 1 et 2 ; vous nous avez dit que les lettres communes au numérateur et au dénominateur se détruisoient ; donc $\frac{a}{b} = \frac{ad}{bd}$ et $\frac{c}{d} = \frac{bc}{bd}$; c'est-là un principe consigné dans la neuvième leçon de ce volume. Je vais maintenant additionner les fraction $\frac{a}{b}$ $\frac{c}{d}$.

$$
\begin{array}{ccccc}
1 & 2 & 3 & 4 & 5 \\
\dfrac{a}{b} & \dfrac{c}{d} & \dfrac{ad}{bd} & \dfrac{bc}{bd} & \dfrac{ad+bc}{bd}
\end{array}
$$

J'ai d'abord réduit les fractions 1 et 2 à une

même dénomination, et j'ai eu les fractions 3 et 4. J'ai ajouté le numérateur de la fraction 3 au numérateur de la fraction 4, en leur donnant le même dénominateur, et j'ai eu la fraction 5 qui représente la somme des fractions 1 et 2. Faut-il soustraire la fraction $\frac{c}{d}$ de la fraction $\frac{a}{b}$? Voici comment j'opère.

$$\underset{\text{1}}{\frac{a}{b}} \quad \underset{\text{2}}{\frac{c}{d}} \quad \underset{\text{3}}{\frac{ad}{bd}} \quad \underset{\text{4}}{\frac{bc}{bd}} \quad \frac{ad-bc}{bd}$$

J'ai d'abord réduit les fractions 1 et 2 à une même dénomination, et j'ai eu les fractions 3 et 4. J'ai soustrait le numérateur de la fraction 4 du numérateur de la fraction 3, en leur donnant le même dénominateur, et j'ai eu la fraction 5 qui représente ce qu'il y a eu de reste, après avoir soustrait la fraction $\frac{c}{d}$ de la fraction $\frac{a}{b}$. Caroline va continuer.

Caroline. Je vais d'abord multiplier la fraction $\frac{a}{b}$ par la fraction $\frac{c}{d}$, et ensuite diviser celle-là par celle-ci.

$$\frac{1}{\dfrac{a}{b}} \qquad \frac{2}{\dfrac{c}{d}} \qquad \frac{3}{\dfrac{ac}{bd}}$$

Pour multiplier la fraction 1 par la fraction 2, j'ai multiplié les numérateurs et les dénominateurs l'un par l'autre, et j'ai eu la fraction 3 qui représente le *produit* de la fraction 1 par la fraction 2. Je vais maintenant diviser la fraction 1 par la fraction 2.

1	2	3
Dividende	Diviseur	Quotient
$\dfrac{a}{b}$	$\dfrac{c}{d}$	$\dfrac{ad}{bc}$

Pour diviser la fraction 1 par la fraction 2, j'ai multiplié le numérateur de la fraction 1 par le dénominateur de la fraction 2 et j'ai eu le numérateur du *quotient* 3. J'ai ensuite multiplié le dénominateur de la fraction 1 par le numérateur de la fraction 2, et j'ai eu le dénominateur du *quotient* 3. Avez-vous encore quelque chose à nous dire sur les fractions ?

Le Maître. J'ai encore à vous dire des choses très-essentielles ; j'ai à vous parler des fractions décimales. Ce sont des fractions qui ont pour dénominateur les quantités 10, 100, 1000, 10000, etc. Voici ce qu'un Physicien ne sauroit ignorer sur cet article.

1°. On n'écrit jamais le dénominateur de ces sortes de fractions ; on sait qu'il contient toujours autant de zéro, qu'il y a de chiffres dans le numérateur de la fraction ; on sait encore que ces zéros sont toujours précédés de *l'unité* ; on sait enfin que les premiers chiffres séparés des autres par une virgule, sont des nombres entiers qui n'appartiennent pas à la fraction décimale. Ainsi 3 , 42 signifie 3 , $\frac{42}{100}$. De même 25 , 243 signifie 25 $\frac{243}{1000}$. Enfin 0 , 0042 signifie 0 , $\frac{0042}{10000} = 0 , \frac{42}{10000}$, c'est-à-dire, que lorsque la quantité commence par 0, et que ce 0 est séparé du reste par une virgule, alors la fraction décimale n'a aucun nombre entier.

2°. Lorsque la fraction décimale n'a qu'un chiffre, son dénominateur est 10 ; lorsqu'elle en a 2 , il est 100 , lorsqu'elle en a 3 , il est 1000 ; lorsqu'elle en a 4 , il est 10000 , etc.

3°. La première opération qu'il faut faire, est de transformer une fraction ordinaire en fraction décimale, sans changer sa valeur réelle. Pour transformer la fraction $\frac{2}{5}$ en une fraction décimale dont le dénominateur soit 10, j'ajoute un 0 au numérateur, j'ai 20 que je divise par le dénominateur 5 ; le quotient 4 me donne la décimale que je demande. En effet $\frac{2}{5} = \frac{4}{10}$. Ainsi au lieu de de marquer $\frac{2}{5}$, je mettrai 0, 4. L'on ne peut donc transformer une fraction ordinaire en fraction décimale, que lorsque la division peut se faire exactement et sans reste, à moins qu'on ne la transforme en une fraction dont le dénominateur soit au moins 10000, parce qu'alors le *restant* après la dernière opération peut se négliger sans conséquence. Transformez, Théodore, $\frac{2}{5}$ en une fraction décimale dont le dénominateur soit 1000.

Théodore. J'ajoute trois zero au numérateur 2. Je divise 2000 par 5 ; et le *quotient* 400 me donne ce que je cherche. Ainsi au lieu de mettre $\frac{2}{5}$, je mettrai 0 , 400.

XXV. Leçon.

XXV. Leçon(*).

Des Paratonnerres.

Le Maître. On appelle *paratonnerres* toute machine dressée sur un lieu élevé, pour empêcher qu'il ne soit frappé de la foudre. Vous avez sans doute remarqué, dans la leçon précédente, que nous devions l'invention de cette belle machine à l'ingénieux Franklin. L'on n'a parlé jusqu'à présent que des *paratonnerres* qui défendent les bâtimens de la foudre; j'en ai inventé un qui en défendra les personnes, et voilà pourquoi je les divise en *fixes* et *portatifs*.

Caroline. Commençons par ces derniers; ils me paroissent encore plus utiles que les premiers.

Le Maître. La chose n'est pas possible; vous ne me comprendriez pas.

Caroline. Comment construit-on donc un paratonnerre fixe?

Le Maître. Rien de plus simple que cette utile machine. Ayez une barre de fer de figure cylindrique, depuis 1 jusqu'à 4 pouces de diamètre, dont l'extrémité supérieure sera terminée en aiguille. La hauteur de la barre sera aussi arbitraire que son diamètre; je ne voudrois pas cependant qu'elle fût de moins de dix et de plus de vingt pieds.

(*) C'est la cinquante-unième leçon du cours de Physique à la portée de tout le monde.

Ayez un support de verre massif plus ou moins épais et plus ou moins large, à la volonté du Physicien qui dirige le paratonnerre. Faites au milieu de ce support un trou circulaire, plus ou moins grand, suivant le diamètre et la hauteur de la barre de fer; ce trou ne doit pas être prolongé jusqu'à la surface inférieure du support; il doit y avoir au moins deux pouces de verre solide entre cette surface inférieure et l'excavation faite dans le verre. Faites entrer dans ce trou l'extrémité inférieure de la barre de fer; et pour peu qu'elle remue, fixez-la avec de la résine, ou tout autre ciment qui soit électrique par *frottement*. Arrêtez solidement le support dans l'endroit le plus élevé du bâtiment que vous voulez garantir de la foudre; dès-lors vous aurez mis en place la pièce principale de votre paratonnerre.

Ne vous en tenez pas là; vous auriez construit une machine très-dangereuse. Pour la rendre utile, je dirois presque nécessaire; ayez une petite chaîne de métal dont vous attacherez l'une des extrémités à la barre de fer, quelques pouces au-dessus de son support. Menez cette chaîne par un conduit de verre où elle ne soit pas gênée, jusqu'à l'extrémité du couvert du bâtiment, d'où elle pendra librement, pour se rendre dans un puits perdu; vous aurez une machine qui mettra votre maison à l'abri de la foudre, sur-tout si, pour prévenir la rouille, vous faites dorer au moins la partie de la barre terminée en pointe.

Caroline. Nous sommes assez au fait de l'électricité, pour expliquer l'effet de cette bienfaisante machine.

Le Maître. J'allois vous y inviter. Expliquez-le, Caroline.

Caroline. Je le ferai très-facilement, parce que je vais rapprocher du paratonnerre la bouteille de Leyde et le tableau magique dont vous nous avez parlé dans les leçons 16 et 17 de ce volume. Qu'arrive-t-il, lorsque de ces corps fortement électrisés l'on approche, à la distance de quelques pouces, la moindre pointe, celle même d'une aiguille? Toute l'électricité de ces corps, attirée par la pointe, passe, sans exciter aucune espèce de commotion, dans l'homme non-isolé qui la tient à la main; et de l'homme à la terre dans le sein de laquelle elle se dissipe, en se communiquant à toute la masse du globe. Cette dissipation se fait avec la plus grande promptitude.

Ce que nous faisons en petit dans l'électricité artificielle, la nature le fait en grand dans l'électricité naturelle. Le tonnerre n'est dans le fond qu'une électricité naturelle aussi comprimée dans le nuage qui porte dans son sein ce terrible météore, que l'est l'électricité artificielle dans le tableau magique ou dans la bouteille de Leyde. Si ce nuage passe sur un bâtiment armé d'un paratonnerre, la matière électrique qu'il contient, sera soutirée par la pointe de la barre de fer, et coulera, par le moyen de la chaîne de métal, dans le puits perdu dont vous nous avez parlé, où elle éclatera, souvent d'une manière sensible, quelquefois d'une manière effrayante, mais toujours sans aucune espèce d'inconvénient.

Le Maître. La chose arriva en effet, le 3 du mois d'août 1782, à Séefeld en Bavière, au château de M. le Comte de *Torrin Séefeld.* Dans un orage violent, accompagné de tonnerres affreux, la foudre devoit naturellement tomber sur ce château et y causer les plus grands dommages, s'il n'eût pas été défendu par un excellent paratonnerre. Le fluide fulminant fut soutiré par la pointe de cette admirable machine, et conduit dans un puits perdu assez éloigné du château. Mais comme il n'avoit que six pieds de profondeur, on vit, par l'explosion qui s'y fit, voler en tout sens les pierres et la terre dont il étoit couvert.

Quelques mois après, l'Electeur de Bavière fit placer jusqu'à dix-sept paratonnerres sur son château de Nymphonbourg, et à l'exemple du Souverain, on en fit construire sans nombre dans tout l'Electorat.

Il seroit maintenant bien difficile de faire l'énumération des paratonnerres dressés dans l'ancien, comme dans le nouveau monde. On est si convaincu de leur utilité, qu'on en a armé les magasins à poudre, pour les mettre à l'abri des funestes effets d'un météore, toujours à craindre en lui-même, infiniment plus à craindre encore, s'il venoit à pénétrer dans ces sortes de bâtimens.

Mais le diriez-vous, l'établissement des paratonnerres ne s'est fait ni tout-à-coup, ni sans de grandes difficultés.

Caroline. Je n'en vois pas la raison ; c'est une machine très-nécessaire, et M. Franklin, son inventeur, doit être regardé comme le bienfaicteur de l'humanité.

Le Maître. Des Physiciens, les uns peu au fait de l'électricité, les autres mal intentionnés et jaloux peut-être de la gloire du Docteur Franklin, déclamèrent très-indécemment contre cette utile machine. Peu contents de la faire regarder

comme inutile et comme ridicule, ils la dépei-
gnirent comme préjudiciable au bien public. Leurs
écrits causèrent de temps en temps des émeutes
populaires, et rendirent timides ceux qui auroient voulu se procurer des paratonnerres :
témoin ce qui se passa à Genève en 1771, lorsque M. de Saussure, célèbre Professeur de cette
Ville, en eut fait dresser un, pour garantir de la
foudre sa maison et tout son quartier ; il lui fallut,
pour tranquilliser les esprits, faire paroître un
petit ouvrage sur *l'utilité des conducteurs électriques*, ouvrage dont il distribua *gratis* des exem-
plaires à quiconque voulut en aller chercher au
bureau d'avis : témoin encore ce qui se passa à
Saint-Omer, en 1788, contre M. *Visseri de Bois-
vallé* dont l'ingénieux paratonnerre étoit impru-
demment surmonté d'une apparence de globe
fulminant et terminé par une épée qui sembloit
menacer le ciel et braver la foudre. A la vue de
cet appareil imposant, toute la ville fut en ru-
meur ; on s'assembla en foule et en tumulte à la
porte de la maison de M. *de Bois-vallé* ; et les
Officiers Municipaux, dans la crainte d'une sédi-
tion, portèrent un jugement provisoire par lequel
il étoit ordonné de détruire à l'instant, et nonobs-
tant toute appellation quelconque, cette machine,
regardée comme infernale.

Théodore. M. *de Bois-vallé eut tort* ; il ne faut
jamais inspirer au peuple des terreurs paniques.
Son globe fulminant et son épée nue étoient des
appareils inutiles et purement extrinsèques à son
paratonnerre. Mais enfin quelles objections faisoit-
on contre cette utile machine ?

Le Maître. Elles sont si futiles, que je n'ose
vous les rapporter ; je ne veux pas diminuer

l'estime que je vous ai inspirée pour certains Physiciens.

Théodore. N'importe ; nous ne devons pas les ignorer. Nous dirons de ces Physiciens ce qu'on a dit du plus grand Poëte de l'antiquité : *quandoque bonus dormitat Homerus.*

Le Maître. L'on dit d'abord que Richmann dont je vous ai raconté la mort tragique dans la 23e. leçon de ce volume, fut tué par l'effet du paratonnerre qu'il avoit dressé sur le toît de son cabinet de Physique.

Théodore. Quelle fausseté ! Quelle bévue ! A la mort de Richmann, les paratonnerres n'étoient pas connus ; l'on ne connoissoit que la dangereuse expérience de Marly-la-ville. Richmann fut tué par un *attire-tonnerre* et non par un *paratonnerre.* Il fit entrer, comme l'on dit, le loup dans la bergerie ; vous nous l'avez démontré dans la 23e. leçon de ce volume. Que dit-on encore contre les paratonnerres ?

Le Maître. M. l'Abbé Nollet a fait tout son possible pour jeter du ridicule sur l'inventeur des paratonnerres. Quelle apparence peut-il y avoir, *dit-il*, que la matière fulminante, contenue dans un nuage capable de couvrir une grande ville, se filtre, dans l'espace de quelques minutes, par une aiguille grosse comme le doigt ou par un fil de métal qui serviroit à la prolonger ? A quiconque auroit assez de crédulité pour se prêter à une pareille idée, ne pourroit-on pas proposer aussi d'ajuster de petits tubes le long des torrents, pour prévenir les désordres de l'inondation. Ainsi parle M. l'Abbé Nollet dans sa septième lettre adressée au Docteur Franklin, *pag.* 156.

Théodore. M. l'Abbé Nollet parla apparemment ainsi, lorsqu'on ne connoissoit les paratonnerres que dans la théorie. Les faits ne se contestent pas, quoiqu'on ne soit pas en état de les expliquer. Nierons-nous le pouvoir des pointes pour désélectriser presqu'à l'instant les corps, parce que nous ne pouvons pas apporter la cause physique de ce pouvoir? Les paratonnerres désélectrisent les nuages; voilà un fait bien constaté. Comment les désélectrisent-ils? Peut-être ne pourra-t-on jamais l'expliquer d'une manière satisfaisante.

Je trouve cependant fort extraordinaire qu'un aussi grand Physicien que M. l'Abbé Nollet ait fait sérieusement une comparaison soutenue entre l'eau et la matière électrique. L'eau a une grossièreté qui resserre dans des bornes fort étroites la vitesse qu'elle peut acquérir. La matière électrique a une subtilité qui la rend capable d'une vitesse qu'on ne pourra peut-être jamais calculer. Il faut un temps considérable pour qu'une grande masse d'eau sorte du canal où elle étoit contenue : dans un instant indivisible et par une simple étincelle que l'on tire, l'on désélectrise une grande masse de corps isolés où la matière électrique étoit le plus accumulée.

Le Maître. Ajoutez encore que l'eau est un des fluides le moins compressible et le moins élastique que nous connoissions. La matière électrique au contraire est le fluide peut-être le plus compressible et le plus élastique qu'il y ait dans la nature. Aussi pensai-je, comme M. de Saussure, que par une aiguille de fer, grosse comme le doigt, il pourroit se filtrer en quelques minutes, non seulement la matière fulminante d'une nuée, mais celle même qui est contenue dans le globe entier de la terre.

Pour vous donner une idée des paratonnerres, je veux encore vous faire part d'une ingénieuse réflexion de M. de Saussure qui regarde la pratique de ces conducteurs comme une espèce d'inoculation du tonnerre. Dans l'inoculation de la petite vérole, *dit-il*, l'on introduit volontairement dans le corps un levain, pour se préserver de l'éruption violente que le venin qui s'y trouvoit renfermé, auroit pu faire naturellement ; de même quand on érige un conducteur, on dérive sur lui peu-à-peu la matière fulminante de la nuée, pour prévenir la violente explosion qu'elle auroit pu faire d'elle-même. Et s'il y a des différences, elles sont toutes à l'avantage des conducteurs, puisqu'en employant ceux-ci, ce n'est pas sur votre propre corps, ni même sur celui de votre maison que vous dérivez la cause du danger, mais sur un fer isolé qui court seul les risques de l'opération.

Caroline. Fait-on encore quelqu'autre objection contre les paratonnerres ? Si elles sont de la nature des deux précédentes, il ne faut pas être grand Physicien, pour y répondre ; Théodore les a pulvérisées.

Le Maître. L'on dit encore qu'il pourroit bien se faire qu'un paratonnerre, construit selon toutes les règles de la Physique, fût un préservatif pour la maison au-dessus de laquelle il est dressé ; mais l'on ajoute qu'il pourroit bien attirer la foudre sur les maisons voisines.

Caroline. Il n'est que le peuple qui puisse se former une idée aussi burlesque. Car enfin, si les paratonnerres sont utiles, comme on ne sauroit maintenant en disconvenir, quel peut être le fondement de leur utilité ? C'est sans doute le pouvoir qu'ils ont de soutirer la matière fulminante contenue dans le nuage, et de la conduire, par le moyen de la chaîne, dans le puits-perdu préparé pour la recevoir. Comment une pareille opération pourroit-elle rejeter la foudre sur les maisons voisines ? Qu'on éloigne le puits-perdu de la maison; qu'on le rende inaccessible, en l'entourant de bonnes murailles ; la précaution sera sage; elle sera même nécessaire. „ Rien ne le prouve mieux que ce qui arriva, le 3 du mois d'août 1782, au puits-perdu assez éloigné par bonheur du château de M. le Comte de *Torrin Séefeld.* Mais qu'on craigne pour les maisons voisines ; tout homme, tant soit peu au fait de l'électricité, n'aura jamais une pareille terreur panique.

Mais dans les villes où placerez-vous un pareil puits-perdu ?

Le Maître. Je conduirai la chaîne de métal dans le puits ordinaire. Si la foudre y éclate, l'eau n'en sera pas plus mauvaise.

Caroline. Je comprends maintenant pourquoi les clochers faits en forme de pyramides ou surmontés d'une croix de métal, sont plus exposés que les maisons ordinaires, a être frappés de la foudre; ce sont-là des *attire-tonnerres.*

Le Maître. Vous avez raison. Le fameux clocher de *S. Francesco della vigna* à Venise n'a été si souvent frappé de la foudre, il ne fut renversé par un coup de tonnerre, la nuit du 18 au 19 du mois d'août 1777, que parce qu'il s'élevoit en pyramide à une grande hauteur. Aussi, en le rebâtissant, l'a-t-on armé, par ordre du

Sénat, d'un excellent paratonnerre qui, depuis lors, le fait respecter par ce terrible météore.

Si la fameuse pyramide d'Arles eût été dressée sur un lieu élevé, il y a long-temps qu'elle eut été renversée par un coup de tonnerre. Elle est surmontée d'une espèce de soleil dont les rayons terminés en pointe, sont autant *d'attire-tonnerres*. Il eût fallu la surmonter d'un globe.

Caroline. Mais pourquoi avez-vous tant recommandé, au commencement de cette leçon, d'isoler la barre de fer? Non seulement vous voulez qu'elle soit fixée sur un support de verre massif, mais vous exigez encore qu'il y ait au moins deux pouces de verre solide entre l'extrémité inférieure de la barre et la surface inférieure du support.

Le Maître. La matière du tonnerre pourroit être dans le nuage en si grande abondance ; elle pourroit être soutirée avec tant de promptitude et en si grande quantité par la barre de fer non-isolée ou mal isolée, qu'elle fût obligée de former comme deux courans, dont l'un, enfilant la chaîne de fer, feroit son explosion dans le puits-perdu, et l'autre, parcourant la barre de fer non-isolée ou mal isolée, la feroit dans l'intérieur même du bâtiment. Je pense que ce dernier courant seroit bien plus abondant et bien plus à craindre que le premier.

Caroline. Nous voilà au fait des paratonnerres fixes ; faites-nous part maintenant des paratonnerres portatifs. Ils sont, je le sais, de votre invention. Nous aurons par-là le moyen de nous garantir de la foudre, lorsque dans un temps d'orage, nous nous trouverons sur un chemin, à la promenade, en un mot hors de notre maison.

Le Maître. Voici l'idée que je me forme d'un paratonnerre portatif. J'en laisse l'exécution à quelque habile ouvrier. Rien ne me paroît plus simple que cette machine.

1°. L'on se munira d'un de ces parasols de taffetas dont on se sert, hors le temps de pluie, comme d'une canne ordinaire.

2°. L'on mettra à cette canne une pomme de cristal, au lieu d'en mettre une de métal ou d'ivoire; et cette pomme qui ne sauroit être trop épaisse et trop massive sera percée circulairement de part en part, de manière que le centre du trou se trouve au centre de la surface supérieure de la pomme.

3°. Cette canne sera creusée en dedans; et cette espèce d'étui aura environ trois pans de longueur, à compter du centre de la pomme jusques vers le milieu de la canne.

4°. L'étui sera revêtu intérieurement et toute la canne extérieurement d'un vernis *à la cire d'espagne*, ou de tout autre vernis électrique *par lui-même.*

5°. L'on placera dans l'étui de la canne un barreau cylindrique d'acier, terminé en pointes, d'environ trois pans de long; et ce barreau, par le moyen d'un ressort, sortira de son étui, toutes les fois qu'on frappera la terre avec l'extrémité inférieure de la canne.

6°. L'on enduira d'un vernis électrique *par lui-même* toutes les autres pièces du parasol qui sont électriques *par communication.* Je voudrois même, quoique la chose ne soit pas absolument nécessaire, qu'on n'employât le métal, dans la construction de cette machine, que le plus rarement possible. Lorsqu'on ne pourra pas s'en passer, on l'enduira du vernis ordinaire.

7°. L'on pratiquera sur la surface extérieure du parasol une espèce de poche dans laquelle on enfermera une petite chaîne de métal dont l'une des extrémités sera terminée par un crochet, et l'autre par une balle de fer ou d'acier.

8°. On garnira la circonférence extérieure du parasol de différens nœuds de rubans de soie, éloignés les uns des autres d'environ un pan.

9°. Dans un temps d'orage, l'on fera sortir le barreau d'acier de son étui; l'on y attachera à un pouce de distance de la pomme de cristal, l'extrémité de la chaîne terminée par un crochet; l'on ouvrira le parasol, et on laissera pendre à terre l'extrémité de la chaîne, terminée par la balle de fer ou d'acier.

10°. L'on fixera cette chaîne par le moyen d'un des nœuds dont la circonférence du parasol est garnie, et l'on choisira toujours le nœud dont la position est opposée à celle du vent qui souffle.

Telle est la machine dont je propose l'exécution avec confiance. Le prix sera tout au plus double de celui des parasols ordinaires. Je lui donne le nom de *paratonnerre portatif*. Elle le mérite, puisqu'elle procurera à quiconque en sera muni, tous les avantages que procurent à un bâtiment les *paratonnerres fixes*.

Caroline. Nous sommes fâchés que vous en soyez l'inventeur. Vous nous imposeriez silence, si nous parlions de cette nouvelle machine, comme en parleroient même vos plus grands ennemis, s'il étoit possible, menant la vie que vous menez, que vous en eussiez quelqu'un.

Le Maître. Vous avez de l'esprit, Caroline, je le sais; je ne m'attendois pas cependant qu'une personne de votre âge pût faire un éloge aussi flatteur. Nous ne nous reverrons que dans huit jours ; je vous laisse ce court espace de temps pour préparer la récapitulation que Théodore et vous devez faire des 25 leçons précédentes.

Caroline. J'y paroîtrai munie d'un paratonnerre portatif. Je n'aurai pas grand peine à diriger l'ouvrier qui doit le construire. Avez-vous encore quelque chose à nous dire sur les fractions décimales ?

Le Maître. J'ai à vous apprendre les différentes opérations qu'on fait sur ces fractions. Comme l'on n'écrit jamais leur dénominateur, l'on opère comme sur les nombres entiers. Commençons par l'addition. L'on me donne à additionner les deux nombres, composés d'entiers et de fractions dont la première a 100 pour dénominateur et la seconde 1000.

$$2, 94$$
$$5, 856$$
$$\overline{}$$
Somme. $8, 796$

Vous voyez que l'addition s'est faite comme dans l'arithmétique ordinaire. Si dans la somme totale, j'ai 8 pour nombre entier, c'est que les fractions valant plus que l'unité, j'ai transporté 1 aux nombres entiers. Je vais maintenant soustraire deux nombres composés d'entiers et de fractions dont la première a 1000 pour dénominateur et la seconde 100.

$$4, 522$$
$$2, 94$$
$$\overline{}$$
Restant. $1, 582$

Vous savez trop bien l'arithmétique, pour que ceci ait besoin d'explication. Multiplions maintenant deux nombres composés d'entiers et de fractions qui ont 100 pour dénominateur.

Multiplicande.   5 , 42
Multiplicateur.   2 , 32
——————
Produit.   12, 5744
——————

Sans avoir égard aux virgules qui séparent les entiers d'avec les fractions, j'ai multiplié par les règles ordinaires 542 par 232 , et j'ai eu pour *produit* 12,5744. Dans ce *produit* j'ai séparé par une virgule autant de chiffres sur la droite, qu'il y a de décimales tant dans le multiplicande, que dans le multiplicateur , et j'ai eu 12,5744. Je vais diviser un nombre composé d'entiers et de décimales par un nombre composé d'entiers et de décimales. Les décimales du dividende ont 10000 pour dénominateur, et celle du diviseur ont 100.

Dividende.   8 , 5158
Diviseur.   3 , 42
——————
Quotient.   2 , 49
——————

Sans avoir égard aux virgules qui séparent les entiers d'avec les fractions, j'ai divisé par les règles ordinaires 85158 par 342 , et j'ai eu pour *quotient* 2,49. Dans ce *quotient* j'ai séparé par une virgule autant de chiffres sur la droite qu'il y a plus de décimales dans le dividende, que dans le diviseur.

Si la division n'eût pas pu se faire exactement, j'aurois négligé le *restant* après la dernière opération. Je vais maintenant extraire la racine carrée d'un nombre composé d'entiers et de fractions.

Carré parfait. 7, 84

Racine carrée. 2, 8

Sans avoir égard à la virgule qui sépare l'entier d'avec la fraction, j'ai extrait par les règles ordinaires la racine carrée de 784 et j'ai trouvé qu'elle étoit 28. J'ai séparé par une virgule 2 *nombre entier*, d'avec 8, *nombre fractionnaire*, parce que la racine carrée n'a jamais que la moitié des décimales du carré.

Caroline. Mais si le carré proposé n'avoit pas un nombre pair de décimales, comment en prendriez-vous la moitié?

Le Maître. Je le rendrois pair en ajoutant un zero aux décimales. Si l'on me disoit, par exemple, d'extraire la racine carrée de 2, 4, je l'extrairois de 2, 40, parce que $\frac{4}{10} = \frac{40}{100}$. Si le nombre composé d'entiers et de fractions, n'étoit pas un carré parfait, j'extrairois la plus grande racine carrée contenue dans ce carré imparfait, et je négligerois le *restant*, après la dernière opération. Je vais enfin extraire la racine cubique d'un nombre composé d'entiers et de fractions.

Cube parfait. 13,824

Racine cubique. 2, 4

Sans avoir égard à la virgule qui sépare l'entier d'avec la fraction, j'ai extrait par les règles ordinaires la racine cubique de 13824, et j'ai trouvé qu'elle étoit 24. J'ai séparé par une virgule 2, *nombre entier* d'avec 4, *nombre fractionnaire*, parce que la racine cubique n'a jamais que le tiers des décimales du cube. Ainsi si le cube n'a pas précisément 3 ou 6, ou 9, ou 12 décimales, vous compléterez ce nombre par un nombre convenable de zero. Au lieu de tirer, par exemple, la racine cubique de 9, 4, vous la tirerez de 9, 400, parce que $\frac{4}{10} = \frac{400}{1000}$.

Si le nombre composé d'entiers et de fractions, n'étoit pas un cube parfait, vous extrairiez la plus grande racine cubique contenue dans ce cube imparfait, et vous négligeriez le *restant* après la dernière opération.

XXVI. **Leçon.**

XXVI. Leçon (*).

Récapitulation de tout ce qui a été dit dans les vingt-cinq leçons précédentes.

L E *Maître*. Je serai aujourd'hui abondamment récompensé des peines que je prends pour vous, peines bien agréables sans doute, puisque vous les méritez à tant de titres. J'ai encore présente à l'esprit la vingt-sixième leçon du premier volume ; elle est votre ouvrage ; il seroit difficile d'analyser les matières qui la précèdent, avec plus de précision et plus de netteté que vous le fîtes. Je m'attends aujourd'hui à goûter un plaisir aussi délicat. Comme cependant nous n'avons traité dans ce second volume que quatre grandes questions de Physique, les *airs factices*, les *aérostats*, l'*électricité* et les *météores ignées*, il me paroît que la récapitulation que vous allez faire, n'en sera que plus intéressante, si la même personne se charge d'analyser la même question. Rendez-moi donc compte, Caroline, des leçons que je vous ai faites sur les *airs factices*.

Caroline. Elles sont au nombre de sept. La première leçon est sur les airs factices considérés en général, *l'air fixe*, *l'air nitreux*, *l'air inflammable*, *l'air déphlogistiqué*, *l'air acide*, *l'air*

______

(*) C'est la 51e. leçon du cours de Physique à la portée de tout le monde.

alkalin et *l'air spathique*. Nous devons au Docteur Priestley la découverte de ces différentes
substances aériformes, presque toutes renfermées
sous le nom générique de *gaz*. C'est par le moyen
des fermentations qu'on se les procure. Aussi
nous avez-vous expliqué quelle en est la cause,
et quels en sont les principaux effets.

Le *gaz* connu sous le nom *d'air fixe*, est le
sujet de la seconde leçon. Vous nous avez dit
que *l'air fixe* est une vapeur excitée par la fermentation que procure un mélange de craie,
d'eau et d'huile de vitriol. Vous avez ensuite
appris comment se fait ce mélange. Vous avez
enfin parlé de l'air fixe que procure, dans les
brasseries, la bierre en fermentation.

Rien n'est plus intéressant que l'énumération
que vous avez faite des qualités de l'air fixe.
S'il en a de nuisibles, elles sont éclipsées par ses
qualités précieuses. *L'air fixe* est anti-putride.
C'est donc un excellent remède non seulement
dans les fièvres de pourriture ordinaires, mais
encore dans les fièvres putrides-malignes. Vous
l'avez prouvé par un grand nombre de guérisons
dont quelques-unes ont été opérées sous vos
yeux.

Vous nous avez parlé de *l'air nitreux* dans la
troisième leçon; c'est la vapeur ou fumée produite par la dissolution des métaux, et sur-tout
de la limaille de fer dans l'esprit de nitre. On en
retire encore du nickel, du bismuth et du sucre.
S'il est moins respirable que l'air fixe, il est aussi
plus anti-putride. Il n'a pas seulement le pouvoir
de préserver de la putréfaction les substances
animales, il a encore celui de rétablir les substances déjà putréfiées. Vous l'avez prouvé par les

expériences les plus curieuses. Il est cependant trop violent pour être employé comme remède dans les fièvres putrides-malignes, à moins que ce ne soit en désespoir de cause.

La quatrième leçon est sur l'air inflammable. Vous l'avez divisé en naturel et artificiel. Le premier se trouve presque par-tout ; mais principalement dans les mines et dans les lieux souterrains, auprès de la voute desquels il se soutient, parce qu'il est environ huit fois plus léger que l'air que nous respirons. L'on se procure de l'air inflammable artificiel par la limaille de fer, arrosée d'eau, dissoute par l'huile de vitriol. L'on en tire encore par la même méthode du zinc et de l'étain pulvérisés. L'on en tire enfin du charbon de bois, mais c'est par un procédé particulier que vous nous avez exposé.

C'est dans cette leçon que vous avez déterminé quelle est la nature du phlogistique. Après avoir rapporté les sentimens des Chimistes et des Physiciens sur cette importante matière, vous nous avez appris que le phlogistique est un corps mixte, composé de feu élémentaire et d'une quantité plus ou moins grande de parties inflammables.

La cinquième leçon est beaucoup plus intéressante que les précédentes. Elle est sur le plus salubre de tous les airs. Vous l'avez appellé *air épuré* et vous avez prouvé qu'on avoit tort de l'appeler *air déphlogistiqué*. S'il étoit possible de vivre dans un air pareil, la vie de l'homme seroit quatre fois plus longue, qu'elle ne l'est communément. Vous nous l'avez démontré par un grand nombre d'expériences. On tire cette substance aériforme du *précipité rouge* et du *nitre* par un procédé assez facile que vous nous avez mis sous les yeux.

La sixième leçon est sur les *airs acide*, *alkalin* et *spathique*. Vous ne nous auriez pas parlé de ce gaz dont on fait très-peu d'usage en Physique, si, à l'occasion de *l'air alkalin* et de *l'alkali volatil fluor*, vous n'aviez pas dû nous mettre sous les yeux les expériences les plus curieuses et les plus propres à rappeler à la vie un homme suffoqué par quelque air méphitique, ou par la vapeur acide du charbon, ou par celle de la fermentation vineuse, etc., un homme qui a eu le malheur de se noyer et qui est secouru à propos, un homme qui a été mordu d'une vipère, etc.

Comme presque tous les *gaz* dont vous avez parlé dans les leçons précédentes, sont méphitiques, vous avez pris pour sujet de la septième leçon le vinaigre que vous avez considéré comme anti-méphitique. Vous avez exposé la découverte de M. *Janin* qui prétend neutraliser, par le moyen du vinaigre mélangé d'eau, l'air méphitique qui s'exhale des fosses d'aisance ; et après avoir exposé tout ce qu'on a dit pour et contre cette découverte, vous avez conclu que, précieuse en elle-même, elle étoit suffisante dans le cas de la simple désinfection, et insuffisante dans le cas du vidange des fosses d'aisance. Vous avez indiqué ce qu'il falloit ajouter à cette méthode pour la rendre suffisante dans ce dernier cas.

Le Maître. C'est à vous, Théodore, à rendre compte des leçons sur les aérostats. Si, comme je l'espère, vous marchez sur les traces de Caroline, je n'aurai rien à désirer.

Théodore. Vous avez fait cinq leçons sur les ballons aérostatiques. La première est sur les ballons *à la Montgolfier.* Après avoir donné à leurs inventeurs les justes éloges qu'ils méritent, vous avez rapporté les expériences qui ont été faites à Annonai, à Paris, à Versailles, au château de la Muette, à Lyon, etc. Vous avez analysé le *gaz Montgolfier*, dont la gravité relative est à celle de l'air atmosphérique, comme 1 est à 2. Vous avez conclu que ces ballons remplis de ce *gaz*, devoient nécessairement s'élever dans l'atmosphère.

Les ballons *à air inflammable*, qui sont le sujet de la seconde leçon, s'y élèvent bien plus facilement ; ce gaz est à peu près huit fois plus léger que l'air atmosphérique. Vous avez d'abord rapporté les expériences qui ont été faites avec ces sortes de ballons au champ de Mars et au château des Tuileries. Vous avez ensuite comparé les ballons *à la Montgolfier* avec les ballons *à air inflammable*. Vous avez enfin porté votre jugement définitif en ces termes : si j'étois législateur, j'interdirois, sous les peines les plus griéves, tout ballon *à char.* Je me contente donc de déclarer *téméraire* quiconque s'expose sur une pareille machine. La témérité cependant est moins grande dans ceux qui préfèrent les ballons *à la Montgolfier*, perfectionnés par M. de *Milly*, aux ballons *à air inflammable*, inventés par MM. *Charles* et *Robert* ; les seuls ballons *perdus, à air inflammable*, doivent être permis.

Ce jugement nous prouve que vous n'êtes pas partisan de la navigation aérienne sur laquelle vous avez fait deux leçons. Dans la première vous avez rapporté différents voyages, dont les uns sont *pour* et les autres *contre* la navigation aérienne.

Dans la seconde vous avez porté votre jugement définitif sur la navigation aérienne, en supposant (ce qui est bien éloigné de la vérité)
qu'elle est dans l'état de perfection où se trouve
aujourd'hui notre navigation maritime. Vous
pensez que chercher à diriger les aérostats dans
les airs, à peu près comme on dirige un vaisseau sur la mer, c'est avoir aussi peu de bon
sens, que de chercher la pierre philosophale et
le mouvement perpétuel. Vous nous avez mis
au fait de ces deux fameux problèmes, et vous
avez conclu que la direction constante des aérostats pour un voyage de long cours, est l'objet
d'un problème impossible par rapport à nous et
inutile à la société.

Le *parachute* est le sujet de votre cinquième
leçon sur les *aérostats*. Tant d'accidens arrivés à
nos nouveaux *Icares* dans les plaines aériennes,
ont fait inventer cette machine dont on ne doit
se servir qu'en désespoir de cause. Elle n'aura
dans la pratique les effets que promet une savante
théorie, qu'autant qu'elle déplacera un volume
d'air un peu moins pesant que l'aéronaute, armé
de son parachute. Le diamètre de cette machine
doit être très-considérable, parce qu'un pied cubique d'air ne pèse qu'une once et demi. Il change
donc avec le poids de l'aéronaute. Vous l'avez
fixé pour des aéronautes de 112 et de 200 livres.

A la fin de cette leçon vous avez fixé pour
toujours notre manière de penser sur les aérostats, parce que vous avez tenu un juste milieu
entre ceux qui ont parlé de cette découverte
avec trop d'enthousiasme, et ceux qui en ont
parlé avec trop peu d'estime.

Le Maître. Vous avez aussi bien analysé ,

Théodore , mes leçons sur les aérostats , que Caroline avoit analysé celles qui ont pour objet les airs factices. Nous voici arrivés à la grande question sur l'électricité. Analysez , Caroline , mes leçons sur l'électricité ordinaire.

Caroline. Vous en avez fait sept sur cette importante matière. La première est sur l'électricité considérée en général. Vous avez fait d'abord la description la plus exacte des machines électriques *à globe* et *à plateau.* Vous nous avez ensuite mis sous les yeux quelques notions qui doivent être communes à tous les systèmes , à ceux du moins qui sont recevables en Physique. Vous nous avez enfin exposé votre nouveau système sur les causes physiques des phénomènes électriques.

L'étincelle électrique contient en petit et comme en germe les phénomènes électriques les plus frappans et les plus terribles. Aussi en avez-vous fait le sujet de votre seconde leçon. On l'explique dans votre système le plus facilement du monde ; ce qu'on ne fait pas dans celui de M. l'Abbé Nollet que vous nous avez mis sous les yeux. Cette leçon est terminée par l'éloge historique de ce grand Physicien.

Dans votre troisième leçon , vous avez expliqué les phénomènes suivants. Pourquoi les corps électrisés attirent-ils et repoussent-ils les corps légers ? Pourquoi l'électricité se communique-t-elle à l'instant par une corde de chanvre mouillée, aussi longue que l'on voudra ? Pourquoi un homme électrisé fait-il étinceller une personne non-électrique , vêtue de quelque étoffe d'or ou d'argent ? Pourquoi une personne électrisée enflamme-t-elle l'esprit de vin ? Pourquoi l'électricité

hâte-t-elle la végétation ? Pourquoi l'électricité
est-elle plus forte dans un temps sec que dans
un temps humide ; plus forte en hiver, qu'en
été ; plus forte enfin lorsque la bise souffle, que
lorsqu'il règne un vent du midi ? Pourquoi
l'électricité augmente-t-elle la fluidité des corps,
etc. ? Tous ces phénomènes s'expliquent très-
facilement dans votre système.

La fameuse bouteille de Leyde a été le sujet
de votre quatrième leçon. C'est par le moyen
de cette bouteille qu'on tire le coup fulminant,
expérience la plus dangereuse que l'on puisse
faire. Elle est encore plus dangereuse, lorsqu'on
tire le coup fulminant par le moyen du tableau
magique. Vous expliquez ce terrible phénomène
par deux courans électriques, dont l'un sort
avec impétuosité par l'extrémité supérieure du
fil d'archal, et entre dans le corps par la main
qui a tiré la bluette ; l'autre sort avec autant de
force de l'extrémité inférieure du même fil,
traverse le verre, et entre dans le corps par la
main qui tient la bouteille. Vous avez prouvé
par l'expérience la plus sensible que le verre est
perméable à la matière électrique, sur-tout lorsqu'il n'est pas épais et que l'électricité est forte.
Vous avez enfin répondu à quelques objections
que l'on fait contre la doctrine des deux courans.

Dans la cinquième leçon vous avez soumis
la bouteille de Leyde et par conséquent le tableau
magique à un nouvel examen, c'est-à-dire,
vous nous avez mis sous les yeux la manière
dont explique le coup fulminant le célèbre Franklin. Vous nous avez d'abord exposé le système
qu'il a imaginé pour expliquer les phénomènes

électriques, et sur-tout le coup fulminant. Vous avez ensuite proposé, contre cette explication et contre le système d'où elle est tirée, des objections qui me paroissent insolubles.

La sixième leçon est sur l'électricité *positive* et *négative.* Vous avez prouvé que cette distinction ne signifie rien, si l'on ne prétend pas désigner par là deux sortes d'électricité dont l'une est plus forte que l'autre, et dans ce cas la distinction est au moins inutile, pour ne pas dire insidieuse. Vous avez fait la description de la machine de M. Nairne, qui n'est, dans le fond, qu'une machine de pure curiosité, et qui ne prouve pas l'existence des électricités *positive* et *négative.* Vous pensez, d'après M. Dufay, que l'électricité *vitrée* est spécifiquement différente de l'électricité *résineuse,* parce que la première paroît être acide et la seconde alkaline. Vous nous avez fait l'éloge de ce grand Physicien, dont vous avez exposé et réfuté le système sur l'électricité.

Votre dernière leçon sur l'électricité ordinaire a pour objet *l'électromètre* et *l'électrophore.* Le premier est un instrument de Physique propre à nous faire connoître le degré d'électricité d'un corps. Vous nous avez fait la description de différens *électromètres,* et vous avez donné la préférence à *l'électromètre à étincelles.*

Vous nous avez ensuite fait la description de *l'électrophore,* machine de pure curiosité, inventée par M. *Volta,* pour prouver l'existence des électricités *positive* et *négative.* Vous avez expliqué, sans avoir recours à ce jeu de mots, les expériences qu'on a coutume de faire avec cet instrument de Physique.

Vous avez enfin exposé les systèmes de Des-

cartes, du P. Fabri et de Privat de Molières
sur l'électricité, et vous avez terminé cette leçon
par les éloges historiques du P. Fabri et de
Privat de Molières.

A l'électricité ordinaire succède naturellement
l'électricité médicale. J'envie le sort de Théodore
qui va parler sur un sujet aussi intéressant.

Le Maître. J'espère qu'il parlera aussi bien que
vous, et dans ce cas je naurai plus rien à désirer.
Commencez, Théodore.

Théodore. Vous avez fait trois leçons sur l'é-
lectricité médicale. Dans la première, vous l'avez
considérée d'abord en général, et ensuite comme
remède dans les paralysies. Vous avez appris à
électriser les paralytiques par *bain*, par *étincelles*, et par *commotions totales* et *partielles*. Vous
avez expliqué pourquoi ce remède est efficace
dans ces sortes de maladies; et pour prouver
son efficacité, vous nous avez mis sous les yeux
les cures opérées par M. Jallabert et M. de
Sauvages entre les années 1748 et 1760, et celles
de M. Mauduyt entre les années 1777 et 1779.
Cette leçon est terminée par l'éloge historique
de M. de Sauvages.

La seconde leçon est sur l'électricité considérée comme remède dans les maladies des yeux
et sur-tout dans les ophtalmies, la fistule lacrymale, la goutte sereine et la cataracte.

Après nous avoir fait la description de l'œil,
et nous avoir appris comment on électrise par
pointe, vous avez prouvé que cette espèce d'é-
lectrisation est un excellent remède dans les
ophtalmies dangereuses. Il n'en est pas ainsi de
la fistule lacrymale. L'électricité peut soulager
le malade; mais elle ne sauroit guérir le mal.

Elle est au contraire l'unique remède qu'il faille employer contre la goutte sereine. Vous conseillez d'électriser par *pointe* les yeux menacés de la cataracte. Rien n'est plus concluant que les raisonnemens que vous faites à cette occasion.

La troisième leçon est sur l'électricité considérée comme remède dans les douleurs sciatiques, rhumatismales et goutteuses, les vertiges, les engelures et la surdité.

Vous avez prouvé par un grand nombre d'expériences et par les raisonnements les plus justes que les électricités par *bain*, par *étincelles* et par *commotions partielles* devoient faire cesser les douleurs sciatiques, rhumatismales et goutteuses. Les commotions totales dissipent les vertiges. Les électricités par *bain* et par *étincelles* suffisent pour faire disparoître les engelures. Pour la surdité, elle ne sauroit être guérie par l'électricité, lorsqu'elle a pour cause la paralysie des nerfs auditifs. Il n'en est pas ainsi de celle qui a pour cause le relâchement de quelqu'une des trois membranes de l'oreille intérieure, ou de celle qui provient de quelque humeur placée dans le conduit auditif ou dans la caisse du tympan; il faut l'attaquer par l'électricité par *bain*, par *étincelles* et sur-tout par *pointe*; elle cédera à ces sortes d'opérations.

Vous avez enfin prouvé que les Physiciens qui prétendent guérir les maladies par des *purgations électriques*, n'étoient, dans le fond, que de véritables charlatans.

Le Maître. C'est à vous, Caroline, à rendre compte de ce que j'ai dit sur les météores ignées.

Caroline. Vous nous avez fait deux leçons sur cette importante matière. La première a été sur

les météores .ignées. Vous avez d'abord prouvé
par l'expérience de Marly-la-ville , et par la mort
tragique de M. Richmann, Physicien de Peters-
bourg, qu'il y a une identité parfaite entre la
matière électrique que nous rendons sensible par
le moyen de nos machines , et la matière électrique qui produit le tonnerre. Celle-ci se nomme
électricité naturelle, et celle-là *électricité artificielle*.
Vous nous avez fait remarquer qu'avant M.
Franklin , M. l'Abbé Nollet avoit assuré que la
matière du tonnerre est une véritable matière
électrique. Vous nous avez exposé, dans huit
propositions, votre système sur les causes physiques du tonnerre. Ces propositions ne contiennent rien qui soit hazardé , rien même qui
ne soit au moins très-probable. Aussi ce système
qui vous est propre, est-il diamétralement opposé
à celui de M. Franklin sur ce terrible météore.

Votre seconde leçon est sur les effets du tonnerre. Vous expliquez sans peine dans votre
système pourquoi les éclairs ont coutume de
précéder le tonnerre ; pourquoi ce météore est
toujours inséparable d'un bruit épouvantable ;
pourquoi le nuage qui le renferme, éclate en
foudre et en carreaux ; pourquoi certains tonnerres ont fondu la lame d'une épée , sans en
endommager le fourreau , et certains autres ont
brulé le fourreau sans dissoudre l'épée , etc.

Vous avez ensuite examiné si le son des cloches est capable de détourner le nuage qui porte
le tonnerre.

Vous avez enfin exposé les systèmes de Franklin et de Descartes sur ce terrible météore.

Le Maître. Rendez-nous compte, Théodore,
de ma leçon sur les paratonnerres.

Théodore. Elle étoit nécessaire, pour diminuer la crainte que nous avons naturellement de ce terrible météore ; et M. Franklin, inventeur des paratonnerres, doit être regardé comme le bienfaicteur de l'humanité. Vous nous avez d'abord appris comment on construit, au haut d'un bâtiment, un paratonnerre fixe ; et après en avoir expliqué le mécanisme, vous nous avez convaincu de leur utilité, je dirois presque de leur nécessité, pour nous mettre à l'abri des funestes effets de la foudre. Vous avez ensuite répondu aux futiles objections que font contre les paratonnerres quelques Physiciens, dont les uns ne sont pas assez au fait de l'électricité, et les autres, mal intentionnés, sont jaloux peut-être de la gloire du Docteur Franklin. Vous avez enfin proposé un paratonnerre de votre invention. Vous l'appelez *portatif*, parce qu'il peut garantir de la foudre, lorsque, dans un temps d'orage, l'on se trouve sur un chemin, à la promenade, en un mot hors de sa maison.

Le Maître. Je finirai cette leçon comme je l'ai commencée. La récapitulation que vous venez de faire, me dédommage abondamment des peines que je prends pour votre éducation. Continuez d'étudier avec la même assiduité ; vous mériterez bientôt le nom de Physicien.

F I N.

TABLE DES MATIERES

Contenuë dans le second Volume.

F I N *de la Table des Matières.*

FAUTES A CORRIGER.

Page 26, ligne 21, l'empêchèrent, *lisez* l'empêcha.

48, lig. 13, a, b, *lisez* a, b.

132, lig. 30, face, *lisez* surface.

132, lig. 34, de principes, *lisez* des principes.

135, lig. 33, sevit, *lisez* servit.

148, lig. 8, repartoit, *lisez* reportoit.

164, lig. 18, vous écarterez, *lisez* vous en écarterez.

198, lig. 17, d'une, *lisez* d'un et faites *amalgame* masculin.

124, lig. 13, jamais, *lisez* je mets.

231, lig. 12, d'après, *lisez* près.

243, lig. 3, souche, *lisez* touche.

280, lig. 8, solidairement, *lisez* solitairement.

286, lig. 21, rese, *lisez* reste.

289, lig. 5, la plus simple, *lisez* le plus simple.

306, lig. 9, matières, *lisez* manières.

336, lig. 7, placé, *lisez* placé sous.

347, lig. 24, est, *lisez* et.